# 珠江三角洲
# 传统村落保护与可持续发展

**Protection and Sustainable Development of Traditional Villages in the Pearl River Delta**

程　娟◎著

智慧人居环境建设丛书

中国建筑工业出版社

**图书在版编目（CIP）数据**

珠江三角洲传统村落保护与可持续发展=
Protection and Sustainable Development of
Traditional Villages in the Pearl River Delta / 程
娟著. --北京：中国建筑工业出版社，2024.11.
（智慧人居环境建设丛书）. --ISBN 978-7-112-30027
-3

Ⅰ. K926.55

中国国家版本馆CIP数据核字第2024GP8751号

本书立足于传统村落保护与发展脉络的系统总结，并以珠江三角洲为案例，通过对珠江三角洲传统村落的演变分析，构建珠江三角洲传统村落可持续发展评价指标体系。在以上工作基础上，结合广泛而深入地实地调研，运用田野与社会调查方法，获取人口、社会经济、土地资源、村落建筑（传统与现代）、村落设施等历史与现时信息数据，量化分析可持续发展水平，借助系统聚类，划分村落类型，揭示空间分布格局，剖析其形成和演化的驱动力，进而解析发展困境成因，探索可持续发展模式与策略。本书适用于国内外高等院校、科研院所建筑历史、城市规划、遗产保护等相关专业的学生、教师及研究人员阅读参考。

责任编辑：张华　唐旭
书籍设计：锋尚设计
责任校对：赵力

智慧人居环境建设丛书
**珠江三角洲传统村落保护与可持续发展**
Protection and Sustainable Development of Traditional Villages in the Pearl River Delta
程　娟　著

*

中国建筑工业出版社出版、发行（北京海淀三里河路9号）
各地新华书店、建筑书店经销
北京锋尚制版有限公司制版
北京中科印刷有限公司印刷

*

开本：787毫米×1092毫米　1/16　印张：13　字数：289千字
2024年12月第一版　2024年12月第一次印刷
定价：**56.00**元
ISBN 978-7-112-30027-3
（43090）

# 前言

随着传统村落研究的不断深入，诉诸传统村落的整体化与区域化保护与发展趋势日渐增强。越来越多的学者认识到，除自然环境、建成环境以及生产生活方式等要素构成了传统村落的有机整体外，传统村落与区域环境的有机联系也是这一有机整体的重要组成部分。随之而来的是传统村落的研究视野逐渐向着更为广泛的区域发展，越来越多的学者开始将具有显著共性特征的传统村落纳入同一空间展开研究，出现了诸如特色村镇地区、客家传统村落、江南传统村落等研究，也推动了国家对成片保护传统村落的重视，促成了传统村落集中连片保护利用工作的实施。笔者所在团队在导师的引领下持续十余年开展传统村落及民居研究，在南方地区持续性、大规模的科学考察基础上，采集村落民居样本4100多处，归纳民居类型110多种，完成100多处传统村落的保护规划与民居修缮。正是基于长期的研究积淀，团队敏锐地捕捉到对传统村落整体化与区域化研究的必要性与重要性，也指引着笔者将对传统村落的微观研究纳入到更加宏观、整体、系统的视野中思考。

珠江三角洲长期以来都被视为一个地理单元，其文化共通，在相对独立的地理空间单元内具有显著的共性特征。广泛分布于珠江三角洲的传统村落，以其庞大的规模和丰富的类型，成为地域文化的重要载体。然而，在珠江三角洲区域一体化的快速发展中，传统村落保护却长期被忽视，传统村落破坏甚至凋敝的景象屡见不鲜，这与区域经济社会蓬勃发展的景象形成反差。如此，不禁引发如下思考：珠江三角洲作为我国社会经济发达地区，传统村落生存状态何以不尽如人意，部分传统村落生存状态甚至还不及社会经济发展水平一般地区？是技术上还是观念上的因素，又或是对传统村落的保护与发展产生更直接的影响？

随着区域一体化的不断推进，港深、澳珠的深度合作，珠江三角洲将迎来新一轮的发展浪潮，也势必给传统村落带来更大的冲击，迫切需要我们由表及里地对珠江三角洲传统村落保护与发展进行系统性归纳与分析，从而对未来传统村落的可持续发展做出有效回应。如，在同一地理单元内、相同文化场域中、相似发展背景下，传统村落保护与区域社会经济发展有着怎样的联系？区域社会经济发展是否造成了传统村落内在的异质性变化？如何激发传统村落的内生动力，使其成为促进区域协调，实现社会经济高质量发展的着力点？以及何种保护与发展方式更适合珠江三角洲传统村落的可持续发展？

总之，面对珠江三角洲传统村落所处环境日趋复杂多变，以及保护与发展的矛盾日渐激烈，为探索珠江三角洲传统村落可持续发展的可行之路，本书立足于传统村落保护与发展脉络的系统总结，通过对珠江三角洲传统村落的演变分析，构建传统村落可持续发展评价指标体系。在以上工作基础上，结合广泛而深入的实地调研，运用田野与社会调查方法，获取人口、社会经济、土地资源、村落建筑（传统与现代）、村落设施等历史与现时信息数据，量化分析可持续发展水平，借助系统聚类，划分村落类型，揭示空间分布格局，剖析其形成和演化的驱动力，进而解析发展困境成因，探寻珠江三角洲传统村落可持续发展的模式与策略。

目录

## 第6章
## 珠江三角洲传统村落可持续发展模式与策略 / 151



## 附 录 / 188



## 参考文献 / 192

# 第1章

# 传统村落可持续发展的回顾与思考

# 1.1 传统村落的概念及其构成要素

## 1.1.1 传统村落的概念

人类的聚居行为自人类出现以来就相伴而生，聚落正是人类聚居的空间场所。而当人类开始出现劳动分工和阶层分化时，聚落也逐渐有了城市、集镇和村落的划分。值得注意的是，随着城镇化的不断推进，村落又不可避免地发生着不同程度的非农转型，这就使得村落的含义更加复杂，很难用一个概念准确而完整地定义。如，已经被城市完全包围的城中村，村民已脱离了农业生产，村民或也纳入了城镇人口统计范畴，但依然保持着原有的社会文化结构。也就是说，从产业角度已经不属于村落，但从社区文化角度依然属于村落范畴。因此，我们需要认识到村落在发展中的复杂性，对不同的村落区别对待。

传统村落作为村落中的一种特殊类型，是指形成较早，拥有较丰富的传统资源，具有一定历史、文化、科学、艺术、社会、经济价值，应予以保护的村落[1]。这个概念的产生是从国家层面对传统村落保护身份的认可。清华大学较早在其编著的《传统村镇保护发展规划控制技术指南与保护利用技术手册》中对传统村落进行了文字定义[2]，是指“具有较长历史，能够反映本地区的文化特色、民族特色，传统文化资源丰富，保存有一定量的文物建筑、历史建筑和传统风貌建筑，沿袭特色的传统格局和历史风貌的村庄。”[3]与传统村落相似的概念还有古村落、历史文化村落以及历史文化名村。其中，古村落是伴随我国乡村旅游兴起而产生的，主要体现悠久的历史和文化内涵，是一个较为宽泛的概念，这也使得能纳入古村落范畴的村落多如繁星，迄今为止对于古村落的概念还未有统一而明确的定义。历史文化村落则与古村落有所不同，其在《中华人民共和国文物保护法》中有所出现，是指“保存文物特别丰富并且具有重大历史价值或者革命纪念意义的村庄，由省、自治区、直辖市人民政府核定公布，并报国务院备案。”[4]可以看出，历史文化村落与历史文化名村有着一致的内涵特征。本书传统村落主要是指拥有较丰富的传统资源，具有一定保护价值，列入各级保护名录的村落。

## 1.1.2 传统村落的构成要素

传统村落的构成要素就是村落适应于改造自然环境过程中，所形成的生产生活方式、民俗文化、技术技艺等非物质文化及其物质载体。其中，非物质构成要素主要是由语言、舞蹈、民俗等文化要素组成，需要一定的媒介或载体。物质构成要素主要是由环境、街巷、建筑等组成，它们通过不同的组织形式形成了村落各具特色的特征。

在传统村落的构成要素研究中，金其铭经过研究国内农村聚落，提出房屋的形式受到地方环境和社会、习俗、文化的交互影响，与此相应的特色民居最能体现出人地之间的相互关系[5]；彭一刚通过研究传统聚落的形成过程，提出由于地理环境、地区气候、生活习俗、民族文化等方面的差异，形成了不同的村落景观[6]；李秋香基于历史、文化、经济和行政管理的视角，对国内10个较为典型的传统聚落展开调查，分析了村落的特征以及所对应的建筑风格[7]；石楠通过对上海市郊区农村风貌的研究，提出郊区特色风貌村落的保护与建设应把与市区的相互协调与互动发展作为基本目标，要实现市场机制与政府指导的相互协调[8]；还有学者从宏观、中观、微观等不同层面对于传统村落的区域分布、空间布局、公共空间及传统建筑进行剖析，从实践角度提出针对传统村落的营建导则。总体来看，传统村落构成要素受多种因素的综合制约，其发展变化主要与村落的自身条件和城乡的相互作用有关，传统村落构成要素变化的主要动力是劳动力水平的提高，尤其是新生产方式的介入。

我们通常视传统村落为乡愁的载体，并非仅因为传统村落的某一栋传统建筑，而是因为众多构成要素共同形成了传统村落这一有机系统。这个系统所构成的场所给予人们心理上的认知。组成这个复杂系统的物质要素可归纳为“点、线、面”等不同状态，作为传统村落的支撑，它们承载了日常生活的文化功能、社会功能和经济功能。

可以说，只有系统地认识组成传统村落风貌特征的构成要素，才能更加深入地了解构成要素在传统村落发展中所具有的功能和作用，并且真正体会到传承至今的文化价值和建造智慧，从而准确把握传统村落保护的关键，避免传统村落在保护与发展中因构成要素改造行为对村落整体结构的影响，导致破坏性建设或者建设性破坏。这就要求传统村落在保护中不但需要尊重自然地理地貌特征、村民生活习惯、民俗文化信仰等，而且需要根据当今生产生活的现实要求，系统保护和积极利用，使得传统村落在保护中既可以传承历史文化和乡愁，又可以形成创造性转化[9]。

### 1.1.3 传统村落保护发展的既有研究

#### 1.1.3.1 国外传统村落的保护与发展

**1．理论研究**

国外虽然没有传统村落的概念，但在相较成熟的文化遗产保护思想影响下，当人们注意到经济活力不足、人口外迁等现象正给具有历史价值的小城镇带来威胁时，聚落型文化遗产的保护问题逐渐提上日程，包括国际古迹遗址理事会在内的国际组织通过《关于历史性小城镇保护的国际研讨会的决议》《关于历史地区的保护及其当代作用的建议》《关于小聚落再生的特拉斯卡拉宣言》等文件的颁布，极大地推动了聚落型文化遗产的保护研究。

英国学者Larkham[10]认为“保护”具有比“保存”更广的内涵，应是保存、利用和改造的兼顾，基于对保护内涵的诠释，提出传统村落保护应重视对保护性利用方法的运用。为更有利于保护传统村落，Mustafa Dogan[11]提出建设生态博物馆；Harrisond和Cocoa[12]提出建立资源环境保护区，引入生态旅游者的保护驱动（Conservation- Driven）模式等途径。当然，更多学者则围绕旅游对传统村落保护与发展的作用，展开了激烈讨论，如Mega Sesotyaningtyasa和Asnawi Manafb[13]提出乡村开发旅游是较为有效的保护与发展途径；B. Sluman[14]等认为旅游不仅能为遗产地带来经济发展，还是有效支持遗产保护的重要方式；Rodrigo[15]也通过将文化复兴与旅游业的关系剖析，提出“文化复兴”比满足旅游需求的文化再造更有利于地区旅游业获得突出的前景。然而，Paul F. Wilkinson和Wiwik Pratiwi[16]则通过对传统村落旅游者的行为研究，认为旅游对村落的保护是存在正面和负面两种影响；法国文化部建筑遗产总监裴杰明（Jean-Michel Perignon）也强调了传统村落的开发不能局限于旅游，并提出对于传统村落“与其保护，不如管理”，仅依靠保护只会使其走向灭亡，有效的管理才能为其注入真正的生命力。为更有效地推动传统村落保护，使其重获活力，学者们从保护主体出发展开了深入研究，其中，Sim Loo Lee[17]通过对古旧店铺的深入研究发现，政府制定保护政策对保护性经营的形成具有重要的推动作用；William J.Murtagh[18]提出统筹居民、环境和建筑物之间的关系，是推动传统村落保护，保持传统村落各个部分活力的重要途径；相似的，戴伦[19]也在主体保护论的研究过程中，证实了在传统村落保护中鼓励当地居民参与保护活动对推动保护可持续具有重要作用。当然，面对传统村落实际情况的千差万别，Kanako Mukai和Ryo Fujikura[20]也提出即使是“一村一品”运动①对传统村落保护具有重要推动作用，也不能忽视其仍存在一定的时代背景，并不一定适用于所有的传统村落，要推动传统村落的可持续发展，还需对地方全球化、自主创新以及人力资源开发的重视；Nicole Sackley[21]也通过对特殊传统村落的研究验证了不同传统村落的保护与发展重点是有所不同的，如战后地区传统村落的保护与发展重点应是乡村人口而非乡村福利问题。

**2．实践探索**

各国的传统村落保护与发展实践也可谓丰富多彩，为我们研究传统村落的保护与发展提供了重要的参考与借鉴。

（1）英国

英国对传统村落的保护得益于英国国民、社会组织以及政府的共同努力。其中，最早对传统村落保护理念的形成源于国家信托基金和协会组织对生物多样性和景观环境的保护，如国家信托基金早期的创建目标就是要保护国家和领土主权对所在领地的景观和历史价值的利益，以及地域自然特征和动植物生命[22]。传统村落因多种要素的集合而引起了各基金、协会的关注，从而获得了资金、人力、技术等多方的支持。此外，英国国民对乡村的热爱与较高的保护觉悟是推动传统村落保护的强大精神动力。Jeremy Burchard[23]认为英国国民在传统村落保护中持有的不断增强的保护意识是与对城市异化的失望、对乡村生活的热爱，以及对自然景观的向往密不可分的，无论是早年掀起的“逆城市化”风潮，还是现在人们到乡村生活的时尚，都为传统村落保护注入了活力和资源。英国政府的立法支持更是推动传统村落

① “一村一品”运动，指在一个县或一个村庄开发拳头产品生产活动。

保护的重要保障。英国通过将乡村规划纳入《城市规划法》，较早地将乡村纳入政府的规制范畴。第二次世界大战前后，当注意到乡村正遭受着城镇化、工业化的侵蚀时，政府通过资助创建国家公园委员会（The National Parks Commission）和国家乡村委员会（The Countryside Commission）对乡村展开保护。随后，《英格兰和威尔士乡村保护法》的颁布，自然保护委员会（The Nature Conservancy Council）的设置、苏格兰自然遗产局的成立等举措，不断将与农事活动相关的自然物或人造物纳入到传统村落和乡村景观的保护范畴中，传统村落保护也因此得到进一步完善。从传统村落的保护理念看，英国受文化遗产的保护性修复影响，更偏向于将其视为国民了解英国社会文化与历史的博物馆。为此，通常会采取以自然保护区的整体保护来实现对传统村落的保护[24]，通过借助并充分发掘利用传统村落特有的资源，实现最优发展成为推动传统村落发展的重要途径[25]。

（2）德国

德国州立的保护政策与村落更新计划为推动对传统村落的保护与发展作出了重要贡献。德国各州虽依照各州独立的历史环境保护法规和体制，但都是以格兰纳达协定为依据，因此在保护内容方面仍有一定的相似性[26]，如对历史建筑所有者在修缮或维护过程中所产生的经济负担予以支持的规定，对历史遗产修复、维护作出贡献的个人和组织的税收减免规定等。政府的立法确立了传统村落保护的法律地位，并为其保护提供了重要的政策支撑。村落的更新计划对传统村落的环境提升起到了重要的推动作用。第二次世界大战后，当德国认识到村落对城市、国家的重要性后，通过全国展开村落更新计划，使德国村落在生产条件和生活质量方面得到明显改善。德国的村落更新计划虽然是由政府主导的自上而下的行政行为，但在更新过程中，政府采取了全过程的公开透明策略，极大地激发了村民主动参与的积极性[27]。因此，在政府的资助下，在多方主体的共同参与协商中制定有关保护的具体措施，保证了村落的可持续发展。从德国村落更新计划的实践来看，德国充分重视村落动态发展的特征，采取了以村民为本的更新策略，通过法律制度的保障、规划手段的引导、市场机制的运作，在公众参与的支持下更新计划得以有效推进[28]。

（3）韩国

“新村运动”是韩国具有影响力的村落建设活动，对传统村落的保护与发展具有重要的推动作用。“新村运动”是由政府主导的全国性村落建设活动，政府通过建立专门的中央议会以及各层级的新村委员会，对各地的新村运动进行直接组织引导。除此之外，政府为新村运动积极提供支援，培养输送专业人员并提供直接的物质支援与技术支持[29]。在新村运动中通过充分发挥政府的职能，调动民众的参与积极性，使乡村的基础设施得到改善，村民的生活水平得到提高。以河回村为例，村落通过协调保护与发展的关系，在保护历史要素的基础上，通过对传统建筑、传统文化的深入挖掘，将传统村落保护与旅游发展相融合，使其成为韩国重要的民俗旅游地之一。通过活态保护，河回村的历史文化要素得到较好保存。村内依然居住着大量村民，且通过正常的生产生活使村落保持较高活力。可以看出，韩国在传统村落的保护与发展中，除对物质以及非物质文化的保护重视外，充分调动村民的积极性是其获得成功的重要保障，通过引导农民参与建设自己的村落，满足自身的生产生活需要，提升村落人居环境，使村落得到了有效发展[31]。

（4）日本

“一村一品”运动则对日本传统村落的发展起到了重要的推动作用。第二次世界大战后城市经济的迅速发展，吸引着大量乡村劳动力涌入城市，导致乡村空心化现象不断加剧。乡村人口的不断流失又进一步导致了耕地的荒废，乡村的贫困现象不断恶化。面对乡村经济的低迷，由大分县开始的“一村一品”运动成为日本乡村建设发展的重要举措，通过展开村落优质资源的深入研究和特色开发，着力将村落打造成为享誉全国乃至全球的产品，逐步实现农村经济的复苏[32]。而日本的《文化财保护法》是传统村落保护的主要法律保障。1950年颁布的《文化财保护法》以立法形式明确了文化遗产保护的资金来源、资助、运作的详细内容，还明确规定了文化财的所有者或管理者必须公开文化财的相关成果、加大文化财的宣传力度，通过积极展示利用文化财唤醒国民的保护意识，促进国民参与保护的积极性。日本的乡建运动与法律制度的完善对传统村落的保护与发展起到了重要的推动作用。以日本白川村为例，白川村是日本典型的山区村落，在1876年的“町村合并”策略实行时，由多个村落共同组成了现在的白川村，保留了大量的“合掌造”式传统建筑，极具地域特色。第二次世界大战后，当地村民在认识到传统建筑的价值后，自发地成立了民间组织（白川村荻町部落自然环境保护会），主要负责对传统建筑的保护，并通过制订详细保护规定，如“不卖、不借、不毁坏”的原则[30]，将建筑及其周边环境共同纳入保护对象等，对白川村自然与人文资源的有效保护起到了推动作用。与此同时，政府对白川村的保护身份后，给予相应的建筑保护资金，为白川村保护行动提供了保障。随后，白川村受到社会财团的关注，与政府成立的白川乡合掌保护保存财团，共同为白川村提供持续的保护支持。1995年白川村被列入《世界文化遗产名录》。白川村实践的成功正是保护得益于政府、社会、村民的共同参与，得益于根据百川村的实际情况制定了可实施的保护与发展措施，除对传统建筑及其环境保护外，还重视对特殊的建筑建造方式“结”的传承，并在保护的基础上通过旅游与农业结合，实现游客对传统农业方式的体验，实现手工业、旅游农业村内生产村内卖的发展模式。

3．研究评析

纵览国外传统村落的保护与发展研究，在文化遗产保护理论相对成熟的基础上，传统村落的活力保持、传统村落的适应性利用成为国外学者关注重点。概括来看，国外研究在肯定了利用对保护传统村落所起到的作用的同时，明确了传统村落利用应坚持以传统村落保护为基础；需关注传统村落保护行为发生的时代背景；一村一策的制定适合传统村落保护与发展的策略等，国外研究对本书的写作起到了重要启示作用。此外，对将传统村落的保护与发展纳入区域层面的考量、对保护与发展的可持续重视等，为我们提供了良好的借鉴。而从各国保护与发展实践经验也可以看出，建立完善的保护制度，明确资金、管理、技术等多方政策，是传统村落保护与发展的必要保障基础；公众、政府、非政府组织的多方参与是传统村落保护与发展的必要主体构成；发挥传统村落资源优势是提升保护与发展的可持续动力。



#### 1.1.3.2 国内传统村落的保护与发展

**1．理论研究**

保护与发展是围绕文化遗产的一个永恒话题[33]。传统村落是特殊的文化遗产，更是广大乡民的生存之所，保护与发展成为其不可回避的问题，也正因此，传统村落的保护与发展引发各界的普遍关注。概括来看，主要是围绕“什么是传统村落”“保护什么”“谁来保护”以及“如何保护与发展”四大命题展开。

（1）有关“什么是传统村落”

冯骥才认为传统村落是文化遗产的重要组成部分，是那些历史面貌比较完好、具有比较丰富的文化遗存、拥有独特的生产和生活方式以及依然有村民居住生活的活态聚落[34]；胡燕通过对传统村落的文学解构，诠释了“传统”最鲜明的特征是对文化从古至今延续性的表征，传统村落是具有一定历史价值和文化内涵的村落[35]；马航认为传统村落是一个既能满足村民日常生存，又能满足村民相互交往，同时能唤起村民共同记忆，拥有一定“地方特色”的聚落[36]。可以看出，传统村落拥有丰富的多重价值，既有作为文化遗产的历史、科学、艺术等价值，也有作为传统农耕文化载体的农业生产价值、“天人合一”的生态价值，还有作为村落共同体的生活价值、文化传承与教化价值[37]，以及不可忽视的空间价值[38]。而在新型城镇化与乡村建设背景下，传统村落与一般乡村一样，也在时代的背景下发生着演变，但并没能够完全转型成为新型都市共同体[39]，在村民的经济形式、习惯和社会关系网络方面，都体现出相对封闭的“村社共同体”特征，但相较一般乡村，传统村落的自组织和自适应特征相对明显[40]。

（2）有关“保护什么”

传统村落体现出与一般文物建筑最大的区别就是学者们对“人”的思考。无论是从传统村落的保护对象出发，还是从传统村落的旅游发展着手，抑或从传统村落的组织形式视角，村民逐渐进入传统村落保护的研究范畴，达成了传统村落保护回归村民主体的共识。如麻国庆将人视为传统村落保护的实质对象，提出只有村落中有了人，才能重新激活村落的活力[41]；张丽从保护、发展旅游等角度出发，提出只有引导村民由“被动”向“主动”转化，才可为传统村落保护与发展奠定必要的实施基础[42]；陈喆从村民组织形式方面更是验证了在新建设形势下，传统村落的自组织特征决定了科学引导村民自建行为，是保持传统村落活力、实现逐步更新的有效途径[43]。当传统村落的保护与“人”建立起必然联系时，对村民美好生活基本需求的满足、村民收入的提高、生存环境的改善等问题的思考，就已经体现出传统村落保护的复杂性，单一问题的解决难以应对传统村落保护的复杂需求。

（3）有关“谁来保护”

传统村落保护的复杂性决定了需要多方主体参与。对于鼓励多方主体共同参与已基本达成共识，提倡传统村落的保护应是政府、企业、专家、村民等多方主体的共同参与，在多方主体的共同协同下推进保护[44]。那么，当多方主体共同参与时，谁来主导却引发了争论。部分学者认为，我国传统村落虽是由村落自我申报的自下而上的自主行为，但这种行为仍离不开政府自上而下的推动，传统村落保护应是政府的主导行为，政府应承担起组织、支持、监督等角色，但值得注意的是，或因政府的资金、专业知识、人力等方面资源有限，难以有效保障保护实施，且传统村落建设性破坏问题饱受争议[45]。另有学者认为，包括当地居民组织和民间组织、非营利性组织在内的第三方，因是独立于政府部门之外的群体，对于推动传统村落的保护具有较为特殊的作用和意义[46]。而村民是村落的主体，应充分发挥村民的主体力量，突出村民的主体地位。当然，以村民为主体开展传统村落保护是符合传统村落本质属性的，也是推动传统村落保护有效实施的重要基础[47]。为调动村民参与保护的积极性，学者们也主张通过增权来加强村民主体地位，极大地推动了村民在保护中主体作用的发挥[48][49]。但笔者认为，是不是所有传统村落都需要增权还值得商榷，对于如何增权也需进一步探讨。

为调动主体参与积极性，培育主体能力，学者们也做出了有益尝试，如黄滢以贵州民族村为研究对象，在分析了政府、社会组织、文化专家、宗族和村内村民等多元主体在保护中的作用的基础上，提出政府部门应建立多元主体保护机制，有助于文化专家保护宣传与研究，发挥社会组织的能动作用，也有利于调动少数民族村民参与的积极性[50]；叶建平通过石塘村的保护与发展过程分析，提出通过设计者的在地参与有利于培养村民共同体意识，形成村民共同遗产观念[51]；李耕在对观山民居改造进行了长期追踪调查的基础上，发现通过建立具有一定组织性的商议机制形成“村落建造共同体”，更有利于培养村民主体意识，调动村民参与的积极性，达成多方利益主体在保护中的共识[52]；许少辉则通过陆港村的实践总结，指出培育当地居民和传统村落的依赖关系，形成情感关联有利于激活当地居民文化自觉性[53]。可见，村民在传统村落保护中的参与积极性与主动性是受到政府和民间组织影响的[54]，我们需要通过厘清政府和民间力量的角色定位，在政府、社会力量、民间力量的共同引导下调动村民的参与积极性和主动性，才有望发挥各方主体优势，推动传统村落的保护工作。

（4）有关“如何保护与发展”

“梳理类别，评价优化”是传统村落保护与发展的关键环节[55]。为更为科学地保护与发展传统村落，学者们分别以评优、保护、发展和校验为目的展开了评价研究探索。其中，在国家《传统村落评价认定指标体系（试行）》基础上，结合地域特色，形成了包括京郊传统村落、西南地区、徽州等地传统村落的量化筛查评价指标体系[56, 57]，为探索国家传统村落评价认定指标体系在地域的适应性研究作出了贡献，有效弥补了因地域差异而形成的传统村落分布不均衡的现象；部分学者也通过不断探索定量、定性分级的评价方法，通过将AHP层次分析法和模糊综合评价法在评价中的运用[58-60]，以及突破性地引入GIS、VRML技术等[61]，为弥补传统定性评定的弊端，提高传统村落定量化作出贡献。从某种角度看，学者们对传统村落评优评价研究也是对“什么是传统村落”问题的量化形式回应。

除评优评价研究，不断优化规划实施及实施后评价研究[61, 62]，构建多维价值评价体系、文化传承度评价体系、复兴度评价体系等[63-65]，都为拓展传统村落保护效果效验，推动传统村落发展作出贡献。此外，面对传统村落发展旅游的巨大需求，学者们为实现传统村落的科学旅游，还展开了传统村落旅游发展评价研究，通过旅游开发潜力评价[66]、旅游资源评价[67]、旅游环境评价[68]等，为判定传统村落的旅游条件、判断传统村落旅游开发的适宜性提供了更为科学的依据。

保护与发展思路是制定策略、实现目的的重要引导。为能更好地保护与发展传统村落，围绕思路学界展开了全面而深入的研究。概括来看，基于传统村落的文化遗产属性基本达成了对传统村落真实、完整保护的共识。而考虑到传统村落的特殊性，学界又形成了更为丰富的拓展性研究，如屠李基于遗产保护的经验借鉴提出通过关注传统村落的持续变化，建立协调传统村落保护与发展的管理机制，实现传统村落的保护思路[69]；刘夏蓓通过研究古村落文化景观保护与传统社会结构的关系，提出传统村落保护应坚持对当地人利益诉求的重视，坚持将利益还给有突出贡献者的保护思路[70]；徐春成通过对民居与文物性保护、旅游开发、村庄整治进行思路对比分析，提出以村庄整治为借鉴的传统村落对公共设施建设的保护思路[71]；受慢城理论启示，徐新林提出传统村落保护应遵循我国传统农耕文明中富含“慢”的基因，走中国特色的“慢城”之路的保护思路[72]；常青则从文化再生视角审视历史环境保护，提出应在实现整体、真实保护基础上，实现历史环境的自然式再生的复兴思路[73]；陈碧妹从乡愁视角，提出传统村落的保护应重视自然生态与可持续发展并重、保护与发展协调，以及整体性建设的思路[74]。总体来看，相比传统文化遗产，传统村落的保护与发展更突出了对保护与发展可持续性的关注，而思路拓展也极大地丰富了保护与发展的方向性指引，推动了学者们对保护与发展的实践探索。

当然，传统村落保护与发展思路研究的拓展也表现出：保护与发展的相互关系正随着城乡文化遗产保护观念的改变而发生改变[75]。无论是“一概不动”还是“推倒重来”对于传统村落来讲，都是极端的理论误区[76]，我们需要认识到保护是存和续的结合，保护是再生的前提，再生是存续的目的[77]。对于历史文化名村的少数优秀村落可以作为博物馆或文物加以保护和利用，而对于大多数普通历史文化村落，应予以再生和“活化”，使其成为“活着”的空间场所[78]。

**2．实践探索**

实践探索通常是传统村落保护与发展做出创新和突破的重要途径。总体来看，对如何保护与发展传统村落的实践性探索大多从两方面进行：

其一，不同研究层面的实践探索。主要集中在对传统村落区域层面的保护与发展以及从村域层面的保护与发展。如王云才立足于传统村落历史的悠久性、完整性，以及建筑的乡土性、环境的协调性和文化传承的典型性等特征[79]，对北京山区传统村落提出了从区域层面进行全面保护的对策；钱利立足于流域中的传统村落，通过对青海小流域与村落的整体考虑，将众多点状的村落向线状流域的人居生存安全过渡，最终形成了面状的城乡人居生态安全网络体系[80]，为地区“青山绿水”的保护、地区文化软实力的提升奠定了基础。相较于区域层面传统村落的保护与发展，更多学者则是以典型个案为实践对象，通过对个案村落存在的问题提出适用于保护与发展的对策；许广通利用发生学对浙东运河段半浦古村的分析，提出从“圈层式”保护区划转向历史格局保护，严格保护各空间单元的中心性与层级性[81]，将保护从要素分类零散的保护转向了聚落体系整体的保护；陈栋以历史文化为切入点，通过对江苏盐城市草堰村的淮盐文化分析，提出保护与可持续发展路径，制定包括促回归、调结构的人口引导，增强居民个体与社会网络的关联度，借助设施共建共享，提升人居环境，以文化复兴为目标，引导产业转型等具体措施[82]。总体来看，以区域的实践性研究大多采取了以中心点带面的研究路径，其重心更多偏向于面的宏观性策略制定，对明确区域保护与发展方向，提升区域传统村落质量具有一定的推动作用。而以个案的实践性研究大多采取了诊断问题——提出建议的研究路径，研究成果基本具有明显的问题针对性。

其二，不同视角的实践探索，如李菁以古建筑利用为切入点，通过坚持“建筑为本，功能为魂”的基本原则利用古建筑，实现古村落的“古为今用”[83]；孙斐从文化景观视角，通过对传统建筑景观特征的文化背景分析，提出通过延续村镇水脉、继承传统风格、创造绿色田园建筑景观等措施保护传统村落[84]；崔曙平从空间视角，通过梳理江南地理空间变迁的历史脉络，提出通过重塑乡村与城市互补协调的关系、维系乡村与山水相依的空间格局和风貌特征，使江南乡村回归乡村，使乡村文脉得以保留传承[85]；张斌也以空间为对象，提出村落的生产性空间不可“唯生产论”，生活性空间也应在保护导则下探寻多元化发展途径[86, 87]。

在国家政策支持和市场需求的背景下，旅游成为传统村落谋求发展的重要途径。正如吴必虎认为，每个村落都有现代化的权力，在现代化的大潮下传统村落也要现代化，活化的本质就是要保护它，保护的本质是要让村落变成具有经济生产功能，这是活化的一个基本逻辑思维关系。尤其是大量地处偏远的传统村落，经济虽然落后，但却保留着优质的自然与人文资源，以旅游为活化手段应是传统村落自然而现实的选择[88]。然而，我们需要认识到，一方面，旅游开发对传统村落的影响是两面的[89]，只有适度的、合理的、可持续的旅游开发，才能有效促进传统村落民居与传统建筑的保护和更新，促进传统文化的复兴与发展，同时唤醒与强化村落主体文化自觉[90]。另一方面，旅游开发也并非适用于所有传统村落，且也不是传统村落唯一的发展路径。部分学者也正是看到了传统村落的差异性，提出传统村落应有旅游产业驱动、文化创意产业驱动、特色生态农业驱动等多种发展模式[91]。总体来看，学界对传统村落发展研究已经迈出了重要一步，但在传统村落的实际发展中，发展趋同、超负荷问题仍与传统村落保护形成巨大反差，协调保护与发展的关系，实现传统村落的可持续发展仍有待进一步探索。

**3．研究评析**

纵览国内传统村落保护与发展的研究成果，相较而言，“什么是传统村落”“保护什么”

和“谁来保护”的问题研究，在传统村落概念及其内涵不断地深化的基础上，达成了保护应回归村民主体，以及多方共同参与的共识，推动了传统村落保护由静态保护向活态保护的转向。为实现传统村落的活态保护，众多学者围绕“如何保护与发展”展开探索，成果颇丰，总结如下：

（1）评价研究为传统村落的价值判断提供了科学依据，但对传统村落的动态发展考量稍显不足。通过评价研究梳理发现，研究成果呈现出评价主体多元化、评价客体综合化、评价技术多样化的趋向（图1–1），为传统村落保护提供了科学依据，有助于实现抢救性保护，遏制传统村落迅速灭失的目的。然而，对某一静态时点的关注，又使研究的重点在于“状”而非“态”，这与传统村落始终处于动态发展的特征并不相符，难以实现对传统村落动态发展特征的全面认知，也难以对传统村落的发展状态做出判断[92]。因此，从时间和空间双向拓展传统村落评价研究，应是今后需要深化的内容。

（2）思路拓展为保护与发展提供了明确的方向性指引，但系统性的框架指引尚有不足。总体来看，传统村落的保护与发展研究更多集中在建筑、社会、景观等学科领域中，各学科领域学者均试图通过发挥专业优势解决传统村落的各类问题。然而，受限于各自的专业领域认知，研究思路或聚焦于物质空间、景观环境，或聚焦于社会组织关系，忽略了传统村落是一个人与自然和谐共生的有机系统，其保护与发展应体现在生态环境、传统文化、社会组织、产业经济等多方面。仅以传统建筑的保护利用、社会组织的完善重构、文化景观的保护延续来实现传统村落的活态保护稍显薄弱。

（3）实践研究更偏向于对地域特色的关注，对发展背景下传统村落的变迁探索稍有缺失。传统村落不仅是珍稀的农耕文明精华，还是人类重要的生存载体，且仍处于动态发展中。在区域快速发展的影响下，传统村落在历史风貌、生态环境、产业发展以及村民生活方式等方面不断发生着变迁。传统村落的变迁也是其在动态发展中不容忽视的客观现实。然而，在对传统村落的实践探索中，地域特色明显的江南水乡地区、民族地区、山地地区或偏远地区的传统村落备受偏爱。从某种角度来说，学者们对传统村落地域特色的关注，削弱了对传统村落所产生变化的关注。

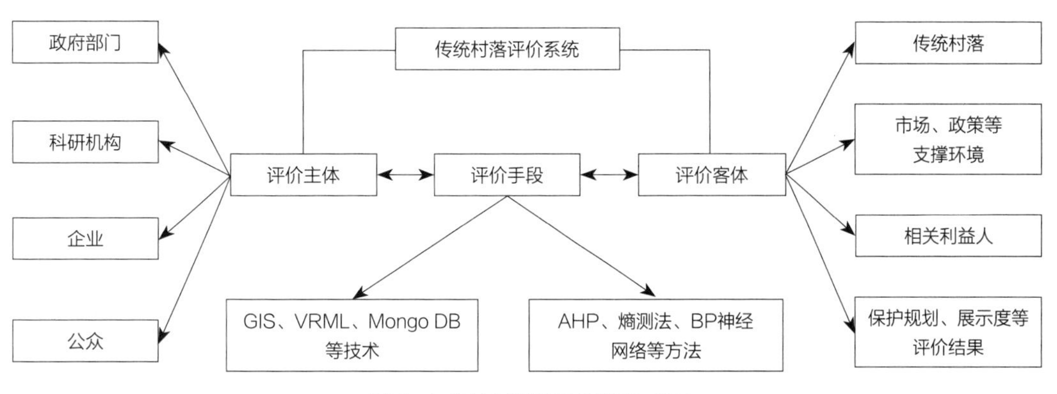


图 1–1 传统村落评价系统构成图

# 1.2 可持续发展理论的研究脉络

可持续发展既是一种理论，也是人类发展的一种理念或路径选择。这一理论突破了人类经济发展的传统认知，改变了以往对经济增长的关注，转向人类与自然相互协调的发展模式。

## 1.2.1 可持续发展的形成与发展

概括来看，可持续发展是一个从思想觉醒，到共识达成，再到深化完善的过程。

可持续发展的思想觉醒。1962年，蕾切尔·卡森（Rachel Carson）的《寂静的春天》犹如一道惊雷，唤醒了人类对环境保护问题的关注，使人类开始对以往无节制的发展观念进行反思和讨论。1968年，B. 沃德（B. Ward）和R.杜博斯（R. Dubos）以《只有一个地球》点明了地球“唯一性”和资源“有限性”的事实，并以此呼吁人类珍惜资源，保护地球。1972年，丹尼斯·米都斯（Dennis L. Meadows）等通过对人类发展趋势的预测，以《增长的极限》批判人类现有的发展模式。同年，环境问题获得联合国关注，并首次召开了人类环境大会，并以《人类环境宣言》的形成标志着保护环境成为各国共同的职责，开启了人类社会环境保护事业的新纪元。

可持续发展的共识达成。1980年，在《世界自然保护策略》中概念化的可持续发展首次进入人们视野。随后，莱斯特·布朗（Lester Brow）于1981年系统地提出了可持续发展观[93]，构建了可持续发展理论的基本框架。学界的研究引起了政府关注，1983年世界可持续发展重要机构——世界环境与发展委员会（The World Commission on Environment and Development，WCED）正式成立。1987 年WCED通过《我们共同的未来》强调了“持续发展”应为社会发展的基本纲领，提出了解决现实问题具体的和现实的行动建议[94]。历经多年，人类第一份可持续发展行动计划《21世纪议程》，以及世界性宣言《里约宣言》于1992年问世。《21世纪议程》从多个方面对实现可持续发展的目标、可持续发展的活动以及可持续发展实现的手段展开了详细论述，完善了可持续发展理论框架。而《里约宣言》则为各国在环境与发展领域的行动开展，以及国际合作提供了原则指引。

可持续发展的深化完善。继《21世纪议程》发表后，如何实现可持续发展成为人类共同的话题。联合国首先于1993年成立了可持续发展委员会，致力于国际议程的监督和推动。随后，2000年“联合国千年首脑会议”提出了千年发展目标，明确了可持续发展目标的量化和完成时效。2012年联合国“里约+20”峰会召开，并通过《我们希望的未来》表明了世界各国对实现可持续发展达成了新的共识，可持续发展的实现开始强调需要有共同的原理和不同的战略，即全球性意识、地方性行动[95]。最后，2015年千年发展目标收官之际，联合国通过决议《变革我们的世界》，再次建立了一套具有普遍性和变革性的目标，为综合彻底解决社会、经济、环境三个维度的发展问题，为人类获得更美好和更可持续未来蓝图的实现指明了方向。

### 1.2.2 可持续发展的基本原则

可持续发展的基本原则是可持续发展理论向实践推进的判定标准，是实现可持续发展的基本准则。可持续发展的基本原则在可持续发展的不断深化基础上被拓展，形成了世界自然保护联盟《保护地球》中的9项原则，联合国《里约宣言》中的27项原则。当然，学界多有对原则的理解和划分，主要包括：

（1）可持续性原则。可持续性原则是对某种事物能够持续保持一种状态或者过程的描述。我们说社会的可持续性是人类可持续发展的前提，因为当人类社会处于不可持续状态时，其发展则无从谈起。人类社会的可持续有赖于经济和生态的可持续，只有可持续的经济才能为改善人类生活质量、提高生存环境提供坚实的经济基础，只有可持续的生态才能为人类社会可持续提供物质基础。以往人类不可持续的发展模式正是忽略了生态可持续，导致了环境退化、灾害频发等问题的出现。

（2）系统性原则。首先，我们需要认识到地球是一个由人和自然共同组成的循环互动的有机系统，可持续发展必须采取统筹兼顾的方式，加强人与自然之间的协调性，才能实现人类的可持续发展。其次，人类社会是由经济、环境、文化等多方面构成的有机系统。2015年联合国正是认识到各元素的系统性，才通过《变革我们的世界》着重提出“这些目标是一个整体，不可分割”。只有将影响可持续发展的各个因素及其目标视为一个整体，才能实现人类的可持续发展。最后，全球亦是由不同国家、区域、地区组成的有机系统，因此，只有将全球可持续发展与地区可持续发展、长期发展与短期发展相协调，才能有计划地、分层次地、分步骤地实现可持续发展。

（3）公平性原则。公平性原则是可持续发展原则的首要原则。所谓公平性，首先，应体现在人与其他物种的公平关系中，人类的可持续发展不能以掠夺、侵占其他物种生存和发展的条件为代价，人与自然或者人与其他物种应是在公平和谐的关系中互促的发展；其次，应体现在人与人之间的公平关系中，在经济发展、资源利用、社会享有、文化获得等方面做到人人平等；最后，应体现在当代人与后代人之间的公平关系中，即代际间的公平。

（4）需求性原则。可持续发展的根本目的就是要满足人的需求，这个人既包括当代人，也包括后代人。首先，人的需求是由多种需求共同构成的有机整体，各种需求之间存在着相互影响、相互联系的关系，正如人的物质需求满足通常会触发人对文化或者生态需求的渴望；其次，人的需求是一个动态变化的过程。人的需求会在不同时期、不同阶段动态变化，也会在外界环境影响下变化。所以，可持续发展应是满足人类共同的基本需求，而非满足特别的人、部分的人或国家的需求。

### 1.2.3 可持续发展的基本范式

可持续发展是人类社会获得发展的必然之路，这一观点已获得广泛支持。而当可持续发展从理论向实践落实时，怎么界定可持续发展、怎么测算可持续发展等问题却一直存在争议。究其根本，对可持续发展范式选择的差异导致了不同的界定和测算。

可持续发展的基本范式包括两种：弱可持续发展和强可持续发展。其中，弱可持续发展范式是基于新古典经济学，由索洛和哈特维克提出的，强调在可持续发展模型中，经济、社会、环境三个方面是并列的，只要三者加和意义上的综合财富是增长的，就是可持续发展的[96]。强可持续发展范式主要是基于生态经济学，由皮尔斯、阿特金森和戴利等提出的，强调重视生态阈值，认为在可持续发展模型中，经济、社会、环境三方面并非并列的，提出经济发展应受生态限制，特别是关键自然资本的极限，认为只有在关键自然资本非减少的前提下的综合财富增长，才是对当代人和后代人有利的，才是可持续发展的。

当我们归纳两种可持续发展范式，不难发现，两者的根本分歧就在于对自然资本是否能够替代的观念有所不同。弱可持续发展认为通过技术更新，人造资本是能够接近完全的替代自然资本，只要不断创造出可替代的人造资本，就可以弥补对自然资本的损耗，即使自然资本存量下降，也是可持续发展的。而强可持续发展则认为自然资本（尤其是关键自然资本）是不可替代的，人类应该在维持各类资本的存量，尤其是自然存量的基础上，维持总量资本不减少[97]。

从可持续发展的发展演进来看，在20世纪60年代可持续发展思想觉醒期，可持续发展并没有通过改变经济发展模式来实现可持续发展，本质上停留在对传统经济的补救层面。当进入可持续发展的共识期时，实践上为了要制止经济增长与资源环境退化的分裂状况[98]，提出了经济、社会、环境等三个支柱总和意义上的非减发展，仍是在保持经济模式不变情况下，希望通过技术创新提高效率来实现可持续发展，本质上仍属于弱可持续发展。进入21世纪后，地球生态环境恶化问题日益严重，人们发现过去的经济增长已经超越了地球生态的承载能力，让经济快速增长降降温的呼声越来越高。2012年在“里约+20”峰会中经济范式变革的意义上的绿色经济新理念的提出[95]，显示出对强可持续发展的追求已逐渐引起人们的共鸣。

### 1.2.4 可持续发展的启发

从可持续发展历程可以看出，可持续发展源自对生物保护的关注，逐渐扩展到涉及生态、经济、社会、文化等各个因素，是从传统村落单一的保护目标到各因素相互协调的发展。《变革我们的世界》中指出，当前人类虽面临巨大挑战，但也进入了一个充满机遇的时代，可持续发展的实现需要采用统筹兼顾的方式，提出可持续的经济发展应建立在生态环境的健康基础之上，可持续的经济发展应建立在社会的公平、公正、有序的基础之上；可持续发展所追求的目标是既能满足当代人的需要，又不以剥夺后代人的生存和发展需求为代价。由此，传统村落的可持续发展是追求“经济—社会—环境—文化”复合系统的整体可持续性发展。

经济可持续发展，是实现人类可持续发展有赖于持久、包容和可持续的经济增长。可持续发展鼓励经济增长，只有经济增长了，才能不断地提高人们的生存条件，才能为社会可持续、生态可持续提供坚实的经济保障。传统村落的经济功能是指村落构成要素所承载的产业及与生产相关的功能，传统村落的经济功能除了农耕社会自给自足的自然经济特点外，作坊、店铺等工作或经营性场所常与住宅建在一起，是村民维持生计的手段[9]。随着工业化的不断推进，传统村落的产业经济类型也逐渐地由农业、传统手工业向工业制造、服务业等产业部门转型发展，独立生产或经营用地中经济功能得以体现。但值得注意的是，传统村落的经济增长不能以环境与文化的退化，或者社会矛盾激化为代价，所以“多样化经营、技术升级和创新”的发展模式是经济可持续发展的核心、“高效、节能、绿色”的集约式经济发展模式应是传统村落经济可持续发展的主要方向。

社会可持续发展，是实现人类可持续发展有赖于创建和平、包容、公平的社会环境。自人类社会形成以来，大量的文明在暴力行为中消亡，社会和平、包容、公平应是任何一个地区、国家乃至人类社会稳定的基础，是社会可持续发展的重要保障。社会功能是传统村落构成要素承载的行政管理、文体娱乐、医疗教育、建设管理等社会服务功能。通过社会功能的提升可以实现传统村落有序的建设与管理，也有利于村民权益的保障、日常交往等活动的开展。虽然各传统村落无论是文化背景、经济实力还是社会环境等方面都存在较大差异，但传统村落想要实现的目标大多离不开想让人们能够在安定、团结的社会环境中健康、公平地生活，这就是传统村落社会可持续发展。

环境可持续发展，可持续发展在提出之初，就是源于对环境资源的永续利用。近年来，自然灾害频发，我们再一次认识到人类在突发灾害中的渺小，而许多灾害的发生往往是源于人类对自然过度的索取和破坏。因此，人类需要保护和可持续地利用海洋、淡水、森林等资源，以环境可持续发展实现人类可持续发展。传统村落环境系统各要素之间的关系错综复杂。目前我国传统村落面临的问题较多，“去生活化”中活性流失，在现代要素侵入中原生环境空间逐渐碎片化。人地耦合系统、生态系统、传统村落景观等多学科交叉融合的复合系统成为新的研究热点，现已成为诠释传统村落“人—地”系统作用机制的有效途径，对探索村落活动的生态与环境效应具有重大意义。

文化可持续发展，文化通常会被视为一个社会或社会群体精神和情感特征的集合，包括个人或集体的价值体系、生活方式、传统和信仰。文化的可持续发展不但将文化的非物质因素考虑在内，而且促成了社会重新思考文化对于发展的作用。传统村落的文化功能是指村落承载的传统风俗、民间技艺、建筑文化等艺术表现形式，主要包含物质文化和非物质文化两个方面。传统村落为人类文明的传递提供了条件，使人们可以在特定的环境中，在日常的生活中将文明传承，潜在地发挥传递文化的作用。

总体而言，传统村落保护与可持续发展的融合过程实际上是“保护与发展”的讨论进程，包括各构成要素活跃、停滞、再活跃的投射，呈现出一定的波动性，这背后是整个要素系统对于保护问题及发展观不断拓展和深化的结果。可持续发展的概念逐渐从起初的“限制”和“需要”两个方面，扩展到目前具体明确的相关目标，几乎涉及经济、社会、环境、文化等方方面面，与传统村落保护战略的事项范围高度重合，直接渗透、影响和引导了传统村落保护的相关战略、政策与法律的制定，体现出传统村落保护已深入到新的层次。可以说，传统村落可持续发展目标的成功与否直接关系到传统村落保护的命运与未来。

### 1.2.5 相关理论研究的思考

可持续发展概念自提出以来，虽历经思想博弈，但追求人类经济、社会、环境复合系统的可持续发展始终是其理论的核心基础，使可持续发展与复杂系统研究密不可分。与此同时，保护与发展的公平性、需求性亦是实现传统村落可持续发展的必要条件。因此，本书进一步对系统理论、公平理论以及需求理论进行研究，并展开相应思考。

（1）系统理论。20世纪70年代以后，越来越多的人开始思考复杂系统的问题，并发现这些复杂系统是能够自我调整的，它们具有将秩序和混沌融入某种特殊的平衡的能力[99]。研究表明复杂系统的自组织性和非线性运动是其最突出的特点，系统通过自组织方式的演化，才能发展出原来没有的特性、功能和结构，使得系统更具活力和发展的原动力，也意味着复杂性增大[100]。而霍兰在复杂适应系统理论的研究中提出，每个系统的协调性和持续性都依赖于广泛的相互作用、多种元素的聚集以及适应性或学习。主体之间的相互适应导致了系统的涌现，所以本质上适应性造就了复杂性，适应性也是解决复杂问题的关键。因此，有效的保护与发展应能增加传统村落的适应性。

（2）公平理论。公平理论大体可概括为三类，平等主义、功利主义和罗尔斯主义[101, 102]。平等主义强调公共服务应在其所服务的个体间进行平等分配，在分配过程中不对任何群体进行额外考量。功利主义强调最大化群体的综合得益，以此调和个体之间需求的冲突。罗尔斯主义认为公共服务在个体中平等分配，同时也承认个体的内生条件与所处外部环境存在差别[103]，公平应以缓解这些差别为前提。受公平理论启发，当保护与发展各类动作作用于传统村落这一空间载体时，充满了政治、意识形态等各种力量，这些力量就会对村民生活产生影响。因此，我们需要遵循公平性原则，防止关注于保护与发展木身而忽略了传统村落保护与发展的整体利益与公共利益初衷。

（3）需求理论。马歇尔认为"人类的欲望引起人类的活动"，只有当人类的需求得到满足，或者为了使需求得到满足才有可能激发人类的某种活动或者行为。可以说，需求是人类活动或者促发活动的根本动力。这里借助马斯洛的需求层次划分为依据对引发传统村落的保护与发展的需求加以说明。根据马斯洛的需求理论，人的需求可划分为五个层级。第一层是生理需求，主要是对能保持人类生理机能正常运转的物质的需求，如空气、食物、水、住所等；第二层是安全需求，主要是能保持人类机体对自身安全的追求，包括健康、财产、道德、家庭等；第三层是情感与归属需求，是人类诉诸情感的追求；第四层是尊重需求，包括别人对自己的尊重与自我尊重；第五层是自我实现需求，包括个人才能、抱负、理想等展现与实现。人的需求总是由低层次向高层次不断递进发展，也就是说，只有当低层次需求得到满足后，高层次的需求才会被激发。传统村落的保护与发展是一项综合性实践行为，从当前的行动出发点来看，更倾向于一项行政举措。那么，当下传统村落保护与发展的需求是源于政府还是村落自身，如何在同一个实践中达到多方主体的需求平衡，也将是本书需要探讨的。

# 第2章 珠江三角洲传统村落的研究述评

在自然地理学研究中，珠江三角洲通常指珠江水系中西江、北江与东江和南海合力形成的冲积平原[104]。根据地质结构、特征等分析，自然地理学有着两种范围界定。一种认为珠江三角洲是由东江的石龙、流溪河的江村、北江的芦苞、西江的羚羊峡和潭江的石咀等地下游交织地组成[105]，面积约1万$km^2$。另一种则是由西江在三榕峡、北江在浈阳峡与东江在田螺峡以下的多个三角洲组合而成，面积约 3.5万$km^2$。

在国家行政管理中，珠江三角洲在引领全国经济发展中占据着特殊地位。1985 年10月广东省人民政府为贯彻执行《中共中央、国务院关于批转〈长江、珠江三角洲和闽南厦漳泉三角地区座谈会纪要〉的通知》（中发〔1985〕3号文件）关于开辟经济开放区，应由小到大，先“小三角”，后“大三角”，以点带面的精神，下发《关于批准珠江三角洲经济开放区第一批重点工业卫星镇的通知》（粤府〔1985〕147号），文件中明确珠江三角洲经济开放区包括佛山、江门、中山市的市区、十三个重点县的城关区，以及经省人民政府批准的59个重点工业卫星镇。经过国务院多次批准，在东莞市、高明县、宝安县、增城县、番禺县等地逐步增补中，“小三角”经济开放区逐渐扩大成为“大三角”经济开放区[106]。最终形成了政府部门和研究机构通常采用的珠江三角洲概念，即由广州、佛山、中山、深圳、东莞、江门、珠海、惠州及肇庆9个城市共同组成的经济区或城市群。可以看出，自然地理的珠江三角洲范围超出了行政边界。考虑到传统村落保护与发展很大程度上是受地方政府意识与能力影响，行政归属通常会决定传统村落保护与发展的具体实施。因此，本书研究范围以行政区划为界定，包括了广州、佛山、中山、深圳、东莞、江门、珠海、惠州及肇庆。

# 2.1 珠江三角洲传统村落特征研究

地域特色是传统村落制定、实施保护与发展的重要基础。而散布于珠江三角洲广袤土地之上的传统村落既有共性特征又独具特色，吸引着各界研究者和实践者围绕其特征与差异展开研究。总体来看，其主要集中在自然环境、人文环境、空间格局三个方面。

## 2.1.1 自然环境特征

珠江三角洲传统村落的形成与其特殊的自然地理环境密不可分。早在1687年屈大均先生的《广东新语》中，就通过天语、地语、山语、水语以及石语五卷文字记录，对广东的气候、地形地貌、水文湖泊等内容进行了描述，成为珠江三角洲传统村落自然环境特征的重要史料。1982年，赵焕庭通过珠江三角洲与其他三角洲的对比，总结出珠江三角洲具有丘陵众多、河网稠密、沉积相类型多等特色[107]。而在珠江三角洲西北向东南倾斜的总体地势特征之上，还分布着岗田、围田、高沙田和低沙田的不同地貌区[108]。仅就沙田，根据自然特点及开发的差异性就有4种不同的地貌特点，包括为防治洪涝而高筑堤围形成的围田区，在冲积平原地区于明清时期围垦形成的沙田区，有部分较高海拔位于较晚围垦形成的新沙田，以及在冲积平原上因水流缓慢泥沙沉淀的沙田区[109]。除地形地貌的差异对比外，赵焕庭从水文学视角通过对珠江三角洲的河流（西江、北江、东江、流溪河）水文特征的总结，概括出珠江三角洲水网发达，河道平缓，径流峰高、量大，汛期长，含沙量小，输沙量大，潮差小的特点，其中下游具有较大的潮流量、台风暴潮较大、咸潮侵入不深、淡水资源丰富等特征[110]。正是珠江纵横交错的水文系统，才促发了珠江三角洲传统村落与水争地的围垦、水田利用的基塘、抵御水患的堤围等选择。当然，也是珠江形成了珠江三角洲天然的水运网系统，为历史时期的水路交通奠定了基础，形成其独特的以水路为主，陆路为辅，水陆结合的交通形式[111]。

珠江三角洲复杂而多变的自然环境，造就了珠江三角洲传统村落在自然环境特征上的差异。陆元鼎先生所著的《广东民居》虽主要建立在“民系”概念之上，但其中村落及其民居的特征形成却离不开自然环境的影响。即使同为广府村落的梳式布局，在不同的自然条件影响下，也有着自由式、象形式、城堡式等多种变化[112]。当然，人类的产生和发展离不开自然地理环境，而人类在改造自然环境的同时，又会造成许多具有反馈性质的环境问题[113]。如吴建新指出明清时期珠江三角洲城镇水环境的变迁主要源于珠江上游山区的开垦加快，森林植被减少。而珠江口围垦、“筑海为池”行为，也使得珠江水网不断发生变化[114]。曾昭璇先生认为人类体质的性状与自然地理环境因素密不可分，倡导对岭南文化的起源和发展研究应从人类地理学研究视角出发，并强调任何一种文化现象都是适应于特定的自然地理环境[115]。曾昭璇先生从人类地理学、文化地理学、历史地理学等对珠江三角洲开拓性研究，为后续珠江三角洲传统村落的差异对比研究拓展了思路。如肖大威团队展开的传统村落及民居研究，就是借助了文化地理研究方法，在对传统村落及其民居在地形、坡度、坡向、河流分布等特征差异对比研究中形成了丰富的成果[116]，揭示了在地理环境影响下传统村落及其民居的形成、演变与内在机制。张莎玮则借助文化地理进一步以广府地区传统村落为研究对象，通过不同文化类型传统村落的山水环境对比，总结出广府文化主导型传统村落的背山面水、水塘环绕，客家文化主导型传统村落的山重水复、谷地营生，广客交融型传统村落的山间盆地、丘陵边缘，沙田型传统村落的海陆交接、水道纵横[117]。

### 2.1.2 人文环境特征

20 世纪40年代，以费孝通先生为代表，以社会学和人类学为视角展开的乡村系列研究，引发了学界对村落社会文化的重视。珠江三角洲传统村落所承载的农耕文化是本土文化与中原文化的博弈性结合[118]，其在农业生产、经济结构、社会结构、文化地理等多方面都体现出了一定的独特性，吸引了众多学科的学者展开有关人文环境的特征与差异研究。屈大均所著的《广东新语》中无不对广东的天文地理、经济物产、人物风俗的详细记录，成为珠江三角洲传统村落民俗研究的珍贵史料，如在《广东新语·事语·食语》中就提及广东“无官不贾，且无贾不官”，“粤中处处有市”，成为司徒尚纪研究岭南文化的重要资料考证来源。司徒尚纪在其所著的《广东文化地理》中，通过文化对比，将广东文化划分为广府文化、潮汕文化、客家文化、汉黎苗文化，总结出各文化区划的特征及地理分布，为后续珠江三角洲传统村落的文化差异研究奠定了基础，也吸引了更多学者展开深入研究。如陈亚利通过珠江三角洲传统水乡聚落景观研究，提出珠江三角洲水乡聚落仅农业生产文化方面，就存在着传统农耕文化、农贾一体经济文化、基塘经济文化[119]；曾艳在广东省传统村落及其民居的文化地理研究中，也提出广东传统村落及其民居的形成与特征离不开地理文化、移民文化、生存文化、经济文化、制度文化、海外文化的影响，并进行了全面而深入的总结[120]；王东则从美学视角展开对明清广州府传统村落的研究，在划分传统村落审美文化圈基础上，详细总结出了各类审美文化亚圈的特征差异[121]。

### 2.1.3 空间格局特征

珠江三角洲独特的人文历史凝结体现于传统村落的物质空间上，吸引了众多学者对传统村落空间表征展开研究，成果颇丰。从研究层面来看，形成了从宏观、中观、微观三个层面对传统村落空间特征与差异的研究。其中，宏观层面与中观层面主要是以地区传统村落空间分布与格局特征为主，如袁绍熊利用GIS空间分析法对广东省126个传统村落的空间分布、空间自相关和民系分布特征进行分析，得出广东省传统村落的空间分布与国内其他省份传统村落的分布类型相似，为凝聚型。从地市尺度来看，广东省传统村落的分布主要集中在梅州、清远、广州、湛江和肇庆等地市；区域尺度上主要分布于粤北和珠江三角洲地区；其空间分布密度差异显著，全省分布密度梅州市最高等结论[122]。张以红运用形态范式的比较法，对潭江流域周边包括广府村落、渔业村落、华侨新村、山村等在内的传统村落空间形态特征进行总结，得出潭江流域传统村落随自然地理条件和历史文化传统而形成，又随经济、文化、制度的发展而改变[123]。张莎玮则利用大数据，对广东省肇庆市高要区传统村落的空间模式进行深入剖析，归纳出传统村落在空间分布上受洪水禁淹区的影响，形成了“圈层”应对的村落格局，并在以广府核心文化梳式布局为主流“圈层”模式的基础上，总结出村落内部具有非常灵活的排布能力，出现了不同排屋组合的圈层模式[117]。除宏观、中观层面空间研究外，更多学者则从传统村落的民居、祠堂建筑及其社会、人居环境的关系等方面展开广泛而深入的研究，形成了大量的研究成果，为深入了解村落的空间特征提供了参考资料[124，125]。

从研究的学科来看，建筑学主要从传统村落形成、发展背景展开空间形态、空间格局、空间组织、空间模式[117]等方面的研究。其中，潘莹通过广府传统聚落与潮汕传统聚落的比较研究，分别就村落与聚落群、聚落布局及街巷结构、聚落建筑的形态特征及差异加以总结，凸显出地域文化对传统村落特征差异的形成具有不可忽视的密切影响[126]；吴庆洲、冯江等学者通过对祠庙、宗族祠堂等公共空间的分析，在逐步明晰传统公共建筑社会演变中变迁规律的同时，解析了珠江三角洲传统建筑的基本文化观念、特征及差异[127，128]；李海波以古民居为研究对象，根据民居空间组织与建造形式对广府地区民居三间两廊形制进行划分，细致总结出三间两廊民居特征差异，进一步深化广府地区民居的空间特征研究[124]。相较于建筑学，景观学则主要集中在对传统村落景观类型特征、景观空间格局等研究。陈亚利在对珠江三角洲传统村落的景观特征研究中，分别就对珠江三角洲水乡聚落景观的自然特色、形态特征，以及人文特质进行了总结与凝练，并提出景观特征的形成是在自然景观特色、农业景观特点、形态景观特征以及人文景观特质层级叠加作用下形成的[119]。

### 2.1.4 研究评析

总体来看，着眼于传统村落的自然环境、人文环境、空间表征的特征与差异研究，成绩斐然，为我们深入了解传统村落的形成肌理、内在规律、动力机制等问题奠定了充实的理论基础。值得注意的是，在城镇化、全球化发展的影响下，乡村正发生着巨大改变，吸引了越来越多的学者对乡村的变迁以及发展差异展开了广泛而深入的研究。如周大鸣教授以东莞虎门乡村为对象，提出虎门乡村在改革开放以来，经历了从乡村到城市的巨大转变，他称之为乡村都市化，乡村在生活方式、社会文化、社会结构、生计模式等方面都在发生着转变。社会转变同时伴随着更为深刻的文化转型。其为更好地推动乡村都市化提出了适应性策略，包括处理好统筹规划发展与各村自主发展的关系，解决好产业转型升级、新莞人的城市融入、后集体时代集体遗产的延续，以及乡村都市化文化遗产传承与创新的问题[129]。学界围绕乡村发展差异的研究对本书有重要启示。传统村落是动态发展的，在城镇化、全球化的影响下也正发生着不同程度的变迁，尤其是位于珠江三角洲大都市边缘区的传统村落，正伴随城市化和乡村空间消费化转型，发生着多维度的空间重构[130]，引发了传统村落包括社会网络、组织规范与制度建设等多层面的社会资本发生演变[131]。然而，相较于传统村落自然、人文、空间等特征研究的丰硕成果，对传统村落在激烈城镇化进程中所发生变迁以及发展的差异性研究尚处于初期。如果说，古时的传统村落是在相对封闭的环境下自我生长的有机体。那么当下，传统村落则是在与外界频繁交互作用下形成的有机体，受外界影响所产生的变迁更应是传统村落不可忽视的现实境遇，尤其是在珠江三角洲区域一体化不断推进的背景下。从某种程度来讲，传统村落包括在物质空间、产业结构以及社会关系等方面的发展态势，对保护与发展策略的科学适用性以及保护与发展的实施性更具决定作用。

## 2.2 珠江三角洲传统村落保护发展的目标与方法研究

### 2.2.1 以保护为目标的研究方法

珠江三角洲传统村落的保护研究历史悠长，经历了从古建筑到历史街区再到传统村落的演进。最早开始于陆元鼎、刘敦桢等前辈们对古民居建筑的保护研究，后来发展到肖大威、陆琦、郭谦、冯江等教授团队展开的历史建筑、景观环境、村落格局等保护研究[132，133]。传统村落的保护目标也在理论研究与实践探索中不断被赋予更多内涵，并指引着珠江三角洲传统村落的保护方向。通过梳理发现，提高传统村落的价值、保护传统村落的真实与完整，成为众多保护研究的主要目标。其中，隋启明以广府历史文化村落为研究对象，在参照《历史城镇与城区保护宪章》中历史城镇和城区的保护目标基础上，明确提出历史文化村落保护的最终目标是通过保护物质文化遗产与非物质文化遗产达到使其特性、真实性、完整性和文化价值得到提高。在目标导向下建立了广府历史文化村落建筑评价体系，形成了对典型建筑的保护程序、建筑分级、技术干预、管理维护等保护方法[134]。张哲通过对珠江三角洲七个历史文化名村的特征总结和现状问题阐述，归纳出历史文化名村目标实现需从四大要素着手，包括景观格局、历史街巷、传统建筑和环境设施等，并通过构建导控体系，从技术层面有效针对不同类保护要素实现控制与引导[135]，从而实现历史文化名村真实完整地保护。张世君进一步拓展目标构成要素，提出传统村落及其周边生态环境是不可分割的一个整体，应将传统村落及其周边生态用地作为一个整体保护，将村落生态格局、基础设施以及传统建筑作为目标构成要素，并基于传统村落生态性评价体系的构建，分别从区域政策层面和保护规划层面提出了相应对策建议[136]。部分学者认识到珠江三角洲传统村落的规模与形态在地区经济、社会、文化等飞速发展中不断地发展演变，以形态为切入点，通过传统村落形态保护来实现传统村落真实、完整的保护目标，如韦松林在理论与实践相结合的基础上，认为能实现村落形态保护的主要途径有村落边界和村落形状两个方面，基于此，分别从边界与形状对实现珠江三角洲传统村落的形态保护提出了有针对性的策略[137]，从村落外部形态保护实现对传统村落真实完整的保护。相较而言，周良友则以肇庆市槎塘村为研究对象，通过对传统村落的形态价值、构成要素的深入剖析，将形态细化为街巷空间、开敞空间、传统建筑等构成要素，并提出了相应的保护措施[138]，是从村落内部形态保护实现对传统村落真实完整的保护探索。除以上从物质空间着手展开的传统村落保护研究外，区文谦则通过对传统村镇的遗产价值构成要素与保护价值思想演进的剖析，总结出历史村镇的价值体现除了要保护建筑遗产价值的完整性、代表性和原真性方面外，还应聚焦于村落中的村民生活。为此，在对沙湾古镇的历史传统人文特色、外部环境风貌特色、格局风貌与文化脉系、建筑风貌与思想源流的深入剖析基础上，提出了分层与网络化规划理念，引导沙湾古镇的社会空间结构与历史文化资源得到有效保护[139]。

### 2.2.2 以发展为目标的研究方法

前文对传统村落保护的研究中虽或多或少地对传统村落的发展有所涉及，但其主要的目标仍是如何真实、完整地保护传统村落。当然，传统村落还是广大村民进行生产生活的空间场所，仍有众多学者以发展为主要目标展开深入研究。通过梳理发现，提升传统村落的居住环境、实现城镇化建设中的传统村落适应性发展、探索传统村落旅游发展，是传统村落的主要发展目标。

在提升传统村落居住环境的研究中，张启铭以惠州市旭日村为例，总结出居住环境提升目标应由六部分构成，包括经济环境提升、自然环境提升、建筑空间环境提升、基础设施提升、景观休闲环境提升以及人文环境提升，并提出实现居住环境提升应注重居住环境规划回归使用者需求、应在保护古村风貌前提下重视产业发展、新建筑应满足风貌前提下进行改革的思路[140]。魏成则详细以传统村落的基础设施为对象，认为基础设施是传统村落传承与发展的物质性条件，当下却存在着因建设薄弱和缺乏引导而陷入功能衰退与供需失衡的困境，为实现珠江三角洲传统村落的基础设施提升，提出了应重视实现基础设施供给效果的生态适用性、历史文化的地域价值性以及发展存续的活态性，并构建了珠江三角洲传统村落基础设施综合评价体系，为后续基础设施改善提供了必要的参考与依据[141]。

随着珠江三角洲城镇化发展水平的不断攀升，如何实现传统村落在新型城镇化建设中的适应性发展成为传统村落的又一发展目标。其中，李戈以东莞市南社村为对象，在村落营建设施、民俗活动以及现状的调研基础上，提出了实现适应性发展的六个策略，包括明确发展定位、统筹村落建设、治理山水文化、拓展旅游发展等[142]；詹飞翔在认识到珠江三角洲新城发展正对其建设范围内传统村落的社会、经济和空间形态产生不同程度的影响，则以佛山市新城重点开发区的三个传统村落为对象，将新城发展中传统村落的改造目标细化为三大效益的实现，即社会效益，包括保留村民对社区的归属感，增加村民价值实现机会；经济效应，包括保障村民及集体收入的长期收益，提高土地利用效益；空间效益，包括提升新城地域文化内涵，为村民提供满意居住环境，由此形成了采取用地进行整合后高效开发与融资，同时保留部分村落传统空间形态的渐进式改造思路，避免了在新城建设中因大拆大建的高效开发而导致的传统村落难以保留问题[143]。林铭祥则在对珠江三角洲建成区传统村落的微更新研究中，依据传统村落所处的城市社会经济和文化水平的发展阶段，通过将微更新目标细化为基本目标、提升目标和创新目标，为村落微更新提供指引。其中，对于区位一般、发展条件欠佳的传统村落，微更新应重点放在基本目标的实现上，即实现历史文化的保护和居民生活环境的改善；对于区位较好，具有发展潜力的传统村落，微更新可以面向更高的目标，实现提升目标，即在基本目标的基础上，实现传统村落的公益性质，实现内涵更丰富的空间活化；对于社会经济水平发展水平较高、具备了社会民主意识以及一定文化水平的地区，尤其是具备足够自组织能力的村落，应在微更新中追求更创新、更多元的价值，实现创新目标，即实现传统村落微更新过程中民主意识的培养和参与能力的提升[144]。考虑到在乡村振兴战略和新一轮国土空间乡村规划的背景下，传统村落保护与发展道路逐渐走出“从保护出发”的思维定式，向复苏振兴、内涵式发展保护的新思路过渡，赵伟奇从传统村落的发展出发，构建了以发展为目标的发展潜力评价体系，为协调传统村落的保护与发展矛盾提供了可供借鉴性的思路[145]。

旅游为传统村落所带来的巨大发展机遇，也促发了研究者和实践者以实现传统村落旅游发展为目标的研究。其中，李婉玲以江门市开平碉楼与村落为例，提出应通过政府主导下的乡村集群化旅游发展模式，为传统村落旅游发展实践探索提供了借鉴[146]；肖佑兴则在分析广州古村落发展旅游优劣势的基础上，以旅游发展为导向从宏观层面提出了旅游发展方略，包括古村落旅游发展需通过有序的文化保护战略、圈层型的空间战略、整合的市场战略、立体开发的产品战略、结构优化的产业战略，以及适宜的经营战略等[147]。

### 2.2.3 以可持续发展为目标的研究方法

在国家有关传统村落的相关文件中，实现传统村落的可持续发展被多次提及，在众多珠江三角洲传统村落的保护与发展研究中，可持续发展也成为研究的关注热点。梁林以人居环境为切入点，以雷州半岛传统村落为研究对象，从探寻中国乡村传统聚落系统的人居环境及其可持续发展方向出发，提出传统聚落的可持续发展应由“空间”与“实践”两个维度共同构成，既要考虑当代财富的空间分配问题，也要考虑代际的时间分配问题，由此提出传统聚落人居环境可持续发展的宏观策略应倡导最小化原则、坚持从低碳走向低碳、实现闭合的能量流与物质流，遵循“三低”（低能耗、低技术、低成本）原则，并基于此制定了雷州半岛传统村落人居环境可持续发展的实施性建议[148]。曾令泰以政府职能提升为切入点，以从化区传统村落为对象，针对当前村民、政府及企业等主体在传统村落保护与发展中的作用发挥现状，提出通过政府在保护与发展中的稳定秩序、效率管理、保障公平的职能提高，是有望推动传统村落的有效保护与可持续发展的[149]。当然，更多学者是以一般乡村的可持续发展展开研究，形成了丰富的研究成果，如胡英英基于可持续发展理论将珠江三角洲乡村社区的活化目标界定为环境可持续发展、经济可持续发展、社会可持续发展、综合可持续发展四个方面，并在目标导向下制定了环境活化、经济活化、社会活化的策略。一般乡村的可持续发展研究对传统村落的可持续发展研究具有一定借鉴作用。

### 2.2.4 研究评析

总体来看，以保护目标为主的传统村落研究中，达成了对提高传统村落价值、保护传统村落真实完整的基本共识；而在研究探索中，也实现了由以往静态空间的真实完整保护，向村民生活的非物质空间过渡，保护的可持续越来越受到关注。相较而言，以发展为主的传统村落研究中，虽然因发展目标指向相对分散，但鉴于传统村落的特殊身份，发展目标中均对保护问题有所关注，是在保护前提下的发展。可见，无论是保护还是发展，研究都脱离了以往单纯的谈保护或者谈发展的思维范式，并在保护与发展的相互关注中向可持续发展靠拢。

然而，尽管实现可持续发展被国家多次提及，可持续发展理论与思想被引入到研究中，但相较于可持续发展在其他领域的研究，传统村落的可持续发展研究仍处于探索阶段，对于传统村落的可持续发展应体现在哪些方面？可持续发展的目标构成要素是什么？一般乡村可持续发展是否适用于传统村落？问题的回答仍需进一步深入研究。当然，也正是因传统村落的可持续发展研究相对薄弱，在传统村落的保护与发展研究中，可持续发展虽被提及或被设定为目标，但方法、措施、策略的制定大多仍是以问题为导向，或者说，是为了解决问题而非为了实现目标，使得保护与发展的可持续性稍差。此外，传统村落是一个庞大的有机系统，以问题导向的保护与发展研究对于推动传统村落系统的可持续发展就稍显不足。

## 2.3 已有研究对本书的启示

通过对相关研究成果梳理与评析，发现在传统村落的保护与发展方面已取得丰硕研究成果，但仍有些不足，主要有以下几个方面：

### 2.3.1 特征研究中缺乏对传统村落的动态观察

传统村落是人类重要的生存载体，是一个始终处于动态发展的复杂综合体。但从已有研究成果来看，珠江三角洲传统村落的特征研究更多聚焦于历史演进长河中形成的自然、人文、空间等方面的特征探索，对传统村落在国家保护与发展政策背景下所发生的变化及其发展特征的研究尚有不足。比如，为什么同属珠江三角洲地区的传统村落而以佛山传统村落的保护活化最为活跃？为什么珠江三角洲传统村落中的祠堂建筑保存相对完整而古民居却普遍衰败？为什么传统村落中新村与古村并存的现象会大量出现？这些问题的回答均需要深入到传统村落所处的经济社会环境中去，以一个动态发展的视角观察，才能更深刻地理解传统村落在保护与发展中所产生的差异本质。

此外，从传统村落的评价研究成果来看，围绕价值评价研究的成果丰富，为保护与发展传统村落提供了科学依据，极大程度地为实现传统村落抢救性保护、遏制传统村落迅速消失作出贡献。但在经历抢救性保护之后，我们逐渐开始思考传统村落价值评价是否能真实反映传统村落在保护中的发展态势。同时，认识到价值评价体系无法在传统村落保护与发展之间建立深度关联，它更多地强调传统村落的“状”而非“态”，忽视了传统村落自身变化对于表征保护效果的重要作用。比如，在同样的保护措施下传统村落是否会产生同等反应？保护措施下传统村落都发生了怎样的变化？是向好还是向坏？这些问题的回答也都需要进一步完善传统村落多时段特征阐释的研究内容，通过增加对传统村落自身变化的关注来探索动态评价技术，才能更客观地解释传统村落的发展态势，以及发展过程中的影响机制。

### 2.3.2 保护方法与目标研究中缺乏跨域交叉

围绕珠江三角洲传统村落保护的研究成果颇丰，但多数研究聚焦于保护过程本身。具体来看，在保护区域化与整体化趋势背景下，越来越多的学者认识到传统村落保护与区域发展是密不可分的，但研究中仍延续着传统村落遗产标签下的保护方法，如何固化传统村落的保护价值依然是研究成果最为丰硕的部分，对保护与地区社会经济发展的互动关系尚未获得充分关注。比如，同为沿海发达地区，珠江三角洲传统村落的生存状况为什么不如长江三角洲？为什么珠江三角洲传统村落中会出现古民居大量空置甚至破败的现象？为什么传统村落没能成为珠江三角洲地区经济发展的重要推动力量？这些问题均和地区社会经济发展不可分割，以往研究并不能给出充分解释。要想很好地回答这些问题，需要强化“村落与区域”关联性的研究逻辑，推进村落保护研究从“独立事件研究”向“区域发展中的要素优化配置研究”转化，形成一个多尺度研究视角，才能深入挖掘传统村落保护的内在力量，形成更科学的保护与发展方向。

现有以目标导向的保护与发展研究，虽已脱离了以往单纯谈保护或发展的思维范式，并在保护与发展的相互关注中向可持续发展逐渐靠拢，但研究依然忽视了可持续发展目标对协调保护与发展矛盾的重要指导作用。传统村落可持续发展目标研究的缺失，削弱了目标对保护与发展的引导性，往往偏离了保护与发展的初衷，也是造成保护性破坏或建设性破坏的重要原因之一。因此，今后的研究需建立以“可持续发展”为目标的理论基础，通过细化的可持续发展目标修正保护或发展的局限。

### 2.3.3 理论研究中缺乏系统性框架指引

对一定区域范围内的传统村落保护需要借鉴更系统和开放的理论和方法。现有研究在各自学科领域通过不断深化，形成了具有针对性的研究成果。但总体来看，一方面，研究更多地集中在建筑、社会、景观等学科领域，各学科领域学者均试图通过发挥专业优势解决传统村落问题。然而，受限于各自专业领域的认知，研究思路或聚焦于物质空间、景观环境，或聚焦于社会组织关系，忽略了传统村落是一个人与自然和谐共生的有机系统，其保护与发展应体现在生态环境、传统文化、社会组织、产业经济等多方面。另一方面，现有研究关注对象多是广佛莞地区知名的传统村落，如小洲村、南社村、逢简村等，以及地处都市边缘区典型传统村落，如塱头村、瓜岭村等。众多非典型的、同样具有保护价值的传统村落未能获得足够关注。珠江三角洲经济发展整体水平高且不平衡，传统村落所处环境差异较大。基于个案或典型传统村落分析往往难以解决珠江三角洲传统村落整体的未来发展问题，如相似的区位条件、不同的空间发展路径问题，同一文化景观发展的一致性与差异性问题。这些问题的回答需要系统理论的支撑，需要从研究框架和方法上提供支持。因此，今后研究还需构建多学科视角联合的研究尺度，深化宏观与微观的研究融合，兼顾典型与非典型传统村落，建构珠江三角洲全域传统村落保护与发展的系统性理论框架。

# 第 3 章 珠江三角洲传统村落保护与发展的冲突形成和现实回应

万事万物的发展都是在相互作用的关系中不断前行。人类活动作用于自然环境的同时，自然环境也必然影响人类活动。传统村落要保护与发展势必离不开对其由远及近、由浅入深的认识。只有了解了传统村落的前生今世，才能对保护与发展做出更为科学的判断。在时间历程上，众多学者对面向过去的传统村落特征研究成果颇丰，为本书积累了丰富的研究基础，但要清晰地了解当下发展状况，仍需对传统村落的发展脉络及其在发展过程中的冲突形成，以及为化解冲突所展开的实践行动进行梳理。

# 3.1 传统村落保护与发展的冲突形成脉络

## 3.1.1 传统农业发展下传统村落的自然演进

传统农业时代，传统村落在适应自然环境过程中自然演进，并在自然条件与人文风俗的共同影响下，形成了极具特色的珠江三角洲村落特征。

### 3.1.1.1 自然环境适应中的村落环境

珠江三角洲先民在选址建村时就已经体现出对自然山水的追崇，以及对自然环境的高度尊重和合理利用，并集中在以下几方面得以体现：

首先，择水而居的选址倾向。珠江三角洲是在东江、西江、北江河流的泥沙沉积淤浅中逐渐形成的平原地区，水资源极为丰富。而在农耕条件下，靠天吃饭又使得水成为村落得以发展延续的关键资源。因此，珠江三角洲传统村落多选择近河道、近水塘的基地，呈现典型的水乡特征（图3–1、图3–2），水成为珠江三角洲传统村落不可或缺的环境要素。如广州市新塘镇瓜岭村，据史料记载，早期建村四面环水，村民日常出行和农业生产需要摆渡过河，虽然历经沧海桑田，瓜岭村的山水环境已经发生改变，但水道依然保存完整。

其次，偏爱面水靠山的居所环境。受古代堪舆学影响，为实现村落财源广进、人丁兴旺繁荣，珠江三角洲先民在“亲水”的同时，更偏爱选择能够靠山的基址，从而促成村落“山水环抱”的空间格局。当自然条件受限难以自然形成时，则通过在村前挖掘池塘，村后泥土堆积成山来营建理想的山水格局，通过挖塘堆山实现“塘之蓄水，足以荫地脉、养真气”，进而使村落“藏风聚气”。如位于肇庆市广宁县北市镇圩镇东北侧的大屋村，地处粤西山区地区，缺少自然河流条件，就通过在大屋前挖塘蓄水、堆土成山形成了屋前有池塘，屋后有小山的村落格局，打造了“大塘古宅风景间，到此一看便开颜，清光门外一渠水，秋影塘头数点山”的理想居所（图3–3）。

除对自然条件的选择偏向外，珠江三角洲先民也在利用与改造自然环境过程中形成了多

图 3–1 佛山市烟桥村

图 3–2 广州市瓜岭村

样的村落形态、典型的梳式布局以及独特的村落格局，具体来看：

首先，地域适应过程中形成了多样的村落形态。陆元鼎教授在《广东民居》以及《中国民居建筑》中曾将珠江三角洲传统村落的平面形态进行归纳，概括为团状、块状、条状、放射形等规则图形和不规则图形的集村，以及受地形限制的散村。东莞市塘尾村就是典型的团状传统村落（图3-4）。塘尾村位于东莞市石排镇西部，距东莞中心城区约20千米，立村于宋代，距今已有800多年历史。据资料记载，塘尾村古称莲溪里，李氏六世祖栎菴因"时值宋季兵燹"，从原居白马（今东莞市南城白马村）来到莲溪，在莲溪开馆教书，并娶黎氏为妻，定居此地，自此形成了陇西李氏栎庵公支派的聚居地。因塘尾村地处洼地，周边有石龙岭脉的延伸的云岗岭脉，建村初期就选择了依自然山势缓坡而建，整体形态紧凑呈团状。村落布局合理，巷道整齐，以古围墙为界，墙内民居、祠堂、家祠、书院等传统建筑与巷道、水塘、古井、古榕等共同组成了塘尾村的农耕文化景观，成为珠江三角洲传统村落的典型代表。再以广州市番禺区的大岭村为例（图3-5），该村于宋代立村，距今已有800多年历史。大岭村三面环水，面朝大岭涌，背靠菩山，村内砺江涌横贯东西展开，北部地势平坦，中部有起伏山丘。村落布局依山傍水，呈带状分布，形成了独特的"砺江涌头，半月古村"的整体格局。除团状、带状的集村外，位于山区的传统村落还通常受地形限制采取分散布局，如东莞市龙背岭村（图3-6）。龙背岭村位于东莞市塘厦镇中心区西北面，距塘厦镇行政文化

图 3-3 肇庆市大屋村

图 3-4 东莞市塘尾村

图 3-5 广州市大岭村

图 3-6 东莞市龙背岭村现状及其空间形态示意图
（来源：笔者基于 Google Earth 绘制）



中心5km，距东莞市区45km，深圳市区25km。龙背岭村由龙背岭旧围、牛眠埔旧围以及牛眠埔新围共同构成。村落紧邻大屏障森林公园，坐拥牛眠埔水库，自然生态条件优越。村中境域东西最大跨度3.9km，南北最大跨度2.8km。龙背岭旧围始建于清光绪二十五年（1899年），至今已有100多年历史。村内保留着叶氏宗祠、叶俊万碉楼及宝兴家塾、叶三贵碉楼等传统建筑，以及保存完好的客家排屋楼，村落布局完整。牛眠埔旧围建于清代乾隆年间，至今已有200多年历史。村内保留有永培书室遗址以及排屋古建筑，村落整体格局保存完整，并与周边自然内环境形成良好的景观环境。牛眠埔新围于1912年由张采廷之子张声和创立，至今也有100多年历史。

其次，就地适应过程中形成了灵活多变的梳式布局。珠江三角洲“三冬无雪，四季常花”，长达5～9个月的雨季使该地气候炎热潮湿。为解决炎热潮湿问题，在长期地适应地域水网密布、土地稀缺以及气候潮湿炎热的特点过程中形成了珠江三角洲传统村落独特的梳式布局，即在村落基地首先建设主要街道，该街道犹如梳背一般串联起与之相对垂直的里巷，再由梳齿一般的里巷连接多个民居。村落利用主要街道和与之垂直的里巷组织空间。当然，根据地形与文化的差异，虽同为梳式布局，但仍会存在一定变化，有如塱头村一般既具广府文化的梳式布局（图3-7），也有如钟楼村一般受客家文化影响，有一定变化的梳式布局，即在村落外围增加了围合式建筑——围屋（图3-8）。

最后，宗教礼法影响下形成了无堂不成村的空间特征。在农耕条件下，特别在以血缘为纽带的聚落中，宗族常常是村落主要的组织力量和权威力量，使得祠堂作为宗族象征，成为村落的空间核心。珠江三角洲传统村落在合理利用自然地形建村的同时，受宗法礼制文化影响，形成了以祠堂为核心，“无堂不成村”的空间特征。当然，因各村自然环境、经济实力、历史文化、村落发展演进等各有不同，如钟楼村祠堂体量较大，并以祠堂为中心向两侧布置民居；塱头村则因地势平坦，严格参照梳式布局将祠堂整齐集中地布置一排；大岭村则顺应地势，祠堂分散相对（图3-9、图3-10）。

图 3-7 广州市塱头村整体格局

图 3-8 广州市钟楼村整体格局

图 3-9 广州市塱头村祠堂分布

图 3-10 广州市大岭村祠堂分布

此外，传统村落中街巷通常是承担村民交往、休闲、集散等功能的开敞空间，是村落结构的骨架。依据梳式布局的特点，珠江三角洲传统村落的街巷可分两种：一种是承担集散、休闲等功能的主要街道，也就是前文所提及的梳背，通常与祠堂、水塘紧密相连；另一种则是承担交往、通风、排水等功能的里巷，也就是梳齿，并串联民居。受客观环境条件和主观意识形态两种因素的共同作用，传统村落街巷肌理也有一定变化。其中，村落客观条件相对复杂时，街巷会依据地形呈现相对自由的形态，如依河涌水道或山势走向布置，使村落形态多呈带状、藕状。如广州市大岭村，因其后有菩山，前有玉带河、石楼河，在地形条件约束下村落主要街巷顺河建设，并与相对垂直的里巷共同组成了村落骨架（图3-11），使得村落顺水道延展而呈带状；当客观条件约束力较少，如在平原的地区，大多会在主观意识影响下形成相对规整的街巷。如位于东莞市寮步镇的西溪村，地势相对平坦，村落顺自然地势缓坡而建。村落街巷系统主要由一条面宽4.8m的横街、11条面宽1.8m的纵巷和16条面宽1.1m的横巷共同组成，街巷纵横垂直交错呈现典型的“井”字形网状（图3-12），村落也因规整的街巷而呈团状。当两种因素共同作用时，则布置相对自由，也使村落形态多变。

#### 3.1.1.2 自然资源利用中的农耕经济

珠江三角洲水田交错的土地条件为其种植水稻以及荔枝、甘蔗、茶叶等经济作物提供了良好的资源条件，尤其到了明清时期，围垦的盛行以及农业技术的进步使珠江三角洲农耕经济获得空前发展。珠江三角洲古时是一个“地势低洼、水涝频仍”的多灾之地[150]。因地势低平，每逢春夏暴雨频繁之时，低洼之处就会积水，严重威胁着珠江三角洲地区的农业生产。古时先民在不断地摸索中，将低洼地挖塘蓄水养鱼，并将挖出的泥土在塘边堆成基田，基田上种植桑树等树木，由此形成了“桑茂—蚕壮—鱼大—泥肥”的基塘农业[151]。随着耕植农业与基塘农业的不断发展壮大，农贾经济逐渐形成，所谓农贾经济就是指以种植业为主，兼营手工业，如基塘农业的发展带动了与蚕桑相关的缫丝业，与甘蔗相关的榨糖业等多种农业副业发展[119]。如明清时期，在桑基鱼塘的农业模式带动下，佛山一跃成为全国重要的丝织重镇，桑塘村的缫丝业也得到长足发展。位于佛山市南海区西南部西樵镇的松塘村，其丝织业也是在清末达到鼎盛时期，据村民介绍，当时村内可以看到人人纺线的场面。即使在今天，纺纱厂仍是村落重要的经济来源，仍可见到村民纺线的景象（图3-13）。



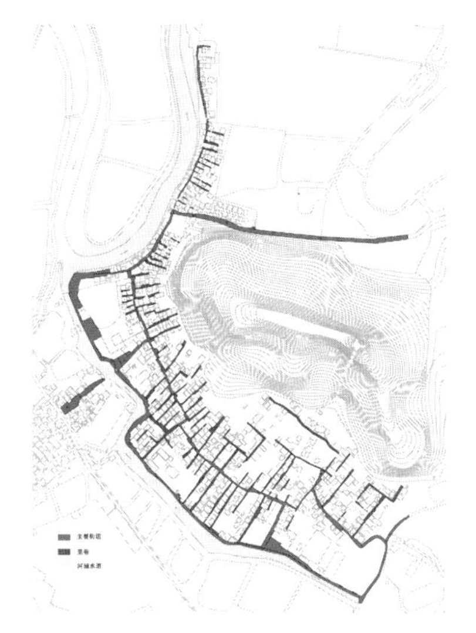

图 3-11 广州市大岭村街巷肌理示意图

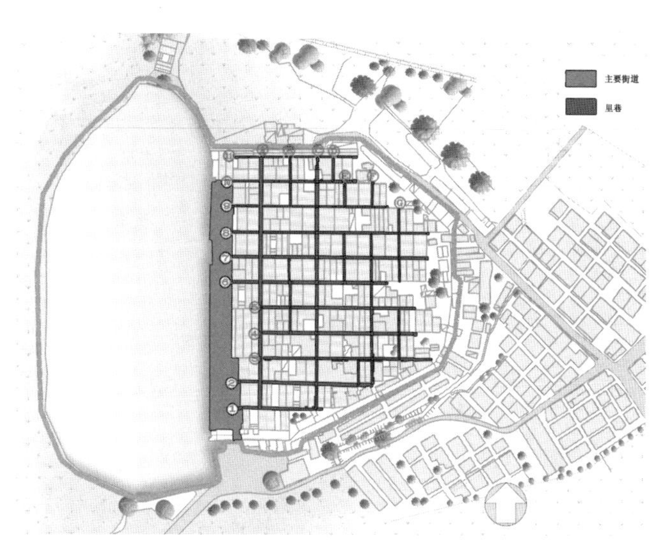


图 3-12 东莞市西溪村街巷肌理示意图

图 3-13 佛山市松塘村现状与制作丝线的村民

#### 3.1.1.3 血缘凝聚的宗族社会

以血缘凝聚的宗族社会是珠江三角洲传统村落在传统农业时代下的社会本质。村落中人与人之间的关系大多是以血缘为基础，尤其在宋代大力提倡宗族制度以来，增强宗族内部凝聚成为村落自治、抵抗天灾、实现发展的重要力量。当然，为实现宗族社会的组织和管理，宗祠、族规、族谱等多样文化手段在村落中普遍可见，如宗祠、支祠、家祠对不同层次空间领域的控制等，按照宗族及其支系血缘的相互关系分割土地、组织村落空间等，使珠江三角洲传统村落的格局层次分明、尊卑有序。如地处佛山市南海区西樵镇的松塘村。该村区为单姓村，已历经二十八代。据记载，该村太始祖区桂林在南雄珠玑巷居住时，育有五个儿子，南宋年间为躲避灾祸，区世来（松塘村始祖）偕兄弟，以及侄亲（泰来）逃到现今松塘村定居繁衍（图3–14）。其中，世来、世从以及泰来主要居于松塘，其他兄弟则分别居于西乡、南乡、东乡。现今松塘村人大多是五世祖光源公一脉，分属于孟、仲、季三房。我们从松塘村的里坊分布与形态，祠堂规模、形制、造型、宗祠规制等也可看出宗族内部地位分化（图3–15）。

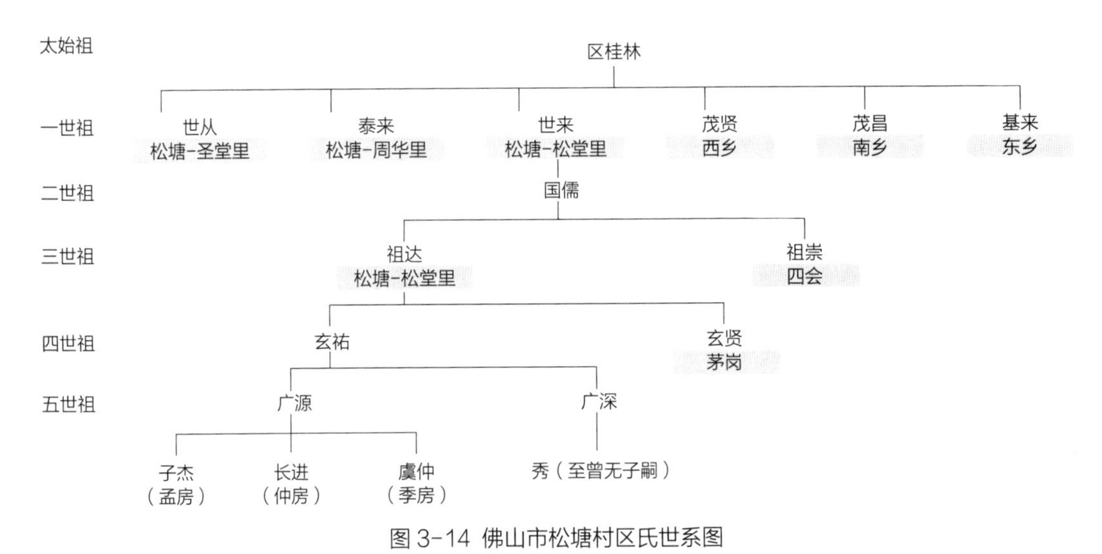

图 3–14 佛山市松塘村区氏世系图

松塘村宗祠建筑特征（部分）

| 类型 | 名称 | 平面格局 |
|---|---|---|
| 宗祠 | 区氏宗祠 | 一路三进三开间 |
| | 区氏宗祠（圣堂） | 一路两进三开间 |
| | 区氏宗祠（舟华） | 一路两进三开间 |
| 房祠 | 六世祖祠（仲房） | 一路两进三开间 |
| | 六世祖祠（季房） | 一路两进三开间 |
| | 士大夫家庙 | 一路两进三开间 |
| 支祠 | 东山祖祠 | 一路两进三开间 |
| | 见五大夫祠 | 一路两进三开间 |
| | 樵侣祖祠 | 三路两进三开间 |
| 家祠 | 汇川家塾 | 一路两进单开间 |
| | 彝圃家塾 | 一路两进单开间 |
| | 司马第 | 单开间 |
| | 太史第 | 三间两廊 |

图 3–15 佛山市松塘村里坊边界示意图与宗祠建筑特征

（来源：村委会提供 / 笔者整理绘制）

#### 3.1.1.4 适地渐成的文化特质

世界文明发展的历史证明，水不仅是贸易交往的航道，也是文化交流、传播的重要通道。珠江水系北有南岭横亘，南有大海无垠，形成了对内封闭、对外开放的地理格局，既利于保持本土文化特质的延续，又利于纳海外风气之先[119]。

珠江三角洲所属广东自古为百越族聚居之地。春秋时期建立了强大的“大越”，到了战国逐渐形成了闽越、东越、南越等在内的部落群体[152]，形成了丰富多彩的百越文化。广东正是古时南越部落的主要聚居地。南越相继经历秦始皇派遣50万大军平定岭南、汉武帝发兵10万平定南越，大量的中原人开始进入广东。根据传播学基本原理，文化在人的迁移中传播与交流。古代人类正是通过珠江水系，实现了南北文化、中外文化的交融，形成了根植于岭南文化，以广府文化为主，兼有客家和潮汕文化的地域文化构成，其中广府文化主要分布在以广州为中心，包括佛山、江门、珠海、中山、肇庆以及深圳、东莞和惠州的部分区域；客家文化主要分布在惠州、深圳和东莞的部分地区；潮汕文化则主要分布在惠州东部地区[153]（图3–16）。

珠江三角洲“毗邻港澳，南邻南海”的独有优势使其与海外的联系从未中断过。海外文化通过贸易、宗教、华侨引入，并对当地生产生活和民俗文化产生了巨大影响，例如开平地区的自力村、马降龙村等传统村落，其碉楼建造就体现出中国建筑文化与西方建筑文化的巧妙融合。珠江三角洲正是在与海外紧密的交往联系中，通过不断地引进、吸收、融合、创新，使其呈现出传统与现代、中国与西方多方交融的多元化文化景象。

总体来看，开放包容、拼搏务实、进取创新的文化特质，是珠江三角洲传统村落在传统农业时代下，在适地过程中逐渐形成的地域文化特征。珠江三角洲文化是南越本土文化、中原汉文化、海外西方文化的融合，体现出其在文化方面的取长补短和开放包容；北方汉族人民南迁，不畏艰辛、披荆斩棘来到此地，并与当地居民和谐共处之时，又不忘前行开拓，

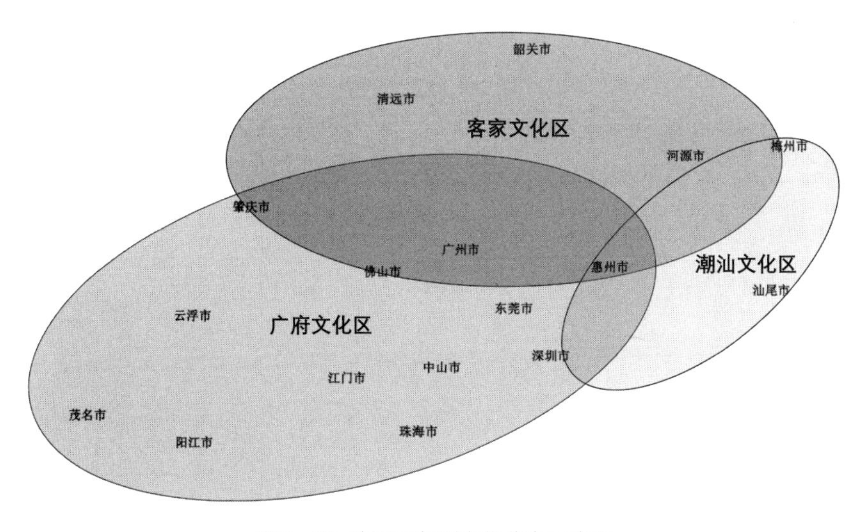


图 3-16 珠江三角洲文化分布示意图

不断向海外发展，体现了其不畏艰苦的冒险拼搏[154]；在长期的贸易交往中形成的对经济发展、创造财富的追求又使其有着明显的商业务实的文化特质；“西学东渐”的珠江三角洲文化有着明显的创新内涵特质。

### 3.1.2 工业化发展促使传统村落的快速转型

中国社会发展在城镇化发展的背景下，发生了巨大改变。传统村落也在珠江三角洲洪如急流的城镇建设与开发中开始改变相对缓慢的线性演进轨迹而出现快速的非农转型，使得传统村落的地理位置虽没有发生改变，但村落及其周边环境却发生了改变。

#### 3.1.2.1 工业景观嵌入村落环境

在快速的城镇发展建设影响下，工业景观逐渐嵌入到村落环境中，在传统村落的物质空间形态上留下印记[155]，并因与城市的互动差异，使嵌入的方式和特征也有所区别。

**1. 村落外围面状与村落内部点状的同步嵌入**

与城市保持紧密联系的传统村落，如位于繁华市区的传统村落，因遭遇城市建设发展的吞噬，而使其与城市建成环境边界模糊，发展成熟的、连接成片的城市建成环境对传统村落形成了完全围合之势，如茶基村、沙滘村、小洲村等（表3-1）。与此同时，在外部环境约束与内部空间生长的双重作用下，点状的填充、更新成为村落寻得发展的主要途径。在利益最大化的驱使下，高密度的现代建筑备受追捧，建设密度不断增高。当然，因保护要求，传统村落仍与城市建成环境有所区别，从空间高度形态来看，往往与城市建成环境形成“U”

传统村落完全被工业景观完全围合的案例　　表3-1

| | | |
|---|---|---|
| 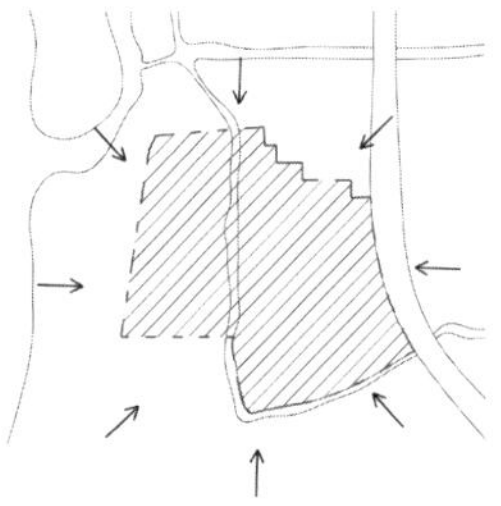 佛山市茶基村 | 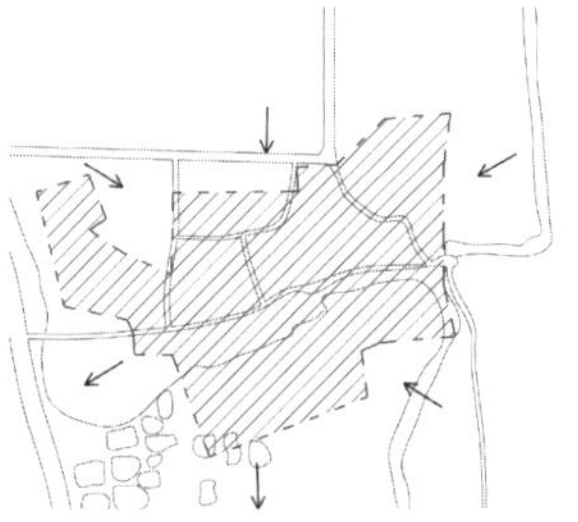 佛山市沙滘村 | 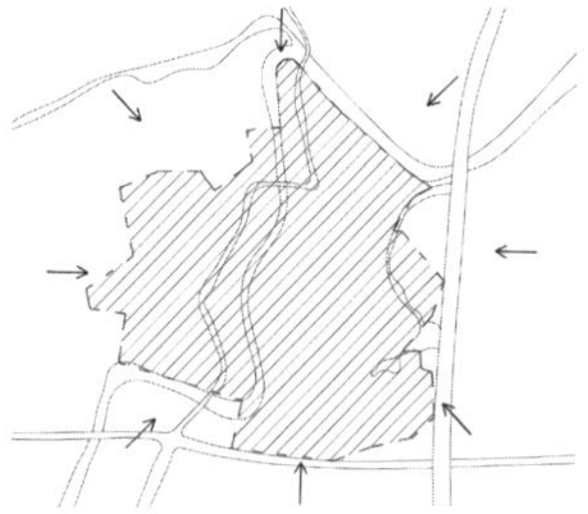 广州市小洲村 |
| 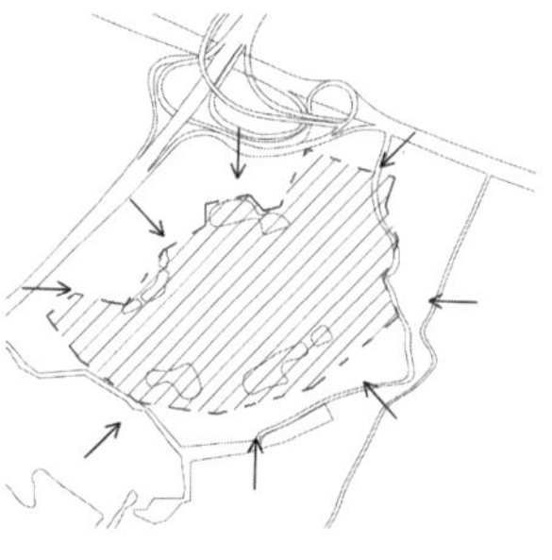 广州市黄埔村 | 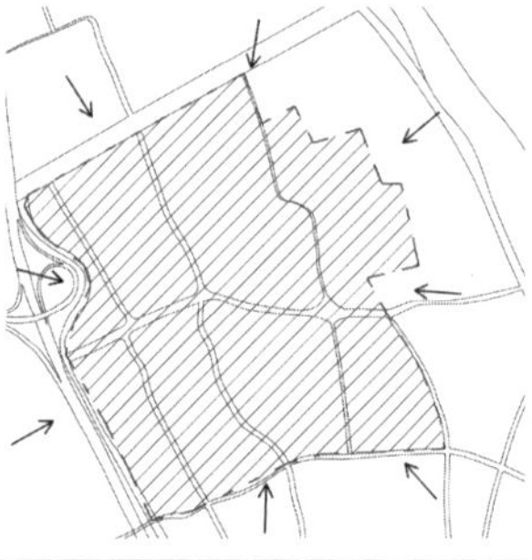 佛山市碧江村 | 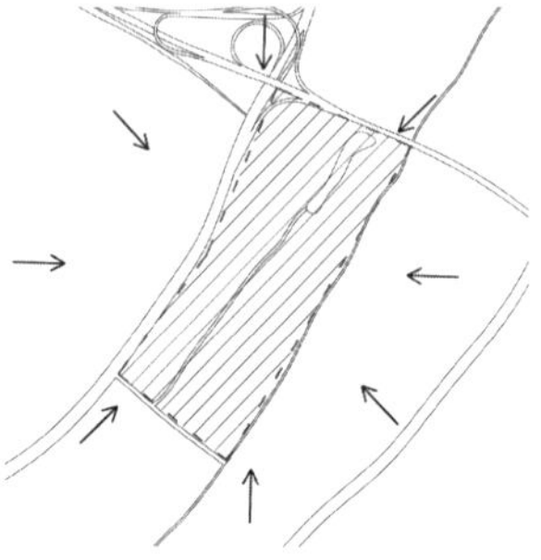 肇庆市白石村 |

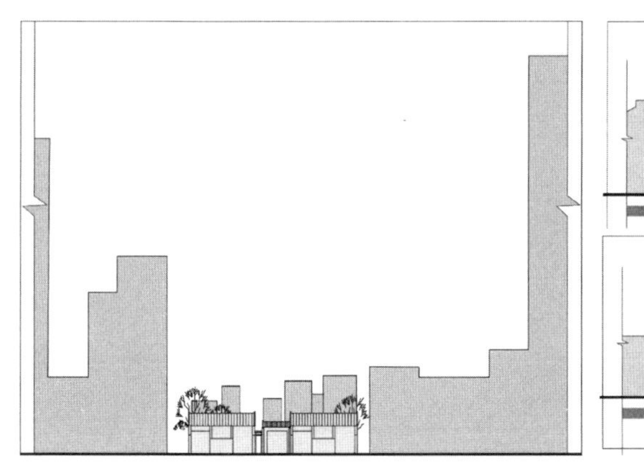
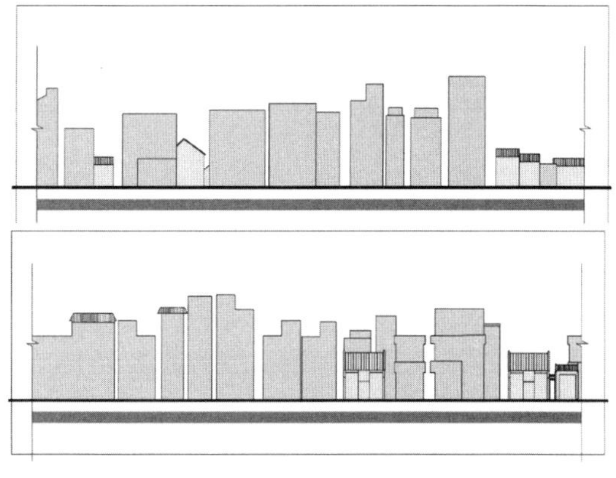

图 3-17 工业景观以外围面状与村落内部点状嵌入的传统村落空间高度形态示意图

形对比。街巷尺度也在现代建筑的强烈对比下失衡，使村落内部空间高度呈现不规则曲尺状（图3-17）。

**2．以村落外围的面状嵌入为主**

从珠江三角洲的地形地貌来看，城市之外地形更为复杂。复杂的河流、山体等自然地形削弱了城市建设的挤压影响。当然，与城市仍保持一定互动关系的传统村落虽不免会受到城市建设发展影响，但因其拥有相对宽裕的土地资源，有能力通过建设新村来缓解保护与发展的矛盾，以古村为中心，在古村一侧，或在古村外围建设新村的方式相较普遍。由此，传统村落的山水环境虽未受到严重改变，但随着城市建设发展以及村落自身发展，也存在工业环境对传统村落的部分围合现象（表3-2），使传统村落与工业景观在一定范围内形成鲜明对比。从传统村落的建筑密度看，多呈现建筑密度由内向外增加。当然，与城市的相对位置使传统村落受到围合的程度有所区别，总体来看，呈现由城市向外的递减梯度特征（图3-18）。当更接近城市时，空间高度形态呈现出高—低—中高（低）的立面特征；当更接近乡村时，空间高度形态呈现出高—低—中高（低）的立面特征。新村建设则往往因受到规划指引而使村落内部高度曲尺变化呈现一定的规律性。

传统村落被工业景观部分包围的案例　　表3-2

|  | 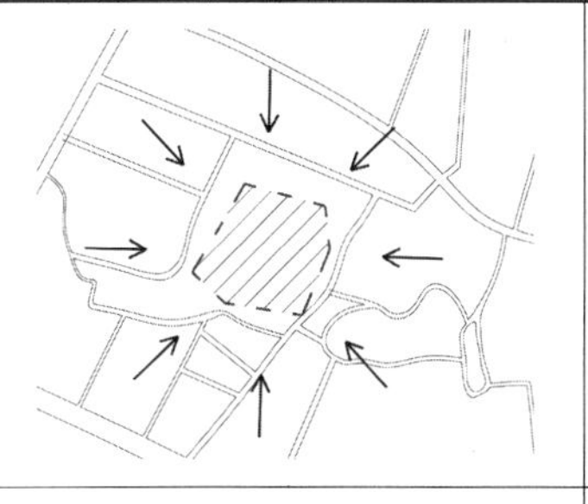 | 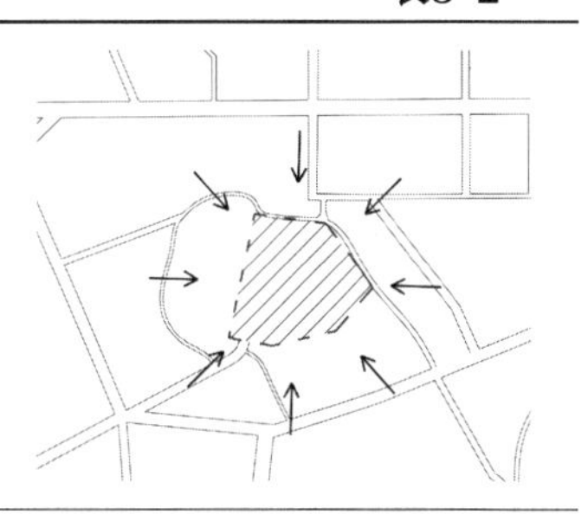 |
| --- | --- | --- |
| 东莞市龙背岭村 | 东莞市塘尾村 | 东莞市西溪村 |

续表

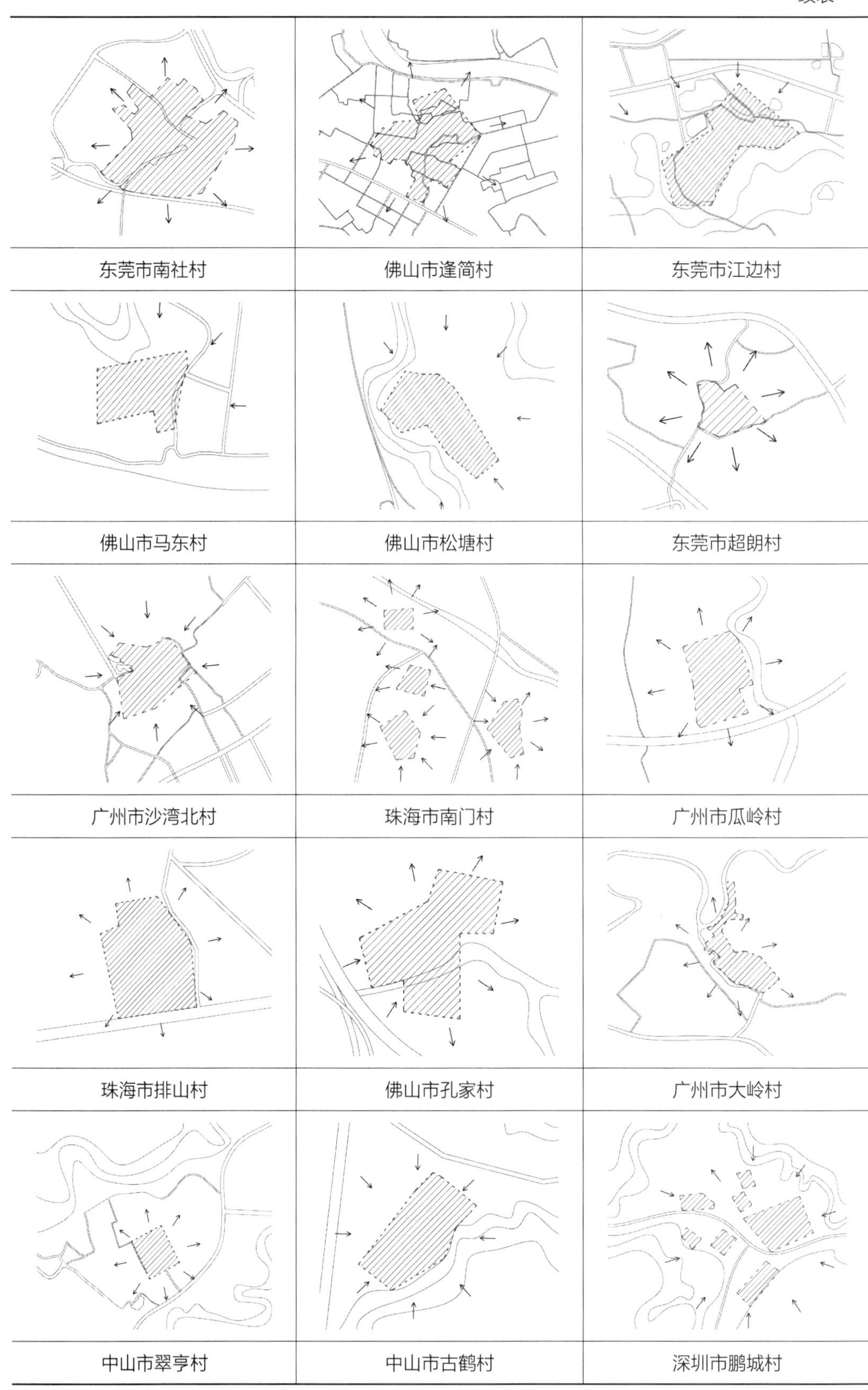
东莞市南社村
佛山市逢简村
东莞市江边村
佛山市马东村
佛山市松塘村
东莞市超朗村
广州市沙湾北村
珠海市南门村
广州市瓜岭村
珠海市排山村
佛山市孔家村
广州市大岭村
中山市翠亨村
中山市古鹤村
深圳市鹏城村

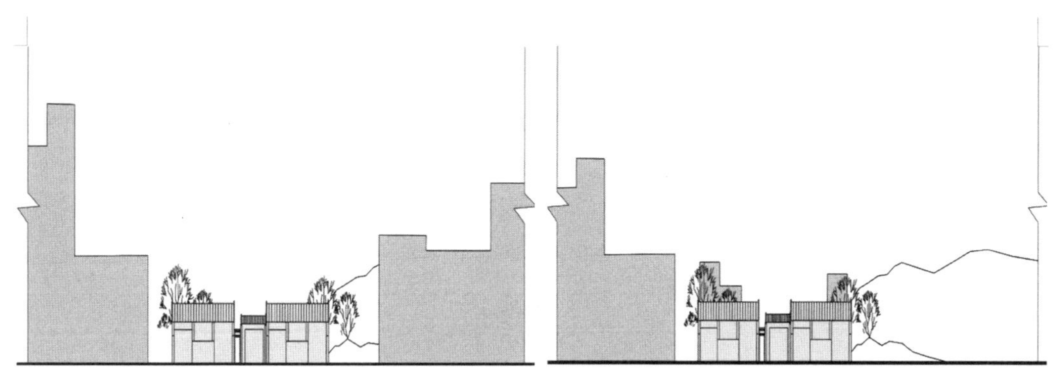

图3-18 工业景观以外围面状嵌入为主的传统村落空间高度形态示意图

### 3. 以村落内部的点状嵌入为主

远离城市的传统村落因较少受到城市建设的直接影响，大多仍能保持与自然相对和谐的生态关系，山水格局保存相对完整。然而，在城乡要素流动日益增多的情境下，远离城市的传统村落也不可避免地受到了城镇化的间接影响，逐渐发生改变。具体来看，传统村落外围虽较少有大规模建设行为（表3-3），但在村民日益增长的生存需求影响下，村落外围新建，或是古村内部插建、改建、加建的现代民居建设明显增多，使工业景观以点状为主嵌入传统村落环境内部（图3-19）。当然，部分传统村落为缓解保护与发展的矛盾，通过另建新村来减少村民自建行为的直接破坏。在村民搬离古村的同时，大量的传统建筑也在空置中自然损毁。

传统村落山水环境保存完整的案例　　表3-3

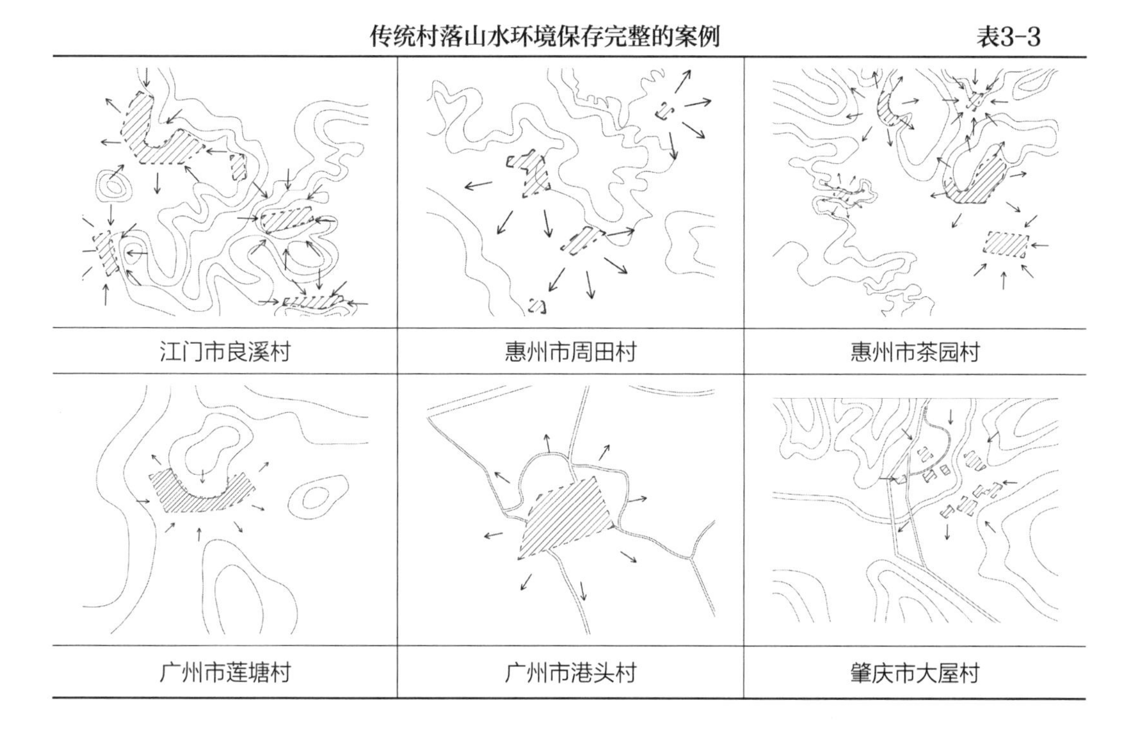

| | | |
|---|---|---|
| 江门市良溪村 | 惠州市周田村 | 惠州市茶园村 |
| 广州市莲塘村 | 广州市港头村 | 肇庆市大屋村 |

续表

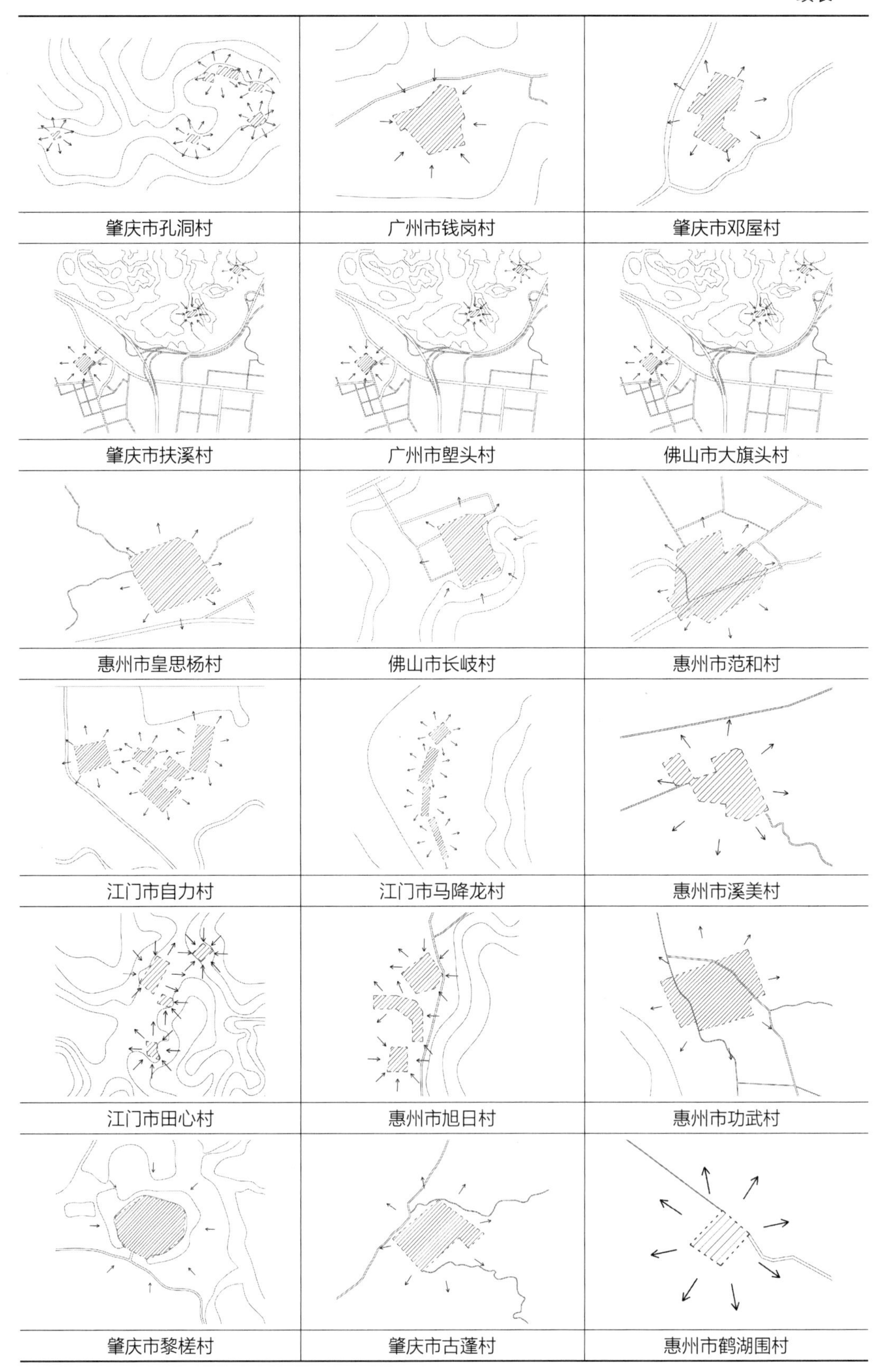

| 肇庆市孔洞村 | 广州市钱岗村 | 肇庆市邓屋村 |
| --- | --- | --- |
| 肇庆市扶溪村 | 广州市塱头村 | 佛山市大旗头村 |
| 惠州市皇思杨村 | 佛山市长岐村 | 惠州市范和村 |
| 江门市自力村 | 江门市马降龙村 | 惠州市溪美村 |
| 江门市田心村 | 惠州市旭日村 | 惠州市功武村 |
| 肇庆市黎槎村 | 肇庆市古蓬村 | 惠州市鹤湖围村 |

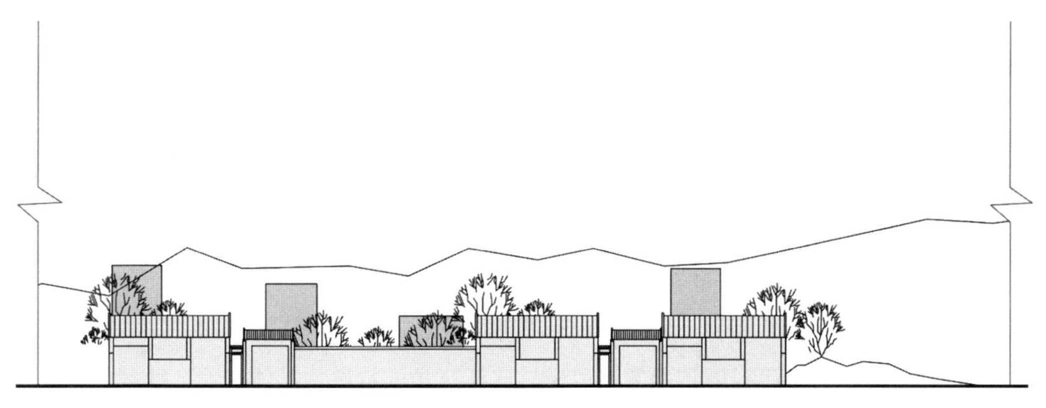

图 3-19 工业景观以内部点状嵌入为主的传统村落空间高度形态示意图

### 3.1.2.2 地租经济逐渐形成

随着工业化、城镇化的推进，珠江三角洲与其他地区，特别是中西部地区的经济差距逐渐拉开。改革开放以前，整个广东省乃至全国村民收入水平基本保持在一个水平线上。据统计资料，1978年，全国农村居民人均纯收入为133.6元，广东省农村居民人均纯收入为193.25元，而当时农业生产水平较高，生活相对富裕的广州农村家庭人均纯收入也仅为249.8元。然而到了2000年，当农村居民人均纯收入全国增长至2253.42元时，广东省已增长至3653.48元，珠江三角洲地区农村居民人均纯收入增长更为明显，其中，广州农村居民人均纯收入增长至6085.97元。

珠江三角洲农村发展成为中国农村的富庶之地，主要得益于两方面原因：一方面是农业稳定协调发展。在传统农业时代珠江三角洲依靠耕植农业、基塘农业，以及围绕农业的手工业等多样产业发展奠定了良好的经济基础。而在全国推行家庭联产承包责任制的过程中，村民的生产热情又被极大调动，生产力水平显著提高。具体来看，改革开放以来，珠江三角洲地区农、林、牧、副、渔协调发展，农业生产总值持续提升。以广州市为例，1949年广州农业生产总值为11728万元，到了1955年翻倍为21321万元，而在家庭联产承包责任制的推动下，1986年已增长至207553万元，翻了近10倍（图3-20）。珠江三角洲农业生产的稳步协调发展为地区农业工业化转型奠定了良好的物质基础。另一方面是地区工业发展优势。在改革开放的第一个十年中，珠江三角洲农村地区牢牢把握时机，依靠对外区位优势和国家优惠政策，通过大力发展“三来一补”企业开启农村工业化发展。具体来看，珠江三角洲农村工业化发展主要通过“四个轮子一起转”，利用集体土地招商吸引外资[156]，形成了市场在外、原料在外、加工在内的“三来一补”经济。一时间，加工制造企业迅速在珠江三角洲各地出现。“三来一补”企业的发展又进一步吸引周边甚至内地的大量廉价劳动力聚集，为村落发展房租带来了巨大市场。土地租赁成为珠江三角洲农村参与工业化发展的主要途径。珠江三角洲村落土地租赁主要包括集体土地出租、集体建设厂房出租以及村民出租住房三种方式。正是通过村落土地租赁的工业化转型发展使珠江三角洲村落经济获得了极大提升。

位于佛山市顺德乐从镇的沙滘村，至今已有800多年历史。村内建筑类型多样、分布集中、数量众多，大量民居制作精良，砖雕、木雕、灰塑、石雕等多种装饰艺术手法运用娴熟，尤其是砖雕技艺出众，有着较高的艺术价值（图3–21）。除物质文化遗产外，沙滘村依然传承着乡扒十三龙歌标（歌标曾是珠江三角洲民间流行的歌谣题材，若是举行龙舟竞赛，就要拟定一篇适合时势和群众喜好的文告，贴到各个乡村去），非物质文化遗产相对丰富，且具有较高的文化价值。正是因其具有较高的保护价值，2016年被列入《中国传统村落名录》。

除遗产价值外，沙滘村的转型发展也极具珠江三角洲特色。具体来看，沙滘村在明代中期就开始发展丝业，到了清代后期、民国年间，顺德机器缫丝业迅速发展，沙滘村也成为顺德丝业发展的重要区域。据资料，1922～1928年，乐从镇共有23个村落建设有丝厂，其中沙滘村拥有5间丝厂排名第二，5间丝厂分别为大成良、隆栈、纶丰、纶盛、广永源，平均日产丝线98斤。借助丝厂的发展，沙滘村的印染业、纺织业也逐渐壮大，其中沙滘村生

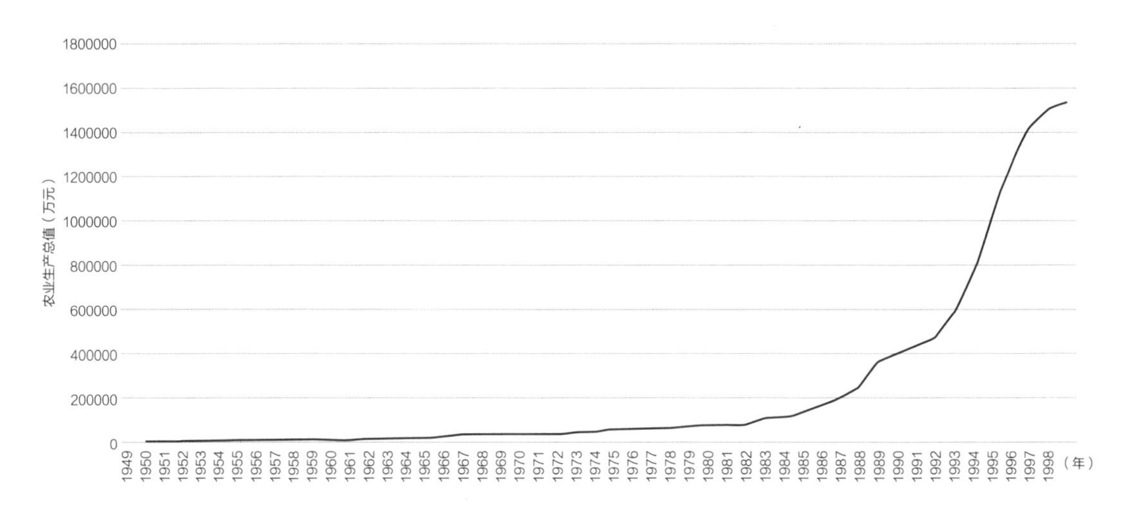


图 3–20 广州市农业生产总值增长趋势（1949 ~ 1998 年）

图 3–21 沙滘村陈氏大宗祠

产的香云纱和黑胶绸的丝织品因深受海外华人喜爱，而被直接称为沙滘纱和沙滘绸。改革开放以后，面对缫丝业的发展整体衰败，沙滘村迅速调整产业构成，通过整合村落土地转向土地租赁产业，形成了以家私零售、批发为主，以家私仓储、物流为辅的产业链，打造了乐从国际家具城、罗浮宫、顺联、团亿以及东恒、南华等闻名中外的家具品牌（图3-22），其中，家具销售的铺面高达100多万$m^2$。沙滘村以家具销售为特色产业构成要素再次为村落发展注入了新的活力。据调查，2018年村集体（沙滘社区）收入就高达11736万元，全体村民每年房租收入高达1亿元。沙滘村的发展情景并非个案，以土地租赁为获得经济发展主要方式的传统村落普遍存在。地租经济已逐渐成为珠江三角洲传统村落经济发展不可忽视的主要构成要素。

#### 3.1.2.3 宗族复兴同时业缘渗入社会格局

社会大变革虽然客观上强化了村落家族文化变化的条件，但在主观上都会激发、强化村落家族文化的心态[157]。中华人民共和国成立以来，极大地消解了珠江三角洲宗族力量对村民的组织与管理。宗族传统也在一切生产生活都由国家计划统筹的计划中而发生改变。大量作为宗族力量的代表——祠堂改为食堂、小学、仓库。直至改革开放后，村民自治特征逐渐被国家肯定。此时，因对宗亲关系的尊重和信任，宗族组织重新作为公共服务功能的提供者开始呈现复兴趋势。主持红白二事、筹集捐资，开展文化活动，吸纳华侨归国投资等大多由宗族组织发起。正是基于血缘的组织和治理模式，使得宗族组织成为珠江三角洲传统村落治理的重要力量和行政填补。

与此同时，珠江三角洲地租经济的形成不断吸引着外来资本在本地建设工厂，吸引着大量外来打工者涌入村落，村落的社会构成逐渐复杂化，部分村落还出现了人口倒挂现象。如在2018年，佛山市碧江村户籍人口15902人，常住人口23962人；沙滘村户籍人口8152人，常住人口22880人；龙背岭村户籍人口1100人，常住人口约20000人。外来打工者的涌入以及其他各种成分人员的进入，使传统村落社会格局趋于复杂，既存在以血缘、地缘为纽带的宗亲

图 3-22 沙滘村罗浮宫国际家具博览中心

关系，以租赁为基础的契约关系，也存在以业缘或新地缘形成的邻里老乡关系等多种关系。而在村落工业转型发展的过程中，与市场的密切关系决定了村落需要在市场甚至更广阔的范围内形成自己的生产圈、朋友圈，业缘对村民交往的影响日益上升。尤其在20世纪90年代市场经济的深化发展后，业缘地位和作用迅速增强[158]，人们在结成各种关系时，血缘已经不是唯一的参照标准，是否有共同的利益追求、是否有共同的事业发展逐渐成为村民考量的重要参照依据。

#### 3.1.2.4 食利文化逐渐形成

根据前文对珠江三角洲传统村落经济发展特征的分析，地租已成为珠江三角洲村民的重要经济来源。根据地租构成，我们可以将地租收入划分为两块，一块是通过集体土地出租获得的租金，即通过集体土地直接出租给外来资本，或是村社集体建设厂房出租给外来资本以获得物业收入，集体租金通常采取分红的形式平均分配给村民；另一块则是村民通过在自家宅基地上盖房向外出租获得。有学者通过对比研究发现[156]，珠江三角洲本地村民以地租经济所获收入远高于外来务工人员的收入。也正因此，本地村民更愿意依靠分红或者盖房来致富，而非参与工厂生产线劳动。在对地租的依赖中，珠江三角洲传统村落的食利文化逐渐形成，不同年龄阶段均出现食利阶层。具体来看，因地租经济的形成，珠江三角洲农村基本形成了老人不工作的惯例，且有年轻化的趋向。在珠江三角洲乡村调研时常会看到三三两两的老人聚在一起聊天、打牌、喝茶；中年人中因年纪偏大、技术落后，加之自身不愿意到工厂一线生产线工作，更愿意依靠房屋出租、集体分红过着衣食无忧的悠闲生活；青年人中也存在不愿意学习新技术、进工厂辛勤劳动，在父母帮扶下更愿意过着四处游荡生活的现象。各年龄段出现的食利阶层虽不是传统村落所有阶层的写照，但也反映出食利文化在珠江三角洲传统村落中业已形成。

沙滘村在经历了工业化转型后，随着家具批发零售中心的逐渐壮大，不断吸引外来资本和人员流动，除每年的集体分红外，修建房屋为外来务工人员提供房租服务成为村民的重要经济来源。据沙滘村村委粗略估计，村民自有房出租的费用约每月1万元，2018年，全体村民每年的房租收入就能达到1亿元。可以看出，丰厚的租金为沙滘村民带来了巨大财富。也正因此，租金成为沙滘村民主要经济来源，除定时收租外，打牌聊天成为日常最为常见的生活景象，村落社会的食利气息浓郁。

### 3.1.3 区域一体化推进下传统村落的冲突外显

2009年国务院正式公布了《珠江三角洲地区改革发展规划纲要》，标志着珠江三角洲一体化发展上升到了国家战略层面，也预示着珠江三角洲将在设施一体化、市场一体化、生态环境一体化等建设中，进一步加快区域经济一体化的发展。2012年国家正式启动传统村落保护行动后，如何在响应国家号召的同时，又避免对传统村落及其居民产生消极影响的问题备受关注。而人们日益增长的对生活质量改善和精神文化提升的需求，以及区域一体化发展对传统村落地域性和认同感的冲击，又不断诱发着传统村落保护与发展的现实冲突显现出来。

#### 3.1.3.1 生态环境保护与工业化发展的冲突

改革开放以来，珠江三角洲城镇化水平不断攀升，2019年更是以86.28%的城镇化率远超全国城镇化水平。其中，受政府主导下的农转非征地模式成为珠江三角洲城镇化发展的重要方式，2006～2018年，珠江三角洲仅城市建设面积就增加了1110.9km$^2$，相反，耕地面积却减少了121277.5km$^2$，在城市建设用地快速增长与乡村耕地持续减少的反差中，自然环境不断衰退，乡村空间不断萎缩和削减成为伴随珠江三角洲工业化的客观现实。与此同时，珠江三角洲传统村落也逐渐进入了工业化发展阶段，尤其在珠江三角洲地租经济的影响下，传统村落所依存之土地资源也成为发展地租经济的必要资本。如地处东莞市石排镇西部塘尾村，虽因保存完整的古建筑群，相继被公布为第六批全国重点文物保护单位和中国传统村落。但从塘尾村的工业化发展历程看，自改革开放后，村落就凭借地理优势建设厂房吸引塑胶、电子、五金、玩具、日用品等多种企业入驻，发展成为石排镇经济发展的重要支柱，至2018年塘尾村入驻企业高达147家，私人个体工商户293间，经营总收入1015万元，集体总资产高达10357万元。其中，塘尾村用以吸引企业进驻的厂房正是利用村落原有的农业用地建设而成，据统计，塘尾村辖区内已有7万多m$^2$农业用地被标准化厂房覆盖。

此外，在市场主导下，在有限的土地资源条件下，获得利润最大化通常是投资者最为关心的问题。在通常情况下，能获得高利润的房地产开发、厂房建设、商业街开发备受青睐，迅速侵占传统村落的发展空间。如处于广州市天河区的猎德村于宋代建村，至今已有近900年历史。村落格局与传统建筑是岭南传统聚落的代表。村落中拥有祠堂、庙宇32座，颇具规模，其中市级文物保护单位1座。2007年，猎德村被列为广州市“三旧”中城中村的改造试点，并以“政府主导、市场运作、民意优先”的方式，通过从经济角度平衡拆迁成本完成了村落一次性物质空间改造。目前，猎德村除了保留了重要的几个点状传统建筑外，村落已经一改以往传统岭南村落的历史风貌。从平面上看，已经完全由现代均质的居住小区肌理取代了传统的空间肌理；从立面上看，由37栋100多m$^2$的安置房替代了低矮的传统民居，成为珠江边一片密集的“屏风楼”。当然，猎德村改造之所以能迅速完成，一方面是由于优越的区位条件吸引了众多资本汇集，另一方面则是猎德村并不属于保护型乡村，保护要求相对较低。也正因此，猎德村在统一拆除重建中，仅留存了几座典型的祠堂、庙宇建筑，村落的历史格局与街巷肌理已不复存在。

在《关于加强传统村落保护发展工作的指导意见》中，整体保护被明确为传统村落的保护原则。所谓整体保护就是要将村落与环境、村落与人、非物质文化与物质文化视为一个整体的保护方式，那么，与传统村落相互依存的山水环境也应是传统村落不可忽视的保护对象。此时，珠江三角洲传统村落所依赖的以土地资源供给的工业化发展模式势必会与传统村落的保护要求存在冲突，引发传统村落保护与发展的矛盾。

#### 3.1.3.2 历史环境保护与现代生存需求的触碰

随着工业化的快速推进，现代科学的发展，人们征服自然、控制未来的欲望和信心大增，引发人们对居住环境多样性、便捷性、舒适性的诉求提升。然而，近年来传统村落的居住环境虽然在系列保护与乡建行动中得到一定改善，但仍与现代生存需求存在一定差距。具体如下：

对生活多样性的忽视。一方面，传统村落在工业化发展过程中与外界的联系越来越紧密，逐渐从过去相对封闭的空间走向开放空间，而在与外界的密切互动中，居于传统村落中人们的兴趣、能力、需求、财富，甚至观念逐渐发生改变。另一方面，珠江三角洲传统村落社会构成的复杂化，也使得人们对传统村落的需求趋于多样化。无论从经济角度还从社会角度，无论过去还是现在，满足人们生活多样性需求都应是传统村落的基本功用。然而，一方面，传统村落在圈养式保护中被赋予高于生活的精神寄托而忽视了对生活功能的关照，众多传统村落的生活功用被简单化甚至“去生活化”，成为无法提供日常生活的展览馆；另一方面，在市场敏感性和利益的驱使下，同一时期的某一高利润行业常常会受到追捧和模仿，在传统村落发展中，高利润行业的简单模仿也通常引发传统村落多样性需求的忽视，如模式套用的商业街开发、房地产开发、旅游产品开发等，既不利于传统村落的保护，也易导致传统村落地域特色消失、过度开发等问题发生，加速自然与人文资源的破坏，加剧传统村落发展市场的恶性竞争。

汽车便捷性需求引发的空间矛盾。王雅林在对北京、上海、广州700多位居民的调查中发现，86%的人都对国内轿车市场有所关注；42%的人表示汽车使生活更为方便；28.8%的人认为汽车有利于提升生活质量[159]。可见，汽车已成为人们提高生活便捷度的重要工具。然而，汽车带来生活便捷的同时，停车难问题也随之产生。逢简村位于佛山市杏坛镇，于唐代建村。村内水网河涌纵横，绕村河涌总长23.8km。作为历史悠久的岭南水乡，逢简气候宜人，文风鼎盛，素有“小广州”之美称。据记载，逢简曾有33个古牌坊，78间古祠堂，32间古庙宇，至今村内文物古迹遍布，历史文化底蕴深厚，有多处省市级文物保护单位，包括刘氏大宗祠，明远桥、宋参政李公祠、金鳌桥、巨济桥，使逢简村极具保护价值，2016年被列入《中国传统村落名录》(图3-23)。逢简村在2014年因《守业者》的取景地而出名，目前旅游人数日益增多。佛山市政府紧抓时机，在政策与资金的双重支持下，以“书香水韵 逢简水乡”为主题将其打造成为佛山文化旅游品牌。据村委会介绍，目前逢简村旅游已成规模，每年接待游客可达150万人次。但随着旅游的发展，停车难问题逐渐显现，每到周末、节假日，村内占道停车甚至占绿地停车的不良现象时有发生，严重威胁着村落生态环境保护和秩序管理。逢简村虽多次申报用地指标，但因为其传统村落身份而迟迟未批。停车难问题已成为制约村落旅游发展的一大问题。

传统民居与现代生活方式的差距。随着珠江三角洲传统村落村民生活水平的逐渐提高，村民对居住环境的舒适性追求也越来越高。传统民居虽是在适应珠江三角洲湿热气候的过程中逐

图 3-23 逢简村水景与传统建筑

渐形成的绿色智慧，如三间两廊利用天井、冷巷、厅堂等能实现传统民居的通风作用，但传统民居的上下水、厕所、采光、防潮等方面难以与现代民居媲美仍是客观现实，使得传统民居的舒适性较差。然而，因传统村落的保护要求，加之适应现代绿色建造技术还不成熟，为防止建设行为对传统民居产生破坏，严格的保护要求、繁琐的审批程序等成为维持传统民居历史风貌的重要手段。可以说，目前传统村落的保护仍难以规避以牺牲居者对生活舒适性需求为代价的弊端，也正因此，保护与发展的矛盾更为激烈。

#### 3.1.3.3 传统文化保护与地租经济发展的平衡

地租一直都是社会经济学领域的热点问题。美国经济学家保罗认为，地租是人类为使用土地而必须付出的某种代价，土地的有限性决定了土地需求者间存在竞争关系，而在竞争中决定了地租的多少。马克思则认为地租是土地所有权为在经济上实现价值和增值的形式。珠江三角洲传统村落凭借对外的区位优势，以及改革开放初期特殊的优惠政策，形成了以土地出租、建厂房出租、房屋出租、变卖土地等方式实现工业化发展，推动村落经济快速增长的发展路径，并成为当下珠江三角洲传统村落的发展路径依赖。随之而来的是，食利文化在地租经济的形成与固化中逐渐滋生强化，进而诱发传统村落保护与发展的博弈关系。具体来看：

（1）食利文化的形成与影响

珠江三角洲传统村落食利文化的形成离不开对村民财富积累形式的分析。总的来看，珠江三角洲村民财富积累有两种主要途径。一种是通过村社集体分红。村社集体通过建设厂房出租、土地直接出租、变卖土地等方式实现对村社集体土地的开发。在开发过程中村社集体获得的收入则会按照股份分给股民。据调查，珠江三角洲传统村落基本实现了经济社向股份社的转型，即以村民个人为单位将集体资产转化为股份，实现村民股份的固化、量化。村落集体收入将按照村民所占股份进行分红，将集体收入分掉。如2019年，地处佛山市芦苞镇长岐村的第六、七大队收入分别收入66.6万元、77.87万元，村民所占股份最少为1股，最多为

2.5股，根据村民所持股份，村民所获分红2400元～6250元不等。据调查，不同村落因集体资本的市场潜力有所差异，村民所获分红也有差异，多的每人每年可有上万元，少的也有数千元。

另一种是通过房屋出租收入。珠江三角洲工业化发展吸引的大量外来劳动力，为传统村落发展房屋出租提供了巨大市场。村民通过将房子出租获得收入。村落及其周边工业化发展程度是村民租金收入的先决条件。佛山沙滘村村民正是在村落家具产业的带动下，依靠向外出租房屋获得每月1万元的收入。地租经济形塑了珠江三角洲传统村落的家庭收入模式，村民靠地租养活，懒于外出打工的食利文化逐渐形成。也正因此，地租成为村民争取利益的重要筹码，一方面，当传统村落保护与村落集体收入发生冲突时，村落就往往会成为保护的阻力；另一方面，为获得更多的租金，村民抢建、加建、改建行为屡有发生。地处东莞市塘厦镇的龙背岭村中，旧围村不仅村落布局完整，还因拥有比较完好的客家排屋楼、碉楼、私塾，是客侨文化研究的重要史料，具有极高的保护价值。其中，叶俊万碉楼及宝兴家塾就是民国时期建造的中西结合的传统建筑，其中碉楼六层，家塾三层，因文化要素保存完好成为龙背岭旧围村中的重要文化载体。然而，随着周边工业区的发展，大量外来务工人员为龙背岭旧围村带来了巨大的租房市场。据调查，龙背岭村民人口仅1100人，外来务工人员则高达20000多人。大量空置的排屋以低廉价格成为外来人员的居所首选。违章建设、不当使用给客家排屋楼、叶俊万碉楼及宝兴家塾带来严重威胁（图3–24）。

（2）利己主义思想的增强与影响

正是地租经济使珠江三角洲与其他工业化发达地区，如苏南地区，有着明显差异，珠江三角洲村民更加关注自身的利益获得，而不顾他人和集体利益。具体来看，首先，集体分红的平均主义。珠江三角洲集体土地制度以及股份社对村民股份固化、量化，虽有利于保障村民利益，调动村民发展积极性，但实质上已经是将原来的集体公有制转为共有制。因为，每年集体资产所获收入都会按照股份进行分红，也就是将资产分掉，从本质上更贴合于集体资产是由一个个村民的私有资产集合的现实。也正因此，珠江三角洲传统村落中很多村落都出现了因集体

图 3-24 龙背岭排屋与碉楼现状

资产都分掉了，可供村落公共事务运行的资金不足，依靠政府财政拨款成为村委保障公共事务运行的主要甚至唯一途径。当然，一方面对财政拨款的依赖，村委会更易成为自上而下治理的执行单位，而非村民实现自下而上自治的组织单位。另一方面，面对村落庞大的建设需求，地方财政支持有限，村委会自有资金不足，尤其在珠江三角洲实施“政经分离”后，资金短缺常常成为阻滞村落公共事务有序开展、滞后村落公共空间建设完善、影响村落现代化发展进度的重要原因。

其次，依靠地租的小富居安。珠江三角洲传统村落社会所体现出的食利气息，依靠地租生活而缺乏外出闯荡的冒险精神，无论是老年人不再工作，还是中年人惧于拼搏，抑或青年人懒于外出竞争，正是村民思想最直接的表现。

最后，宗族文化的复兴。传统农业时代，为增强外来威胁抗衡的能力，宗亲成为集合力量战胜灾难的重要支柱，这也是传统农业时代宗族文化强大的重要原因。相对于其他地区，珠江三角洲的宗族文化强大是不争的客观事实，尤其在改革开放后，在传统文化保育以及政策导向下，宗族成为凝聚村落的重要组织力量，如宗族是珠江三角洲传统村落与侨民建立联系，筹募、管理、分配资金的重要组织。

通过以上分析可以看出，在珠江三角洲传统村落地租经济的形成过程中，重视眼前利益、个人利益而不顾别人利益和集体利益的利己主义思想获得了增强，这与传统村落保护重视长远利益、公共利益有所冲突，更易引发保护与发展的矛盾。

#### 3.1.3.4 正式与非正式的二元治理

传统村落的保护与发展离不开村落自身的治理特征。珠江三角洲传统村落是典型的宗族村落，村落治理通常受两种组织力量的作用，一是依托政府的正式组织力量，二是依托血缘的非正式组织力量。两种力量的共同作用使珠江三角洲传统村落表现出明显的正式与非正式二元治理特征。两种组织力量的反复博弈，使传统村落的保护与发展更为复杂。具体来看，对于不涉及经济利益有利于村落全面发展的工作，如公共空间美化、基础设施提升、民生服务完善等，两种力量大多能表现出高度的一致性，并在两种力量的共促下顺利完成，近年来在美丽乡村建设行动推动下，村落“三清”“三拆”工作进展顺利，收效甚好。然而，与村落发生一定利益纠葛的工作通常难度较大，如重点工程的征地，违章搭建的拆除、村级工业区的禁建等，与其他地区，尤其是同为沿海工业发达的苏南地区相比，珠江三角洲的钉子楼、握手楼、贴面楼等普遍存在，即使在传统村落中，在核心保护范围内也仍有很多违章楼正在加盖中（图3-25），其中原因则往往离不开地租经济的作用。

对珠江三角洲传统村落来讲，集体土地出租是村落集体收入的主要来源，因为这些集体收入最终都会以分红的形式分到每个村民手中而被村民视为自己的私有利益，尤其是2005年前后珠江三角洲实施了股权固化以后，村民对归属于自己的集体利益的愿望更加强烈，集体收入成为凝聚村民意志的强大力量。为了扩大集体利益，每个村民都会成为村落一致对外的动力。

图 3-25 传统村落中的违章楼

通常情况下，为顺利推进传统村落保护的相关工作，村委会成为各项保护工作的主要组织与实施者。而当保护传统村落所要开展的征地、禁建等行动触碰到村民自身利益时，宗族传统则为村民保持一致行动提供了意识形态[160]，宗族组织更易成为集体反抗力量的代表。正是两种组织力量的反复博弈，加大了传统村落保护工作的实施难度，也使传统村落保护与发展的矛盾更为明显。

## 3.2 传统村落保护与发展的主体应对

传统村落涉及国家、地方政府、村民、公众等多方利益，加强多方主体的共同参与往往是保护与发展得以实施的重要保障。总体来看，珠江三角洲在传统村落的保护与发展中采取了政府主导、村落与社会主体共同参与的主体合作模式。各主体在相互博弈中，为缓解利益冲突，形成了独特的主体特征。

### 3.2.1 政府导向的自由与宽松

传统村落提出较晚，保护政策还不完善，为此，相对成熟的文物古迹、历史建筑、历史文化名村等相关政策成为传统村落保护的重要参考，但因传统村落与其他文化遗产虽有共性但具差异，又使得现有政策对传统村落保护的指导性稍差。此外，中央颁布的系列文件虽然能对传统村落的保护工作起到指导作用，但国家政策不可能完全照顾到各地区的具体情况。如何结合地区实际情况，创造、主动、灵活变通地运用国家政策就成为影响传统村落保护与发展的重要因素[158]。

总体来看，珠江三角洲的传统村落政策相对滞后，导致政府导向相对自由与宽松。

首先，省级层面政策明显滞后。珠江三角洲是我国沿海发达地区，通过对比同为沿海发达地区的长江三角洲有关传统村落保护与发展的政策颁布发现，浙江省级层面已出台的直接面向传统村落保护与发展的省级文件就有三则，其中，通过2016年《关于加强传统村落保护发展的指导意见》的颁布，对传统村落保护与发展的总体要求、重点任务、保障措施等做出了明确规定，确定了“活态保护、活态传承、活态发展”是浙江省传统村落保护与发展的核心思想。相较而言，广东省有关传统村落保护与发展的政策制定明显滞后，目前与传统村落相关的省级层面的文件仅有两则，即《广东省开平碉楼保护管理规定》和《关于加强历史建筑保护的意见》。直接指向传统村落保护与发展的省级政策文件暂未出台。

其次，市级层面政策进一步滞后且存在偏差。在缺少省级政策文件对中央文件的解读指引下，市级层面政策进一步缺失。具体来看，基于省级政策文件导向，长江三角洲市级层面政策文件进一步细化适合地区实际情况的政策，如义乌、金华、丽水等城市纷纷出台适应各市传统村落的条例、实施意见等文件。其中，义乌市对建筑保护利用的具体规定，利用统筹安排建设用地指标用地问题；金华市对各级政府责任主体的明确，对规划编制以及与其他规划的衔接，以及保护利用，涉及建档、资金及用途、建设用地规模规定，都为推进传统村落的保护与发展提供了保障。与此同时，金华市对于传统建筑归属私有的处置流程规定，更是为缓解主体矛盾、推进保护与发展提供了参照。然而，珠江三角洲却仅有斗门区和惠州市颁布了有关传统村落的相关文件，《斗门区传统村落保护发展管理办法》（2015年）和《惠州市传统村落保护利用办法》（2016年），市级层面政策进一步滞后。与此同时，两地对保护与发展的认知也存在一定差异（表3-4）。

珠江三角洲市级地方政府传统村落政策对比　　表3-4

| | 保护 | 发展 | 总结 |
|---|---|---|---|
| 《斗门区传统村落保护发展管理办法》（2015年） | 原则：规划先行、统筹指导，整体保护、抢救第一，活态传承、合理利用，政府引导、社会参与的原则 | 第二十九条、第三十一条、第三十三条中着重对保护前提下的多种方式进行有序开发利用，以及鼓励村集体与村民合理利用的方式、保障等详细说明 | 在保护基础上，给予发展较大关注助力 |
| 《惠州市传统村落保护利用办法》（2016年） | 原则：因地制宜、规划先行、保护优先、民生为本、精工细作、民主决策 | 第二十一条提出所有人在科学保护前提下，可参与利用，获得利益收益 | 更关注传统村落保护 |

《斗门区传统村落保护发展管理办法》中对保护原则确定，并未明确保护与发展的关系，仅以抢救第一涵盖；在内容设置上，除说明保护发展规划的编制内容、时效、编制审批流程以及保护内容与措施外，还单独设置了发展利用板块，对合理利用传统村落予以提出，并明确了传统村落可供利用的方向与模式。此外，对在传统村落保护利用过程中可能涉及的用地问题进行了说明。可以看出，《斗门区传统村落保护发展管理办法》在保护（尤其是历史建筑保护）基础上，给予发展较大的关注与助力。

《惠州市传统村落保护利用办法》中，则首先通过原则明确了保护的优先地位；在内容设置上，用传统建筑替代了历史建筑，起到了扩大保护对象范围的作用。此外，除保护发展规划与保护措施的板块外，虽设施保护利用板块，但在12条规定中，仅有4条提及传统建筑的再利用，明确了传统建筑所有人可以参与利用、获得收益，以及应有的责任。不难看出，惠州市政策更偏向于对传统村落的保护。

综上可见，相较于长江三角洲，珠江三角洲传统村落省级政策的滞后给予了基层政府极大的自由裁量权，而地市级政府对传统村落保护与发展的理解侧重点各有不同，使政府导向相对自由与宽松。

### 3.2.2 村落参与的被动与妥协

村落既是传统村落保护与发展的对象，也是保护与发展的参与主体。珠江三角洲传统村落地租经济的形成、食利文化与利己主义思想的滋生与强化、宗族文化的复兴都使得村落主体在参与保护与发展初期持有一种观望态度，并在与各方利益主体的博弈中不断调整对保护与发展的认知，最终在各方主体的博弈中达成某种共识。

首先，村民在保护与发展推进初期的观望态度。传统村落的保护与发展是一个长期的实践探索过程。公共与私有的双重属性特征决定了传统村落的保护与发展与村民利益密不可分，自身利益的增减成为村民参与的决定因素。受珠江三角洲传统村落食利文化和利己主义思想的影响，守住一亩三分地，紧握手中既有所得已成珠江三角洲村民普遍意识。同时，在政府主导推进传统村落保护与发展时，只要不触碰村民的既得利益，观望则成为村民的首选态度，这点从村民在传统村落的保护与发展初期大多被动参与的现实得以证实。

其次，村民与其他主体博弈过程中达成共识。随着保护与发展的不断推进，主体间的利益博弈关系逐渐形成，并在相互博弈中达成一定共识。这种共识通常是通过妥协实现的，具体来看有三种情形。一种是村民向政府妥协。在政府的强干预下，村民迫于行政压力被迫参与其中，表现为参与层次低、范围窄、参与意愿不强的特征。当然，这种妥协往往是不稳定的。因为村民的妥协主要是因为保护与发展未对其利益产生威胁。然而，传统村落的保护与发展始终要与村民利益发生触碰，一旦保护与发展威胁到村民利益时，村民就会以各种形式成为保护与发展的阻力。如地租经济使然，向外租房是村民赖以生存的主要经济手段，决定了房屋的高度与收入成正比。那么，当传统建筑的保护要求与村民自身利益的追求产生冲突时，偷建、抢建、加建、改建等违建行为也将被激发，村落将再次进入与其他主体的博弈阶段。另一种是政府向村民妥协。较早的工业化发展使珠江三角洲传统村落经济实力相对较强，土地租金成为村落集体的“大蛋糕”，也成为村民一致对外的强大动力。土地租金越丰厚，村民一致对外的凝聚力就会越强大。当传统村落的保护与发展与村落利益产生冲突时，村落就会成为一个集体钉子户。在强大的集体钉子户面前，一方面，为降低可能发生的大规模反抗事件对社会稳定造成的威胁；另一方面，考虑到在处理违法事件过程中需要投入大量的财力、人力、物力，在有限的资源支持下，地方政府大多将保护与发展重点放在不易引发利益冲突的项目上，如修缮公共祠堂、改善基础设施、疏通河道等。最后一种则是村民与政府的博弈中，通过另辟新址，新旧村并存的方式，避免可能发生的矛盾与冲突。

总体来看，受既有经济发展路径与食利文化的影响，珠江三角洲传统村落的村落主体从前期持有的观望态度到参与过程中与其他主体的妥协，使村落主体的参与呈现出一定的被动性与妥协性特征。

### 3.2.3 社会主体引入的主动与矛盾

作为文化遗产的重要构成，传统村落的公共属性决定了可将传统村落的保护与发展视为以公共利益为目的的社会公共文化事业。从理论层面讲，传统村落的保护与发展应由提供公共服务的政府来承担相应责任和成本，珠江三角洲传统村落的保护与发展也确多为政府主导。然而，一方面，传统村落除具有公共属性外，还有作为村民生存空间的私有属性；另一方面，遗产保护理念的不断深化、传统村落保护与发展内容的深刻复杂，仅依靠政府财政帮扶难以供给所需资金。从实践层面讲，社会主体在珠江三角洲传统村落的保护与发展中也越来越发挥着积极作用，如恩宁街改造[161]、仓东计划[162]、金陵台重修[163]等实践都是在社会主体的推动下展开。社会主体已成为珠江三角洲传统村落保护与发展不可或缺的重要力量。

社会主体根据参与目的大体可将其划分为两类，一类是营利性主体，另一类则是非营利性主体。营利性主体主要是企业、开发商、旅游公司、金融机构、个体工商户等社会资本拥有者，主要凭借资金储备与市场营运优势参与到传统村落的保护与发展中。非营利性主体主要是高校、民间组织、媒体等群体或个人，主要凭借知识、技术、信息等优势参与到传统村落的保护与发展中。

总体来看，珠江三角洲传统村落的保护与发展，无论是对社会主体的引入，还是社会主体参与，都表现出明显的主动与矛盾。

首先，珠江三角洲传统村落鼓励社会主体参与。在省市级相关政策中社会主体的作用予以了明确肯定，如《广东省关于加强历史建筑保护的意见》《惠州市传统村落保护利用办法》中均明确肯定了社会主体参与文化遗产的保护与利用的鼓励。在传统村落的保护与发展中也积极吸纳社会主体参与其中，如在南社村保护与发展中，村落通过与高校、研究院合作，编制《广东省东莞市茶山镇南社村古建筑群保护规划方案》（2002）、《简斋公祠勘查维修方案》、《晚节公祠勘查维修方案》、《南社村古建筑群保护规划》（2016）、《南社古村旅游区建设规划》为南社古村整体保护提供了科学指导；创建中国古村落保护与发展专业委员会（东莞）创研基地（后简称“古村创研基地”），聘请刘炳元、汤国华等文物专家担任顾问，借力民间保护和活化组织，吸收一线设计师、乡村建筑工匠等，为南社村的保护与发展提供专业技术指导；邀请罗哲文、郑孝燮、晋宏逵等国内著名古建筑专家为南社古民居保护与发展建言献策；借助人民日报、新华社、中央电视台、人民网、广东电视台新闻频道等重要媒体的报道，引起社会各界对南社村的广泛关注。

其次，非营利主体通过多种形式参与。高校、研究机构、媒体、社会团体或个人等非营利主体主要通过宣传、邀请、合作等方式，以技术指导、监督检查、公益捐赠、活化利用等形式参与到传统村落的保护与发展中。如在佛山市碧江村的保护与发展中，美的公司成立的德胜基金多次为碧江村的保护与发展出资，成为传统建筑修缮、环境改善的重要资金来源；热心人士周志峰利用早期小蓬莱花园中仅存的中座，根据修旧如旧的原则出资修缮，形成了现今的蓬莱书院，成为碧江村艺术交流、文化传承的场所（图3-26）；碧江职业学院志愿者也成为碧江村各类活动举办、环境改善的重要生力军。

图 3-26 碧江蓬莱书院
（来源：笔者自摄 / 碧江村委提供）

最后，营利性主体通过多元合作的方式参与。企业、金融机构、开发商等营利性主体主要通过与其他主体合作参与：（1）村落、政府与营利性主体的三方合作。东莞市南社村在政府主导的基础上，通过与村民资本、民营企业家谢进球合作，由南社创意文化旅游发展有限公司统筹管理传统村落保护与发展相关事项，弥补南社保护与发展的经费短缺与营运短板。（2）政府与营利性主体的两方合作。广州市聚龙村通过政府与旅游公司合作，借助旅游公司力量，或租或买将流失在外的产权回收，并通过民居整体修缮、功能提升，将其打造成为AAA级景区（图3-27）；东莞市西溪村则采取由政府整体承租民居，再与芳华文化传播公司合作，由芳华文化传播公司合作承担西溪村的修缮建设与运营管理。（3）村落与营利主体的两方合作。广州市莲塘村通过向开发商借款12000元用以征收村民古民居。据统计，莲塘村已征收村内100多间旧房子，期望通过传统建筑的修缮、功能提升、村落环境的改善为发展旅游奠定基础。目前修缮工作正有序推进（图3-28）。

通过以上分析不难看出，珠江三角洲政府导向的自由与宽松，以及对社会主体引入的鼓励给予了传统村落极大的保护与发展空间。当然，社会主体，尤其是营利性主体，追逐自身

图 3-27 聚龙村现状

图 3-28 莲塘村现状

利益最大化仍是其参与的重要驱动力。传统村落保护与发展的缓慢过程往往就会与营利性主体想要“短平快”获得最佳回报相矛盾。也正因此，社会主体在与政府、村落的博弈中不断探索寻找适合的合作方式，使社会主体呈现出一定的主动与矛盾特征。

## 3.3 不同层面保护与发展的客体映射

珠江三角洲传统村落在继承文化遗产保护理念与方法基础上，结合村落及地区发展实际进行了系列探索，包括展开传统村落保护发展规划编制工作、推动古村落活化升级计划、制定旅游文化特色村创建指引、建设美丽乡村等活动，并在环境、经济、文化、社会等不同层面形成了独特的客体特征。

### 3.3.1 环境层面的整治与偏向

#### 3.3.1.1 人多地少，耕地不足，耕地保护为基本

珠江三角洲一直以来都是一个人多地少的地区，中华人民共和国成立后，在城镇、交通、水利等各项建设的不断占用中，耕地面积迅速减少，加之人口不断增长，人均耕地明显下降。改革开放以后，乡村在加入地区工业化发展中，耕地面积的减少进一步加速，耕地资源十分短缺。如位于东莞市石排镇的塘尾村在工业化转型过程中，村内农田基本已被自建厂房占用，生态景观环境改变较大。据资料显示，塘尾村在建设之初就十分重视空间布局。如今，千亩良田已所剩无几，仅余村旁的9口池塘作景观池用。

粮食安全是关系我国生存命脉的重要问题，也是中央农村工作会议的核心问题，中央相继提出“18亿亩耕地红线”“生态保护红线”，已明确了保护耕地对国家发展的重要性。在中央对耕地保护的高度关注下，珠江三角洲也将耕地保护列为传统村落保护与发展的必要内

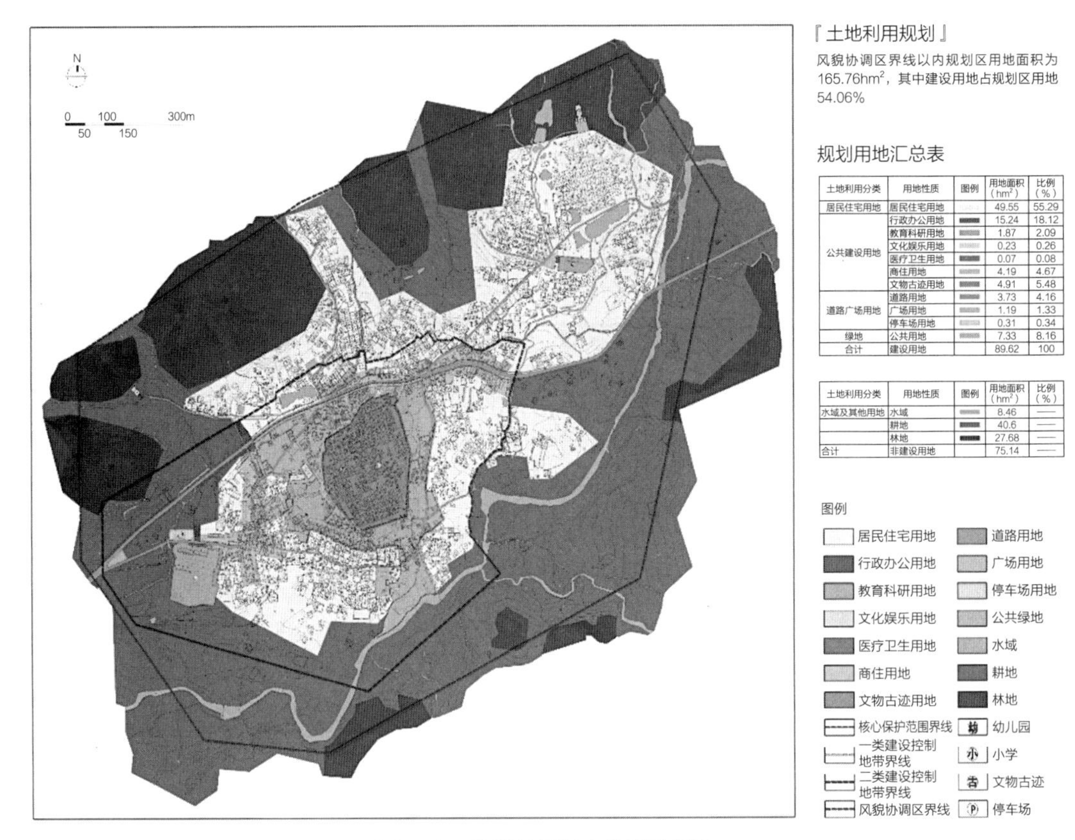


| 土地利用分类 | 用地性质 | 图例 | 用地面积（$hm^2$） | 比例（%） |
|---|---|---|---|---|
| 居民住宅用地 | 居民住宅用地 | | 49.55 | 55.29 |
| 公共建设用地 | 行政办公用地 | | 15.24 | 18.12 |
| | 教育科研用地 | | 1.87 | 2.09 |
| | 文化娱乐用地 | | 0.23 | 0.26 |
| | 医疗卫生用地 | | 0.07 | 0.08 |
| | 商住用地 | | 4.19 | 4.67 |
| | 文物古迹用地 | | 4.91 | 5.48 |
| 道路广场用地 | 道路用地 | | 3.73 | 4.16 |
| | 广场用地 | | 1.19 | 1.33 |
| | 停车场用地 | | 0.31 | 0.34 |
| 绿地 | 公共用地 | | 7.33 | 8.16 |
| 合计 | 建设用地 | | 89.62 | 100 |

| 土地利用分类 | 用地性质 | 图例 | 用地面积（$hm^2$） | 比例（%） |
|---|---|---|---|---|
| 水域及其他用地 | 水域 | | 8.46 | —— |
| | 耕地 | | 40.6 | —— |
| | 林地 | | 27.68 | —— |
| 合计 | 非建设用地 | | 75.14 | —— |

图 3-29 钱岗村规划中的耕地指标
（来源：《从化钱岗历史文化名村保护规划》）

容，对仍有耕地的传统村落，通过划定耕地红线、竖立警示牌、编制规划、加强用地审批等方式严控耕地流失（图3-29）。

### 3.3.1.2 借助美丽乡村建设、“三旧”改造，美化传统村落环境

2014年，中央启动了针对传统村落的300万财政补贴项目，以此缓解保护与发展资金短缺问题。然而，传统村落问题多、难度大、所需费用大，中央补贴仍是杯水车薪。以传统建筑修缮为例，据笔者调查统计，要实现常规的古民居修缮、翻新、修复等工作，通常需要30万元以上的费用，而祠堂、庙宇等大体量传统建筑的修缮费用更要高达300万～500万元。位于东莞市的塘尾村，仅对李凤池民居、李子聪书房民居、15座谯楼的修缮工程，就投入约220万元；佛山深水村对3号、8号古民居进行部分修建、翻新、修复，投入31万元。

为顺利推动传统村落的保护与发展，珠江三角洲地方政府也采取了在乡村建设开展中向传统村落倾斜的方式。将美丽乡村建设、“三旧”改造、乡村振兴的资金扶持与政策优惠，灵活、优先运用到传统村落中，如佛山市逢简村岭南文化艺术展览中心的建设、道路硬化、基础设施建设等资金多来自美丽文明村居、古村落活化和美城行动；东莞塘尾村入口广场、文化长廊、滨水观景平台、鱼塘清淤水生态改造、跌水景观、景观绿化提升、夜景灯光、给水排水系统、标识系统等建设资金也多借助美丽幸福村居建设；佛山市茶基村景观墙建设、

甬道疏通、标识系统完善等也多借助乡村振兴、古村活化项目契机。因而，这些乡建活动对环境建设与完善的重点偏向，使得美化环境成为传统村落保护与发展的普遍内容。此外，资金有限、村落利益复杂，也进一步促使完善给水排水系统、建设垃圾处理站、硬化路面等成为传统村落美化环境中的主要内容。传统村落的基础设施也在系列乡建活动中得到提升，相对完善，在沙湾北村、茶基村、聚龙村等多个村落中已实现了雨污分流。

### 3.3.2 文化层面的保护与对比

传统文化对于中华文明的传承以及人类发展是具有的重要价值。要实现传统村落保护与发展的可持续，需要善于从自身底蕴深厚的历史文化传统中获得可持续发展的营养，并将其视之为巨大的精神源泉和发展动力。正所谓历史是不应该忘却的，传统村落的保护与发展就是精神财富的继承与延续。而传统村落所表现的历史信息、文化的鲜活与真实是需要通过物质与非物质环境表现出来的，物质与非物质环境的保护与发展也就成为众多传统村落保护与发展的核心内容。受强大的宗族文化与集体利益的关注影响，祠堂成为珠江三角洲传统村落文化保护与发展的核心。

#### 3.3.2.1 祠堂与古民居的境遇反差

规模庞大、造型精美的祠堂不仅是传统村落价值的集中体现，还因承载着村落祭祖、节庆、婚庆、奉赠、教育等仪式而具有多功能性，是珠江三角洲传统村落村民精神生活与社会生活的中心。在保护与发展资金有限的约束下，在食利文化和利己主义思想的影响下，以祠堂为核心的物质空间保护与发展是最易落地的，也最能体现公平的保护与发展对象。也正因此，在对文化的保护与发展上，修缮祠堂在珠江三角洲传统村落中普遍可见。修缮后的祠堂不仅继续作为传统活动的承载空间，还通常赋予了村史馆、博物馆、展览馆、图书室、活动中心等现代意义。

相对于祠堂，古民居保护却与之有着强烈的境遇差别。以佛山市孔家村为例，位于佛山禅城区的孔家村是南庄镇罗格村委管辖的自然村。该村开村始祖是孔子的第47代孙孔豪，于宋代绍兴年间置田于此，至今已近900年历史，历经29代人。该村坐北朝南，是典型的广府聚落。2016年，孔家村因其较高的保护价值被列入《中国传统村落名录》，随后获得各级政府的财政支持。在获得资金支持后，孔家村首先就对南庄孔公祠、天南圣裔祠、文昌阁及其周边环境进行了修缮、整治，计划修缮建筑包括子达孔公祠、思诚孔公祠、绍勇将军祠、德祥孔公祠、培堂家塾等公共建筑，古民居的保护与发展直至笔者调研时还未列入计划。孔家村宏大精美的祠堂与日渐衰败的古民居形成鲜明对比（图3-30）。无独有偶，广州市小洲村、东莞市江边村、佛山市大旗头村、广州市瓜岭村等众多传统村落在获得资金支持后，都将祠堂及其周边环境列为保护与发展对象，古民居保护与发展相对滞后，祠堂与民居的境遇分化日渐突出。

图 3-30 孔家村的祠堂与古民居现状

#### 3.3.2.2 围绕祠堂开展非物质文化保护传承

建筑、街巷、地方饮食、民间技艺等作为艺术表现或者叙事手段，其文化的呈现方式具有多种形式，包括历史场景的还原，对历史事件进行仿真模拟，采用景观雕塑或真人扮演等方式呈现出传统文化的状态等。其作用是在村落局部以及整体上采用有根据的表现形式来呈现视觉叙事，有效发挥传统村落作为文化媒介的特长，用各种空间来重现、演绎曾经的现实，其目的为真实再现碎片化的历史文化，完整地呈现发展演变，同时也将枯燥的文字历史变得更有趣、更富吸引力。在众多文化呈现的多种形式中，空间载体都是传统文化获得留存、凝练和传播的必要支撑。

作为宗族的物质环境，祠堂或者家庙不仅是祭祀祖先的场所，还是宗族内子弟获得知识的场所；家族公共的义田也由祠堂管理，如佛山市松塘村仍保留着太公管理村集体收入的习俗。太公是村落对区氏共同祖先的称谓，松塘村设立太公基金管理包括鱼塘出租以及祠堂出租的集体收入，统筹用于修缮祠堂、族内子弟教育奖励、宗亲招待等事务。此外，祠堂还是村落修缮族谱、祭祖、节庆的重要场所。因此，祠堂往往是珠江三角洲传统村落一个家族的办事机构，一个村落的政治与文化中心。围绕修缮后的祠堂展开传统文化活动也成为珠江三角洲传统村落中保护传承非物质文化遗产的重要形式。

东莞市茶山镇南社村素来就有添丁灯酒、斋醮等习俗。每年元宵节，凡上一年有出生男孩的家庭，自愿统一集资，宴请全村60岁以上男、女，在祖祠（崇恩堂）饮添丁灯酒。南社斋醮，始于清光绪三十四年（1908年）。每隔2～3年在冬至临近时都要举行一次“做斋”，通过祭拜神灵祈求消灾降福。南社传统习俗正是伴随着南社村的祠堂修缮逐渐得以恢复。此外，依托修缮的祠堂，南社村通过举办百岁素食宴、节日礼馈赠等孝老、敬老、爱老活动，弘扬“孝德”文化，使村落非物质文化保护传承广受好评，先后四次登上央视。

### 3.3.3 经济层面的探索与依赖

传统村落在自然资源和文化资源两方面都有着明显的稀缺性、有限性、脆弱性特征，加之早期工业化发展道路的弊端渐显，调整产业结构成为珠江三角洲传统村落经济发展的工作重心。

#### 3.3.3.1 凭借资源优势，以物质空间利用探索第三产业发展

近年来，全民乡愁意识的觉醒为众多有着自然资源和人文资源的传统村落发展带来了发展新契机。珠江三角洲传统村落也凭借其优越的自然资源与人文资源，使旅游、文化创意、休闲农业等产业迅速成为传统村落产业调整的主要方向，其中部分村落第三产业发展迅速，经济增长明显，成为传统村落产业转型的典型。

地处佛山市杏坛镇的逢简村，位于西江下游，村内水网河涌纵横，绕村河涌总长23.8km，自然资源丰富。逢简村历史悠久，素有"小广州"之美称。逢简村人杰地灵，文风鼎盛，村民成名后回乡盖屋、修桥、建牌楼也是该村重要传统，由此，使得逢简村拥有大量极具地域特色的传统建筑。据记载，逢简村曾有33个古牌坊、78座古祠堂、32座古庙宇，至今村内文物古迹众多。村内河岸两旁，古榕、芒果、龙眼、黄皮等岭南果木点缀其中。丰富的自然与人文资源使逢简村发展旅游优势明显。相继获得区级、市级、省级、国家级多项生态、旅游、文化、活化殊荣，更于2015年获批国家AAA级旅游景区。近年来，逢简村旅游日趋成熟，年均接待游客可达150万人次，年度经济产值持续增长提速（表3-5）。

逢简村产业构成与增长表　　表3-5

| | 第一产业 | | 第二产业 | | 第三产业 | | 村民人均纯收入（元） |
|---|---|---|---|---|---|---|---|
| | 产值（亿元） | 增长率（%） | 产值（亿元） | 增长率（%） | 产值（亿元） | 增长率（%） | |
| 2012年 | 2.4 | — | 11.5 | — | 0.4 | — | 8950 |
| 2013年 | 2.35 | -2.08 | 12 | 4.35 | 0.45 | 12.50 | 9000 |
| 2014年 | 2.37 | 0.85 | 12.5 | 4.17 | 0.5 | 11.11 | 9300 |
| 2015年 | 2.4 | 1.27 | 13 | 4.00 | 0.65 | 30.00 | 10000 |
| 2016年 | 2.45 | 2.08 | 15 | 15.38 | 0.75 | 15.38 | 12000 |
| 2017年 | 2.5 | 2.04 | 17 | 13.33 | 0.9 | 20.00 | 16000 |
| 2018年 | 2.6 | 4.00 | 20 | 17.65 | 1.12 | 24.44 | 20000 |

当然，在珠江三角洲中，一方面，虽有众多传统村落展开对第三产业的探索，但如逢简村般，旅游业已初具规模的传统村落仍是凤毛麟角；另一方面，受文物保护的思维定式影响，围绕物质空间的旅游开发仍是主流。可以说，对物质空间的开发利用仍是当前珠江三角洲传统村落经济发展的主要内容。

#### 3.3.3.2 路径依赖，地租经济发展持续

从逢简村产业构成也可看出，旅游发展虽日趋成熟，且对提高村落经济效益和社会效益

有着不可替代的作用，但相比早期已成规模的第二产业，在经济效益方面仍有一定差距。改革开放早期已经形成的以土地资源外租招商的产业发展模式仍是珠江三角洲传统村落依赖的发展模式。这一点可从以下几个方面得到证实：

首先，传统村落中地租经济仍是村社集体的主要经济来源。如位于广州市番禺区的沙湾北村虽已与周边村落共同进行了旅游开发，年均旅游人数约70万人次，但据村委介绍，村落所获旅游收入微薄，2018年，村民约6000元的分红仍主要源自将土地出租给污染程度低的加工业工厂。据笔者调查，珠江三角洲传统村落基本与沙湾北村相似，租金是村社集体主要经济来源。其次，房屋出租仍是许多传统村落村民赖以生存的经济来源。这与珠江三角洲传统村落的工业化发展密不可分。一方面，路径依赖使然，依靠地租经济获得经济收入的思想已在珠江三角洲传统村落根深蒂固；另一方面，吸引外资所形成的外向型经济，使村落经济产值大量外流，村民收入提高相对有限，加剧村民对租金的依赖。最后，传统村落中整地招商的现象依然存在。通过调研发现，传统村落中整合村落用地，在古村周边建设工业区、开发区待租现象并不少见。

### 3.3.4 社会层面的治理与内化

历史实践证明，传统村落的保护与发展离不开多方主体共同参与。近年来，在珠江三角洲传统村落保护与发展中也多有对多方主体共同参与的探索，其中包括：

（1）以多方参与提升保护与发展意识。如广东省中山市的广东名人故居及传统村落保护利用培训班、佛山市的古村落讲解员培训班、佛山市的十大最美古村评选、广州市建筑工匠技能擂台赛、珠海传统村落与古建筑摄影大赛、南粤古驿道定向大赛等，多种面向政府、村委、民众的活动举办。通过不同群体的共同参与，不仅提升了传统村落的影响力，也提升了人们的保护与发展意识。

（2）以多方合作共建保护与发展平台。如广州市住建局、广东省建筑设计研究院、广州市工程勘察设计行业协会以及设计志愿者共同组成的广州美丽乡村建设团队，佛山南海区政府、南海地名文化协会以及广大高校共同组成的古村调研队伍，中国古村落保护与发展专业委员会（东莞）共同搭建的创研基地等合作平台，不仅提升了传统村落保护技术水平，还为传统村落保护利用工作的常态化予以了技术支撑。

（3）以多方筹措完善保护与发展资金保障。如南社村、碧江村的民营企业资本注入、松塘村的村民自筹、沙湾北村的社会众筹等，不断尝试解决珠江三角洲传统村落保护与发展资金缺口的途径。

应该说，在多方主体共同参与的不断探索中，珠江三角洲传统村落与外界的互动交流正不断加强。当然，随之而来的主体间的利益博弈也更为明显，缓解利益冲突成为珠江三角洲传统村落社会发展的工作重心。

#### 3.3.4.1 以自治规范与组织完善缓解内外冲突

自我国开始实施村民自治体制以来，珠江三角洲传统村落社会就保持着稳定的发展势头。与过去行政命令式、压制式的社会稳定有所不同的是，现在的稳定发展是村落在实行自治过程中主动去解决问题的社会稳定[158]。无论是地方政府还是村落，都越来越发现村落自治的规范化与组织化是缓解利益冲突、维持村落社会稳定的重要途径。为缓解传统村落保护与发展中利益冲突，减少对保护与发展的制约影响，珠江三角洲传统村落也多在提高自治水平、完善自治组织方面做出努力，使村落事务向着公开化、程序化、标准化发展，村落组织形式向多样化发展。

笔者在调研过程中发现建章立制、多种形式组织建设在珠江三角洲传统村落中被广泛推广。村落的办事流程、财报明细、村民议事等内容上墙、上册成了传统村落管理常态（图3-31）。面对村落社会构成不断复杂化，部分村落还设立了多方参与的组织形式，如佛山市烟桥村设立的社区参理事会。该组织主要是在保持村落自治组织架构基础上，负责社区建设、管理和发展等重大事项的议事、协调机构。该组织成员不仅有村落基层组织领导代表，还有基层政府行政人员、群众代表、企业代表、村民代表、外来务工人员代表、行业精英等多方利益主体构成，对村落聚集资源、决策咨询、民主议事、参政议政等起到了重要作用。

#### 3.3.4.2 借助传统文化，实现村落内化管理

一个聚落能够维持并有序地发展与宗族内化管理不无相关[119]，尤其是珠江三角洲有着强大宗族文化的传统村落。

**1．村落社会与村规民约**

早在明清时期，珠江三角洲传统村落为了缓解与减少村落与自然环境、村落与村落之间、村落内部的矛盾与冲突，就已形成了乡规、习俗、土例等民间认可的法律，也就是村规民约。这类规约在约束村民行为、实现村落社会秩序化方面起到了重要作用。乡规民约是我国社会规范体系中的重要组成部分，在现代社会管理中承担着重要角色。为发挥村规民约对村落秩序生成、村民道德教育、文化传承、自治管理的功能，珠江三角洲传统村落主要采取

图 3-31 传统村落的规范化与组织化现状

了村规民约上墙、入册、立碑、宣传等行动，重塑村规民约对村民的影响；结合新时期村落保护与发展要求更新村规民约内容，提高村规民约在保护与发展中的作用。佛山西樵镇松塘村在完成《松塘翰林文化村旅游开发规划》后，就及时更新村规民约，将保护与发展的相关内容纳入村规民约，通过对更新后的村规民约上墙宣传，对村民日常违章行为的约束起到重要作用，也是松塘村中鲜有违建行为发生的重要原因之一。

**2．村落社会与宗族文化**

珠江三角洲传统村落是典型的宗族型村落，宗族对村落管理有着深厚影响。借助宗族文化加强村落社会内化管理也是珠江三角洲传统村落较为常见的方式。因此，在珠江三角洲传统村落中修缮祠堂、祭祀祖先、编纂族谱等活动也越来越常见。其中，族谱是除祠堂以外的另一种体现宗族文化的重要标志物。在族谱中，不仅会记录村落宗族的繁衍历史，通常还会将宗族精神贯穿始末，对宗族内的杰出人物、作出贡献的人与事一一记录。族谱成为宣扬宗族文化的重要载体、协调族内利益的重要工具。也正因此，编纂族谱成为珠江三角洲传统村落除修缮祠堂以外的另一项保护与发展的工作内容。东莞市企石镇江边村在修缮、整治黄氏宗祠及其周边环境的同时，编纂完成了《江边黄氏族谱》。该族谱于2012年开始编纂，集结了全村人力、物力，由村内18人组成编纂办公室，全部村民甚至在外打工的村民，有钱出钱，有力出力，其目的就是想在族谱中留有名字，正如族谱序言中提到，“编纂《江边黄氏族谱》正本源、晰支脉、铭宗功、承祖德，激励后辈再造荣光，是族中幸事”。族谱历时一年，于2013年成稿。《江边黄氏族谱》内详细记录了江边村黄氏迁徙历史、迁徙路线、黄氏族谱、历代名贤达人、现村传统建筑等内容。通过族谱编纂也使村落归属感、村民凝聚力得到进一步提升，对村落社会管理具有重要作用。

## 3.4 传统村落保护与发展的模式选择

传统村落作为文化遗产的构成一员，采取强制性保护的内容和要求是肯定的，也应是传统村落建设发展工作展开的前提。然而，作为人们的聚居场所以及区域发展的构成要素，村落的发展诉求、村民的发展意愿、地方的发展目标都对如何协调保护与发展的关系产生着影响。也正因此，在保护与发展的实践探索中，在对保护与发展的条件适应下，珠江三角洲传统村落产生了多种模式，大体可以概括为：

### 3.4.1 文物保护模式

文物保护模式保护与发展的核心词是“保护”，是将传统村落视为文物，通过真实、完整地保存传统村落物质空间，利用公共服务功能对村落生活功能的置换，将传统村落转化为服务于所有人群的公共物品[164]，使之成为展览馆、文化馆、博物馆等。该种模式实践的关键词是静态化与公共化，其优势在于能够真实、完整地保护传统村落历史要素，并在公共物品的转化中发挥传统村落作为文化遗产的社会效益；弊端在于在公共物品的转化过程中，传统村落的生活功能被抽离，也就是"去生活化"，易导致与历史环境相互依存的生活文化、习俗文化、组织文化的流失。该种模式更多的是将传统村落视为一种公共性投入。因此，该模式通常以政府主导，以公共财政和政策支持为主。相对而言，该模式操作简单，保护所涉及主体与客体相对单一，颇受珠江三角洲传统村落青睐，尤其以偏远地区的传统村落居多。当然，传统村落的保护修缮是一项长期事业，地方政府迫于财政压力，为能保证保护工作的持续推进，在具有开发潜力的地区，通常借助传统村落周边用地的开发来反哺保护，如东莞市塘尾村、佛山市孔家村、广州市钟楼村等。

在塘尾村的保护与发展实践中，为保护塘尾村传统格局与完整古建筑群，划定村庄建设占地的95556$m^2$为核心保护区（塘尾村古建筑群为全国重点文物保护单位，其保护与发展参照文物保护单位要求展开），核心保护区之外划定塘尾村村域面积的2841$m^2$为建设控制区，建设控制区以外，以塘尾村为中心，东至规划路李唐路道路中线，南至龙岗大道道路中线，西至规划路二十七号路道路中线，北至规划路二十二号路道路中线，286480$m^2$范围为环境协调区。其中，在核心保护范围内，修复生态环境，包括山体、河道、植被等；以塘尾村古建筑群以及依存自然环境为基础，分类保护传统建筑，通过修缮、整治、修复等工作重构公共空间。古村"去生活化"，作为地区文化展示场所；核心保护范围以外，环境协调区以内，在风貌协调的基础上，设置新村建设用地以安置拆迁居民；在环境协调区以外，通过工业与商业配套开发，反哺村落保护（图3-32）。

文物式保护与发展模式的实践过程中，资金通常是保护可持续的关键。当传统村落保护与地区发展形成良性互动，即通过传统村落保护社会效益提升，激活优化地区发展市场，带动地区发展，地区发展又进一步为保护提供资金支持。然而，当传统村落保护未能与地区发展形成良性互动，即传统村落保护虽使社会效益提升，但囿于区位优势不明显或地区整体产业结构不完善，联动效应并未形成，难以实现地区发展的反哺，该模式可持续性较差。

在钟楼村的保护与发展实践中，村落划定了村庄建设占地的14000$m^2$为核心保护区，在核心保护区之外划定142900$m^2$为建设控制区，建设控制区以外划定144800$m^2$为风貌协调区（图3-33）。其中，在核心保护区内根据传统建筑、街巷、生态环境实际情况采取维护、修缮、整治等措施，重构钟楼村历史空间，并将村民全部迁入新村居住，钟楼古村完全"去生活化"，以空置状态保存；在建设控制区以风貌协调为主要目的整治新村风貌，使原有分散无序的新村重现古村肌理，与古村风貌协调。与此同时，在建设控制区预留居住与商业配套开发空间；在建设控制区以外，保护要求逐渐降低，建设密度、高度、容积率相应提高。钟楼村因区位条件较差，难以形成地区发展对保护的反哺。保护仍以政府帮扶为主，保护资金供给有限，导致大量民居在空置中趋于破败。

图 3-32 塘尾村的保护与发展功能示意图

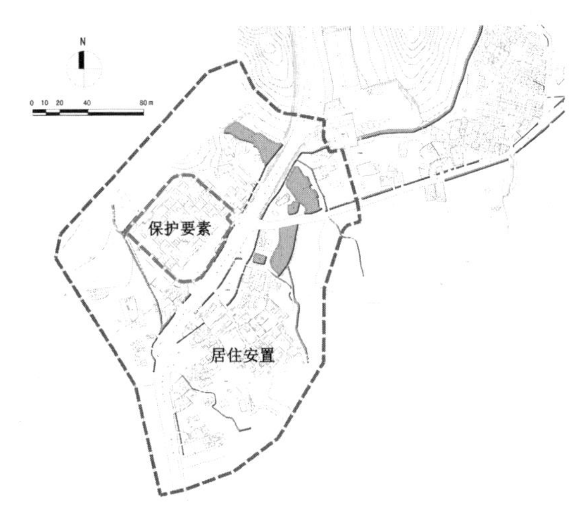


图 3-33 钟楼村的保护与发展功能示意图

### 3.4.2 景区开发模式

景区开发模式保护与发展的核心词是“开发”，是在对传统村落与周边环境资源的综合评价基础上，通过资源整合、功能定位、产业策划的一系列动作，实现传统村落内部资源与外部资源联动，将传统村落与周边资源共同打造成为功能明确的商业街区、文化创意园区、旅游区等主题功能区。该模式实践的关键词是整体化、主题化与商业化，其优势在于通过地区资源整合、统筹发展，有利于实现传统村落保护更新与经济发展的良性互动；弊端在于对功能定位、资金投放、经营运行等要求较高，同时，在对传统村落的开发建设时易对保护造成一定威胁。相较而言，该模式起步高、难度大，一方面，模式的实施需要吸引企业主体参与，采取市场化运作的同时，还需要政府的政策倾斜与宏观调控；另一方面，传统村落大多位于城市周边或远离城市的地区，区位条件、市场投资环境相较城市内历史文化街区优势并不明显。因此，该模式在珠江三角洲传统村落中并不普遍，多出现在有明显集群资源优势以及一定相关产业发展基础的地方，如广州市沙湾北村、江门市自力村、肇庆市黎槎村等，以自力村具体说明模式实践。

自力村位于开平市塘口镇，自清道光十七年（1837年）立村，至今已有近200年历史。村落腹地广阔，在0.2497km$^2$的村域面积中村庄仅占地8.32hm$^2$。20世纪初期，为抵御盗匪侵害，当地人开始修建碉楼和别墅。现存碉楼和别墅中以龙胜楼（1919年）最早建造，湛庐（1948年）最晚，其余大多修建于20世纪20～30年代[165]。除碉楼和别墅外，自力村还保留着82座青砖素瓦的三间两廊民居，以及碉楼、西式别墅和低矮的民居（图3-34），完美展示了开平碉楼建设最兴盛时期的风貌，构成了一幅和谐而富有层次的田园碉楼景象[195]。自力村展现了近代中西方文化在乡村的融合，是当之无愧的“世界上最美丽的乡村”[166]。2007年6月包括自力村在内的“开平碉楼与村落”被列入《世界遗产名录》。



自力村的保护离不开申报世界遗产这一举动，结合申报世界遗产（后简称为“申遗”）

图 3-34 自力村与碉楼

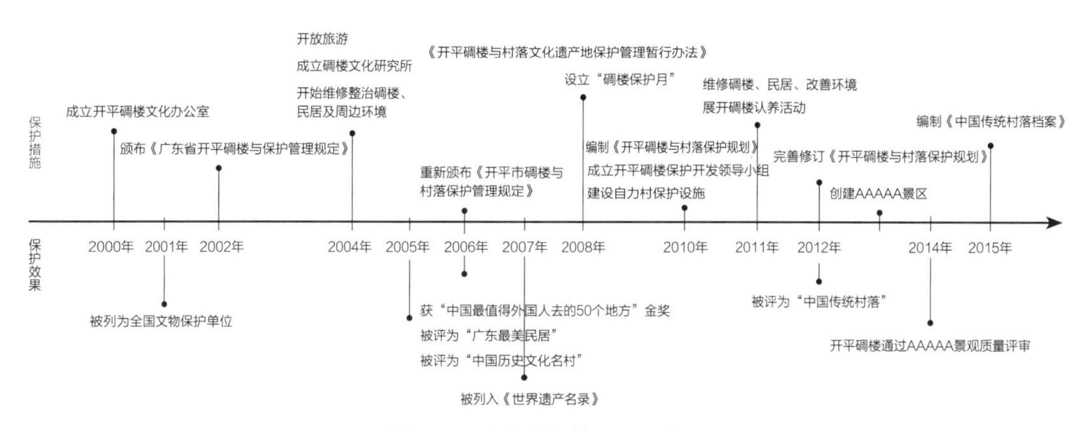


图 3-35 自力村保护历程示意图

的历程，自力村的保护大体经历了申遗前的碉楼保护、申遗中的碉楼与村落保护、申遗后的碉楼与村落保护推进三个阶段（图3-35），具体来看：

2000年开平碉楼的世界遗产申报准备工作开始启动。为保护和管理好开平碉楼，开平碉楼文化办公室首先成立，明确开平碉楼各项事务的主要负责。随后，通过展开碉楼的普查、保护、整治、测绘、规划、科研等系列工作，为申遗工作作准备。在各级政府、社会、村民的积极配合支持下碉楼保护工作有序展开，包括全国文物保护单位的批准、《广东省开平碉楼与保护管理规定》的颁布、海外侨民的捐款、碉楼文化研究所的成立等。可以看出，碉楼保护成为此阶段保护的工作重心。

2005年自力村被评为中国历史名村，成为碉楼与村落结合的重要时间节点。当然，这也是受到了世界文化遗产保护思想从文物本体向环境拓展的影响。自2005年开始，碉楼与村落作为一个有机整体开始成为保护的工作重心、申遗的工作对象。也因此，开平市政府重新颁布了《开平市碉楼与村落保护管理规定》，开平市旅游局（今文化和旅游局）成立了“围绕中心活动”领导小组，加强对申遗的工作指导和落实。直到2007年，历经8年准备的申遗工作终于取得令人满意的成绩，在新西兰基督城举行的第31届世界遗产大会上，开平碉楼与村落被正式列入《世界遗产名录》[167]。随后，在国家、地方政府的大力支持，国内外各界人士的积极参与下，开平市通过颁布《开平碉楼与村落文化遗产地保护管理暂行办法》、设立碉楼保护月、编制《开平碉楼与村落保护规划》、落实碉楼修缮等[168]，推动着开平碉楼与村落的保护。自力村的碉楼、民居、环境也在保护中得到保育、提升。

自力村虽早在2003年就已经开始了旅游开发，但村落发展真正发生质变还是在世界遗产申报之后（图3-36）。2010年，广东开平碉楼旅游发展有限公司正式成立，全面开发与管理开平碉楼景区旅游。自力村旅游也自此开始步入正轨。近年来，自力村在严格保护的基础上，旅游发展取得了良好效果，2018年村落所获旅游收入约为140万元，占村落总体收入比例已超80%。开平碉楼与村落景区建设在提高自力村经济与社会效益，以及反哺保护方面作出了重要贡献。

在开平碉楼与村落旅游景区建设实践中，划定碉楼与其依存自然环境的259hm²为核心保护区，核心保护区划定1394hm²为环境协调区（图3-37）。其中，在核心保护区的主要目的是对碉楼进行抢救性、养护性维修及对其周边环境进行整治，保护重点是自力村村落和空间环境、碉楼、庐居、传统民居的建筑特色、稻作农业社会文化和自然环境，以及侨乡文化；核心保护区以外，依托碉楼及其依存环境，增加相应旅游设施和配套住宅，与马降龙村、立园共同组成开平碉楼文化旅游区（图3-38）。自力村保护与发展的具体措施包括：

（1）以整体保护为基础保育村落资源。通过扩大保护范围、建设检测设施、修复生态环境等方式，将碉楼与村落作整体性保护，为文化遗产地的转型发展提供文化条件；通过民居修缮、生态环境修复、基础设施建设等行动，提供保护与发展的环境条件；通过申遗座谈、灰塑工艺交流、旅游景区建设等行动唤醒村民的文化认同、加强村民对碉楼的价值认知，使村民以土地入股、承担工作、经营商铺等参与其中，成为自力保护与发展的重要主体，提供保护与发展的社会条件。

（2）以合作发展为手段弥补资源匮乏。通常情况下，具有充足资金的传统村落，旅游经济转型成功的可能性相对更大[169]。世界遗产的身份使自力村在获得政府的资金支持方面有

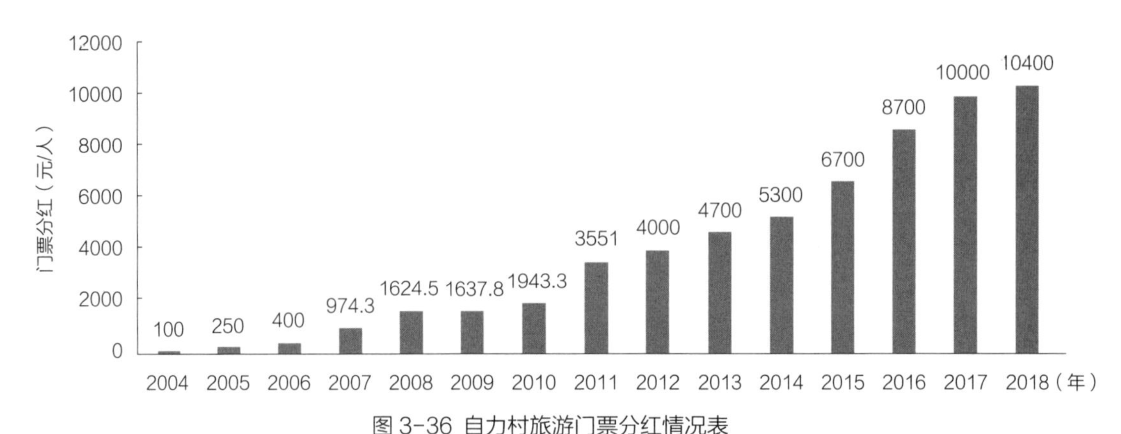


图3-36 自力村旅游门票分红情况表
（来源：根据自力村村委提供数据绘制）

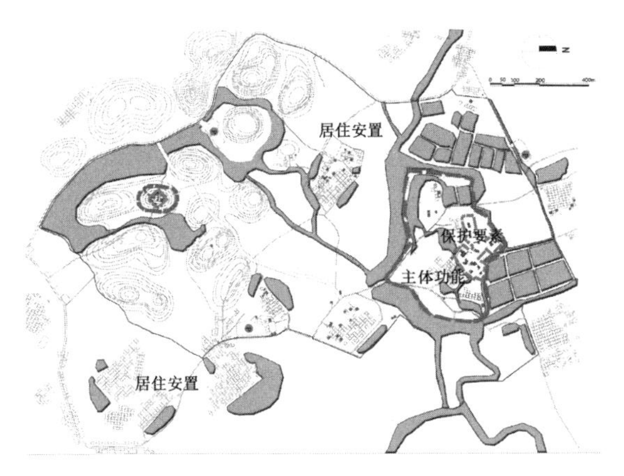


图 3-37 自力村的功能示意图

图 3-38 开平碉楼文化旅游区示意图
（来源：开平碉楼与村落微信公众号）

着明显优势。除各级政府财政补贴外，自力村通过社会和村民的集资募捐、与企业合作、与院校合作等方式，保护资金的筹措、专业人才的培养、技术瓶颈的攻克。如海外侨胞们的捐献，自力村与院校联合的碉楼灰塑研究以及开平碉楼维护与修缮措施研究等。

（3）以区域集聚与产业融合共促发展能力。自力村借助政府支持和发展基础优势，与周边村落联合形成碉楼文化品牌，通过发挥片区集聚效应。事实证明，通过扩大景区规模、提升景观质量能够有效促进景区自我发展能力的形成[170]。

（4）以合作与管理相结合保障开发环境。开平碉楼与村落景区开发旅游后，新的经济方式介入也给传统村落带来巨大变化。此时，各级地方政府通过组建领导小组、出台保护与发展政策，组建旅游发展有限公司，为景区产业转型升级提供了良好环境。如通过成立开平碉楼保护开发领导小组，直接指导负责开平碉楼的保护开发各项事宜，简化了管理流程，提高了工作效率；健全巡查机制，通过实行周二、周四定期或不定期巡查制度，严格执行带班和值班制等加强开平碉楼与的监管；设立“碉楼保护月”“文化遗产日”“申遗成功纪念日”等活动日，达到了宣传、保护文化遗产和促进旅游开发的目的。

### 3.4.3 社区治理模式

社区治理模式保护与发展的核心词是“治理”，是在保护传统村落核心资源要素的基础上，通过改善村落居住环境，调动村民参与保护与发展的主动性与积极性，并通过同时培育依托村落资源的特色产业，激发村民在政府的引导下采取主动更新行为，实现传统村落对生存空间的回归。该模式实践的关键词是生活化与多样化，其优势在于保护与发展的动力主要源于对村落内生动力的激发，并在与外在推力的作用下，实现村落生态、经济、文化、社会的耦合发展，提升传统村落保护与发展的可持续性；弊端在于该种模式需要一个长期的缓慢过程，属渐进式保护与发展。与此同时，结合珠江三角洲传统村落特征，无论是改善居住环境的资金压力，还是发挥村民主观能动性的培育压力，都使该模式操作难度大，在珠江三角洲传统村落中鲜有出现。佛山市松塘村就是最为典型的社区治理式。

位于佛山市南海区的西樵镇以3座山冈为依托，建于冈峦环绕的山坳平坦之处，由桂阳坊、桂香坊、塘西坊、仲文坊、华宁坊等9坊共同组成，村落现存古民居近200座，9座祠堂，6座书塾，5座村庙。村落历史格局基本完整，传统建筑与山峦、地形、地貌、水塘等融合，是珠江三角洲广府文化农业村落的代表（图3-39）。

松塘村是典型的单姓族群村落，有着明显的“大家庭”意识，在政府开展保护与发展之前，村落就已经形成了在富户乡绅的带领下由村民共同保护修缮村落的文化自觉。在《松塘区氏族谱》《东塘村募筑西南方塘基众路引》《松塘村仙迹岗种松引》等历史文献中，详细描述了在村落的基塘、祠堂、书塾、庙宇等修建、修缮、重修行动中，村民有钱出钱、有力出力的常见情景。而随着人们对历史文化名村保护认识的加深，2009年，当村民房屋建设需求与古村保护发生冲突时，村落通过举办文化保护的全民大讨论，以全票达成了保护村落历史文化的决定。时至今天，村民都能自觉主动地以修旧如旧原则修缮民居，而不是拆旧建新。2010年，自松塘村被评为历史文化名村后，村落通过保护规划编制、村规民约修订、祠堂修缮、环境改造等系列动作使村落历史风貌得以保护，居住环境得到改善，社区服务能力得到提升。

在松塘村的保护与发展实践中，为真实、完整地保护历史文化资源，村落依据对资源价值的综合评定，划定了核心保护区和建设空置区来实现对松塘村的分级保护，其中核心保护区以保护重要文化资源为主要内容的同时，通过环境整治和公共物品提供使其仍具备生活功能，并以此激发村民主动参与的积极性与主动性；在建设控制区以保持历史格局为前提，在保持与延续原有生产生态功能基础上，配套建设基于村落文化基础的产业更新所需设施，更新部分住宅以满足村民居住需求（图3-40）。

为调动村民参与的主动性与积极性，一方面，政府积极发挥主导作用，投入近2000多万元，在松塘村进行了生态保护、古迹修缮、文化整合、基础设施提升等工作；另一方面，对村民文化遗产保护的意识强化则始终贯穿于整个保护与发展实践中。如松塘村管委会直接负

图 3-39 松塘村现状

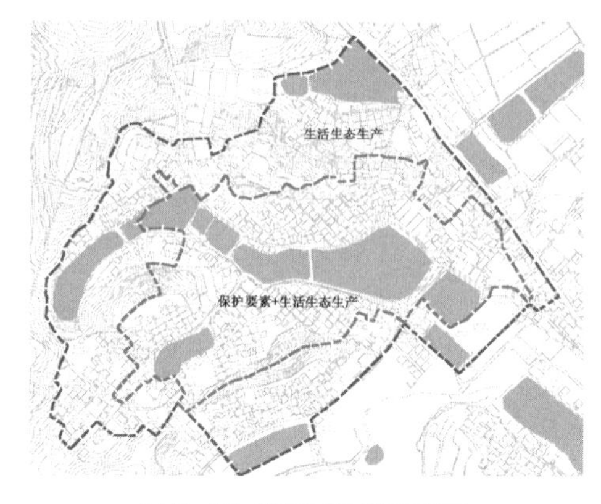


图 3-40 松塘村功能示意图

责村落保护工作的重大决策和资金筹集，指挥实施组织工作[171]；在保护决策组织和执行组织中，村民代表均有参加；成立金瓯和谐互助社，全面负责社区服务性工作，包括组织村落活动、培育志愿组织、整合村民意愿、解释社区政策等。

### 3.4.4 混合模式

以上三种模式都是在保护文化遗产基础上，在对保护与发展的互动协调中不断对保护范畴的扩展，从物质环境到社会生活，从静态保护到活态传承，从外力干预到内力培育，各模式在实践过程中也各有利弊。而由于珠江三角洲传统村落及其地区发展的实际情况各有不同，在实际操作中还有许多传统村落采取了以上述两种或者三种模式兼有的混合模式保护与发展。其中，以社区治理式为主，局部景区开发式的混合模式居多，如广州市小洲村、佛山市逢简村、佛山市碧江村等，下文以碧江村具体说明模式实践。

碧江村位于佛山市北滘镇东北部，北侧为碧江工业区，东侧为顺德碧桂园，西侧为群力围产业区，南侧留有大量待开发土地，总面积8.9km²。村落于南宋初年建村，至今有800多年历史。村内土岗因为二岩石相互挤迫形成，故称“迫岗”，后采用谐音称为“碧江”[172]。碧江村是目前佛山市顺德区唯一同时获得双重称号的历史文化村落。村落整体风貌保存较为完整，街巷肌理清晰，街巷尺度比较亲切。现存传统建筑主要沿村心街、泰兴街集中布局，传统建筑与街巷形成了“房—河—街—房”和“房—街—房”两种布局形式（图3–41），并汇集了祠堂、民居、书塾、园林等多种建筑类型，保留了镬耳山墙、照壁、斗栱等不同建筑形式，综合了砖雕、石刻、灰塑、木雕等多种营建技艺[173]，是岭南特色传统聚落的杰出代表，更是明清时期民间建筑博物馆（图3–42）。

碧江村的保护与发展在相关政策支持下，通过保护文化遗产、完善提升基础设施、开发旅游，逐渐实现了环境、文化、经济、社会的融合式发展。总体来看，自改革开放后，碧江保护发展经历了经济转型发展、保护意识觉醒、保护与发展全面推进的三个阶段（图3–43）：

改革开放后，碧江受“顺德模式”影响，利用自有土地建立村级工业园区，通过第一产业向第二产业转型的主动城镇化，实现了早期经济崛起。然而，早期经济发展缺少对生态环境和历史文化的保护重视，村落水体污染、传统文化空间被蚕食、传统文化逐渐弱化消失。

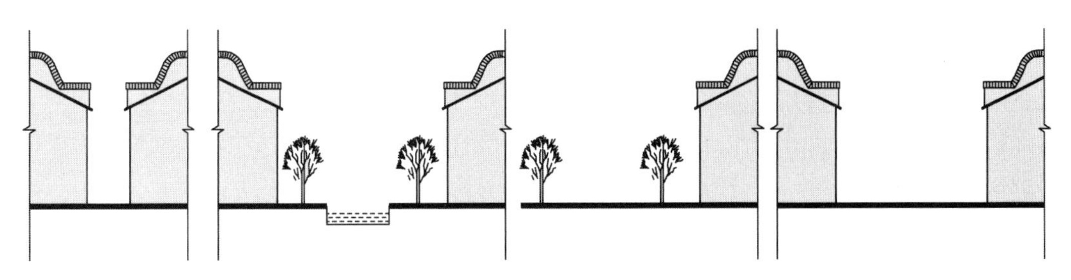

图 3–41 街巷格局示意图

图 3-42 碧江村传统建筑

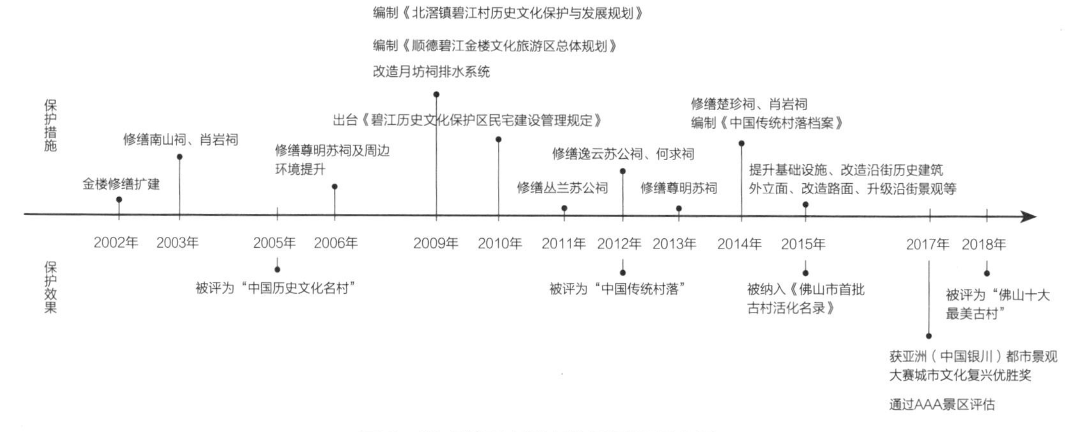


图 3-43 碧江村保护发展历程示意图

可以说，在早期的经济转型发展中村落文化生态环境受到重创，当然，这也是迫使碧江开始转变发展观念的主要原因。

进入21世纪，碧江的文物保护发展实现了跨世纪的飞跃，也成为村落发展转型的关键节点。2000年，侨居在外的碧江人将金楼捐赠给村集体的行为，唤起了碧江对金楼整体修复的想法，在政府大力支持下，金楼建筑群的修缮扩建工作有序展开，并连同职方第、泥楼、见龙门、南山祠等17座省、市级保护建筑，形成了“碧江金楼古建筑群”，打造成了碧江文化品牌（图3-44）。金楼古建筑群的修缮和旅游发展工作取得了明显效果，碧江金楼成为“佛山新八景”候选景点之一。金楼古建筑群保护发展的成功为碧江发展转型带来新的契机。

金楼古建筑群的保护开发为碧江保护发展起到了良好的示范作用，与此同时，村民参与对保护发展的重要推动作用也逐渐显现，碧江村开始将调动和培育村民主观能动性作为保护发展的重要内容。一方面，在金楼古建筑群保护发展经验基础上，扩大保护发展范围，使碧江的文化遗产和生态环境获得了有效保护与提升，并获得国家和各级政府肯定，相继获得“中国传统村落”“广东省卫生村”“生态示范村”等称号。另一方面，借助文化资源开发

图 3-44 碧江村传统文化的保育传承
（来源：碧江社区居委会提供）

图 3-45 碧江村金楼景区

拓展村落经济发展空间，提高村民的经济收入。2018年，实现了村民人均收入32770元。与此同时，加强社区环境提升，通过碧江通过建设街心公园、增设康体休闲设施、拓建文化舞台、建设村级室内篮球场，使社区硬环境不断完善；通过成立老人活动中心，组建诗书画、太极、曲艺等文化协会，举办学生德礼、文化论坛、龙狮赛等传统文化活动（图3-45），使社区软环境不断丰富。

在碧江村的保护与发展实践中，以下几方面措施在调动与培育村民主观能动性方面起到了重要作用：

（1）改善环境，调动村民参与积极性。碧江村在保护的同时，通过增建、改建街心公园、康体休闲设施，营造出舒适丰富的生活环境；通过举办画艺术、公益摄影、公益书法、古琴文化等讲座，开展“保育古建、传承文化”文化论坛、龙狮表演等活动，为村民创造出丰富多彩的文娱生活，使村民的物质生活和精神生活都得到充实。

（2）组织能力建设，提升村落自治水平。在碧江村保护与发展中，完善村落组织职能、拓展组织工作形式、制定规范组织制度是碧江村民自组织能力建设的主要三个方面。完善村落组织职能主要体现在，除实现了政社分离、形成以党支部、社区委会为主的社区管理模式外，碧江还鼓励各类民间组织在村落事务的作用发挥，并通过各类组织的协商合作，落实村民在保护与发展中的话语权和主导权。如建立流动人员和出租屋综合管理服务站，组建诗书画、太极、曲艺等文化协会等，都是期望通过村民自组织为村民提供丰富多元服务、调动村民参与积极性、提升村民归属感和幸福感。拓展组织工作形式主要体现在利用信息技术平台创新线上服务，突破传统的被动式沟通，形成线上线下双向主动沟通渠道。如建立碧江社区微信公众号，成为村落日常信息推送、村民意愿调查、生活咨询查询的重要途径，极大地提高了社区服务的能力与效率。制定规范组织制度主要体现通过完善服务制度、合作章程、乡规民约等社区委员会及其民间组织民间管理规范化、制度化。如形成专人负责、严格执行、依章办事的社区服务制度，制定城建、计生、民政等多样服务指南，制定《碧江历史文化保护区民宅建设管理规定》，形成青年志愿岗服务内容与规则等。规范化、制度化的碧江村民自组织逐渐实现了村民自主管理，保障了村落事务的有序开展，提升了村民的主导作用，并在不断协调和化解村民间、村民与其他主体的矛盾与冲突中，使村民自组织的公信力逐渐得到提升，村民间的熟人关系得到修复，村民间互帮、互助、互爱等社会资本大量产生，村民自治水平不断提高。

（3）文化与意识培育相结合，凝聚集体观念。一方面，以传统文化为触媒唤醒村民主体意识。碧江素有“文乡雅集”之称，历代文风昌盛为碧江留下了丰富的文化资源和深厚的文化底蕴。碧江村正是充分利用传统文化对村民的教化凝聚作用，通过将传统文化保护传承与社区文化建设结合，如利用古祠堂、古民居建设各类展览场所；利用修缮后的祠堂不定期开设书画艺术展览、举办公益摄影、公益书法、古琴文化等讲座，建设非物质文化遗产保护及文化传承宣传的教育基地，打造德云居特色餐饮中心等，不仅使传统文化及其空间载体在活化利用中赋予了新生命，还逐渐唤醒了村民对村落的“家”意识，使村民对地方乡土社会的融入感和认同感提升。另一方面，以能力培育为核心提升村民主体能力。如碧江村通过宣传展览、传统技艺学习培训、培养修建匠人、非遗文化传承人等方式，通过各种教育和引导，唤醒村民保护意识、增强村民互助合作精神、提高村民参与的积极性。

## 本章小结

本章主要通过对珠江三角洲传统村落的历史变迁，梳理其冲突形成的脉络，并通过对保护与发展的主体应对、不同层面客体映射以及模式选择，形成对珠江三角洲传统村落的保护与发展冲突形成与现实回应的系统认知：

（1）珠江三角洲传统村落在历经阶段性变化中，逐渐形成以经济利益为导向的发展倾向

传统村落是在历史演进中逐渐形成的特殊产物，其适应环境中的自然演进、工业化发展

中的转型，以及时代需求下的冲突形成都是保护与发展不可忽视的客观存在。因此，本书以历史视角对传统村落的发展脉络进行梳理，形成对传统村落保护与发展冲突的整体认知，揭示在地理环境、地区发展、政策等要素的交叠作用下，珠江三角洲传统村落呈“自然演进—快速转型—内在冲突外显”的阶段性变化，并逐渐形成了以经济利益为导向的发展倾向。主要表现为：传统农业时代，传统村落在适应与改造自然环境中，产生了朴素的自然资源保护意识，商贾文化也伴随着地域文化特色的形成开始萌发；改革开放后，传统村落在快速地非农转型中，食利文化也在现代工业文化的嵌入中逐渐形成，并产生了产业发展的地租经济依赖，埋下了保护与发展的冲突隐患；在区域一体化推进中，对经济快速增长的追求进一步加剧了保护与发展的冲突，并在用地收缩、空间挤压、文化冲击、二元治理等方面显现出来。

（2）在多方主体互动中，为缓解利益冲突形成了主体围绕经济利益的妥协

在认识到多方主体参与对传统村落保护与发展所起的重要作用，珠江三角洲传统村落的保护与发展形成了政府主导，村落与社会主体共同参与的主体合作模式。但是珠江三角洲在追求地区城镇化与工业化的高速发展中，保护政策明显滞后且单一，由此导致了在参与传统村落的保护与发展中，各主体的利益导向性明显。其中，省级政策的滞后使基层政府在传统村落的保护与发展上拥有较大自由裁量权。基层政府多从地方经济利益出发，在认知偏差影响下，保护与发展关注的内容与程度各有不同，政府导向相对自由与宽松；村落主体受既有经济发展路径与食利文化影响，多从经济利益出发，以被动与妥协的态度参与；政府导向宽松与利益化驱动，激励社会主体参与传统村落的保护与发展，但对自身利益的考量，尤其是营利性主体对自身利益最大化的追逐，使得社会主体不断在与其他主体的博弈中探索适合的合作方式，使其呈现一定的主动与矛盾特征。

（3）因应时势造就了传统村落保护与发展的物质空间局限

珠江三角洲传统村落要素庞大而复杂，在满足宏观政策的基本要求下，保护与发展的对象选择更多旨在避免各方主体的冲突，并在环境、经济、文化、社会方面形成了明显的对象倾斜，对物质空间保护与发展倾斜尤为明显。其中，受人多地少、耕地不足影响，加上资金匮乏，耕地保护、环境美化成为环境保护与发展的重心，使环境层面向农田保育和环境整治倾斜；受强大的宗族文化与集体利益的关注影响，祠堂修缮以及围绕祠堂开展传统活动成为文化保护与发展的核心，使文化层面存在重祠堂、轻民居的对象选择；受国家产业调整与早期工业化发展弊端渐显，调整产业结构成为经济发展工作重心。传统村落凭借自然和人文资源优势，多利用改造后的公共空间拓宽村落产业，但受路径依赖影响，地租经济发展持续，增量开发利用仍是经济层面的主要内容；多方主体的共同参与进一步促进了村落与外界的互动交流，也使主体间的利益博弈更为明显，缓解冲突成为社会发展工作重心。在以自治规范与组织完善缓解内外冲突，以及借助传统文化实现村落内化管理过程中，村落社会内部的协调性和自治性有所提高，村落对集体利益的保护能力得到进一步提升。但总体来看，社会层面发展仍相对滞缓。

（4）条件适应下形成了传统村落保护与发展的文物保护式倾向

传统村落作为文化遗产的重要类型，采用强制性保护的内容和要求是肯定的，也应是传统村落建设发展的前提。然而，作为人类聚居场所以及区域发展的构成要素，村落的发展诉求、村民的发展意愿、地方的发展目标都对如何保护与发展产生影响。也正因此，在保护与发展实践探索中，在条件适应下形成了珠江三角洲传统村落保护与发展的多样模式，包括文物保护模式、景区开发模式、社区治理模式以及混合模式。其中，文物保护模式通过公共服务功能对生活功能的置换，真实地、完整地保存传统村落，但却促发了“去生活化”现象；景区开发模式通过传统村落与周边资源的市场化运作，实现了功能明确的营利性空间建设，但对村落保护带来了威胁；社区治理模式通过改善村落居住环境、培育特色产业，实现对村落内生动力的激活，但周期的漫长加大了广泛推广的难度；混合模式则是两种或者三种模式的兼有，其中以社区治理式为主，局部景区开发式的混合居多。但总体来看，文物保护式因操作简单，保护所涉及主体与客体相对单一，在珠江三角洲颇受青睐。

总体来看，珠江三角洲传统村落在阶段性变化中，逐渐形成以经济利益为导向的发展倾向，形塑了传统村落追求发展的主动意识，重视短视经济、忽视社会效益。在区域一体化推进中，对经济快速增长的追求进一步加剧了保护与发展的冲突，并在用地收缩、空间挤压、文化冲击、二元治理等方面显现出来。为缓解这些冲突，珠江三角洲传统村落保护形成了政府主导、多方参与的主体合作模式。但地方保护政策单一与经济发展的倾斜，都对参与保护的各方主体认知偏好与行为关注产生影响，并直接映射在保护客体与模式选择上，表现为多方主体在以经济利益为导向的不断妥协中，形成了依赖政府帮扶，固化于建筑遗产静态保存的特征，呈现保护被边缘化与固化趋势，传统村落保护成为区域社会经济发展外的“孤岛”。

# 第4章 可持续发展目标导向：传统村落保护与发展的再认知

# 4.1 传统村落保护与发展的思想变迁

2012年，传统村落正式成为中国文化遗产界的“新成员”，成为中国类型最丰富、规模最庞大的文化遗产。然而，传统村落的提出并非偶然事件，而是文化遗产保护思想演进以及中国乡村发展背景下的必然产物。

## 4.1.1 文化遗产保护视角下的传统村落保护

从价值论来看，文化遗产价值既具有客观性也具有主体性。文化遗产价值客观性是文化遗产从初建开始所凝聚的对价值主体具有的历史、岁月、文化等意义，也是激发价值主体展开保护行为的基础。正是因价值主体的主观差异，使得文化遗产对于不同的主体有着不同的意义[174]。这里所说的价值主体的主观差异就是不同价值主体的价值观。价值观决定了文化遗产要保护什么、要如何保护。从某种意义上讲，不同时期的文化遗产保护思想正是文化遗产保护观的体现。

### 4.1.1.1 文化遗产保护的思想演进

**1．文化遗产保护思想的萌芽与形成（18世纪后期~19世纪30年代）**

18世纪后期，欧洲世界掀起了第二次思想浪潮——启蒙运动，人们开始无比信任科学理性。在思想解放和技术进步的推动下，社会也开始了反对封建统治、反对宗教束缚的新一轮革新，推动人类迈入了理性主义时代。其中，考古事业在“启蒙运动”和航海技术的推动下迅速崛起，极大地推动了考古事业的发展。在考古工作中大量古希腊、古罗马建筑现于人前，激发了人们对历史建筑的赞美。而此时，大量历史建筑在革命的热情下惨遭毁坏，在对历史建筑破坏的惋惜和艺术追崇的强烈意识作用下，历史建筑的保护意识被唤起，开启了人类有意识地保护文化遗产时代。

从时代发展背景来看，18世纪后期，发展的科学技术加深了人们对科学理性的信任，人们以一种乐观态度认为只要清除一切非理性的、反理性的东西，就能突破黑暗走向光明。在科学理性思维影响下，形成了以追求理性艺术为主的新古典主义思潮。然而，对“美”的感受，是一种由内心产生的直觉感知，对理性艺术的过度追求，又引发了人们对理性艺术创作的质疑，尤其是考古事业的发展，推动了人们追求创造性的艺术、满足情感诉求的浪漫主义思潮产生，并对文化遗产保护思想产生了深刻影响。概括来看，当时形成了两种文化遗产保护思想，一种是以新古典主义思想为主的对使用功能的追求，代表人物为弗朗索瓦·德布雷（François Debret）、艾蒂安·伊波利特·高德等；另一种则是以浪漫主义思想为主的对艺术唯美的追求，代表人物为雨果、梅里美等。而在19世纪30年代弗朗索瓦·德布雷和艾蒂安·伊波利特·高德为追求使用功能在修复圣丹尼斯修道院和圣热尔梅教堂过程中，对其造成巨大破坏后，人们开始抨击对无历史依据、强行运用现代技术的修复行为。相较之下，追求艺术唯美的修复在考古事业的助推下，就显得更为科学，成为当时较主流的保护思想。也正是对艺术唯美的修复关注，使此阶段的文化遗产保护表现出对“外观”的保护。

2. 文化遗产保护思想的冲突与完善（19世纪30年代~20世纪30年代）

早期因对旧时代艺术风格缺乏统一的研究以及传统修复技艺的丢失，历史建筑的修复实际是在一个无章可循、无据可考的条件下进行的。修复者们以其高亢的自信和轻率的行动，使历史建筑再一次在修复工作中遭受重创。肆意地修复行为所带来的二次伤害逐渐引发了人们对如何保护修复历史建筑的思考。当然，在一个不稳定甚至急剧动荡的时代背景下，思想更替也更为强烈。首先，从19世纪30年代开始，形成了以维欧勒·勒·杜克（Eugène Emmanuel Viollet-Le-Duc）为代表人物的“风格式修复”，强调修复历史建筑达到其“过去任何时候可能都不曾存在过的完美状态”[175]，甚至在修复历史建筑时，“把自己想象成这座建筑最初的建筑师，按照其最初的方式”[176]。其次，从19世纪40年代开始，由约翰·拉斯金（John Ruskin）以《建筑的七盏明灯》掀起了对“风格式修复”的强烈抨击，认为风格统一的修复方式是另一种破坏行为，是用所谓的美丽外观对真实的历史信息的亵渎[177]，并在威廉·莫里斯（William Morris）的推动下掀起了“维护式修复”运动。强调将历史建筑的历史真实性作为其价值的体现，主张以日常维护来代替修复。最后，当“风格式修复”与“维护式修复”在文化遗产保护实践中各抒己见时，卡米洛·博伊托（Camillo Boito）则认识到历史建筑的材料、结构、建造技法等都蕴含着历史信息，认为历史建筑所承载的历史信息是对过去历史事实的真实记录，是重要的历史文献[178]，在吸纳总结“风格式修复”和“维护式修复”的基础上，提出了“文献式修复”，认为对历史建筑的修复应充分体现对现状的尊重。

概括来看，“风格式修复”思想既受到实证主义、科学主义思潮影响，反对在毫无依据的主观臆断基础上的修复，也受浪漫主义、自由主义思潮影响。特别是雨果认为“哥特式教堂就是一种自由表达的表现”的想法深刻影响了杜克，甚至在其主持巴黎圣母院的修复工作中，更多地参考了雨果在小说里面的隐喻，而非考古年鉴中的指引[179]。在两类思潮的影响下，“风格式修复”既要求实证、科学，又渴求浪漫自由的复杂思想，体现出一种复古的折中主义价值观[180]。

“维护式修复”思想既受到实证主义思潮的影响，认为历史建筑是人类历史的“记忆”，是人类对抗遗忘的重要实证载体，体现出实证主义的历史态度；还受到浪漫主义、自然主义思潮影响，认为任何自然变化都是历史的真实展现，体现出对历史建筑的自然崇拜。也正是“维护式修复”对岁月变迁中逐渐磨灭过程的偏爱，以及反对一切修复行为的观念，体现了一种历史的自然主义价值观。

“文献式修复”思想则主要受理性主义思潮影响，强调对历史建筑的历史构成认知，强调修复记录的重要性。然而，博伊托对历史建筑以年代进行划分，并以不同年代提出区别化的修复思想，又显示其对历史界定的时代局限性。

然而，无论是“风格式修复”“维护式修复”，还是“文献式修复”，其保护的关注点都表现出对过去或者说是对历史的偏爱，其保护的重心仍停留在期望通过历史建筑的修复展现或延续历史信息，属于一种对历史信息的保护。

**3．文化遗产保护思想的统一与发展（20世纪30年代~20世纪90年代）**

20世纪30年代后，乔瓦诺尼（Giovannoni）在补充博伊托理论的基础上，形成了影响现代文化遗产保护思想的“科学性修复”。乔瓦诺尼认为对历史建筑采取的任何保护行为，都应将理性分析作为必要基础，而“科学性修复”就是对历史的远距离观察、客观地筛选以及冷静操作的过程[179]。“科学性修复”思想的开放性和包容性迅速得到国际保护运动的认可，奠定了文化遗产保护思想基础，并成为国际首部保护文献《关于历史性纪念物修复的雅典宪章》的重要内容。第二次世界大战后，在以追求功能城市的建设中，人们的历史感再次被唤醒，促使人们更加关注对历史的保护。在1964年的《威尼斯宪章》开篇就指出，“世世代代人民的历史古迹，包含着过去岁月的信息留存至今，成为人们古老的活的见证。人们越来越意识到人类价值的统一性，并把古代遗迹看作共同的遗产没认识到为后代保护这些古迹的共同职责。将它们真实地、完整地传下去是我们的职责。”[181]《威尼斯宪章》提出的真实性和完整性护原则，直至今天仍在文化遗产保护中发挥着重要指导意义。

不难看出，“科学式修复”思想对前期纷乱的修复思想起到了一定纠偏，具有一定先进性，为文化遗产保护指明了一条最切实可行的实践道路。而从“科学式修复”思想形成看，其思想既受到实证主义思潮影响，认为理性科学分析应是保护修复的基础，充分显示出实证主义“观察优于想象”的核心原则，而对任何时期都是人类历史组成的肯定态度，又体现出对历史实证主义的偏爱；也受到理性主义思潮影响，希望通过提高保护措施的科学性和严谨性还原真实的过去。“科学式修复”对历史实证主义的偏爱，以及对历史客观、理性的判断，正体现出一种历史的理性主义价值观。但此阶段的保护仍以诉诸文化遗产的历史、文化、艺术等价值为主，对使用价值、经济价值的忽视，使该阶段保护局限于对历史功能的保护。

**4．文化遗产保护思想的成熟与多元（20世纪90年代至今）**

20世纪90年代后，随着越来越多的国家加入到文化遗产保护事业中，东西方的文化差异也在如何保护文化遗产的真实性理解上产生了分歧。为此，经过多年探索，1994年国际上通过《奈良真实性文件》对真实性的理解达成了共识，提出世界文化是由多样的文化共同组成的，而多样的文化形成了世界多样的文化遗产，保护文化遗产应是在尊重多样文化的基础上进行。《奈良真实性文件》转变了原有以历史真实性为保护的主要方向，拓展了文化遗产保护的文化视角，使文化多样性成为保护的主要发展方向。随后，世界通过一系列国际文件《巴拉宪章》《世界文化多样性宣言》《保护和促进文化表达形式多样性公约》，明确了文化多样性应是人类的一项基本特性。2013年《杭州宣言》更将保护和促进文化多样性与人类可持续发展紧密联系，并在肯定了文化遗产对可持续发展的贡献基础上，提出将文化遗产纳入了可持续发展议程的倡议。

通过以上分析不难看出，经济全球化的影响波及世界各个角落、各个领域，人们在获得更多发展机会的同时，也面临着前所未有的挑战。其中，世界文化同质现象引起人类的反思。“文化多样性是人类的一项基本特性”成为国际共识，从《奈良真实性文件》到《保护和促进文化表达形式多样性公约》的形成，承认多样文化、尊重多样文化、保护多样文化对于真实、完整保护文化遗产的作用越来越获得重视。而《苏州宣言》《北京共识》《绍兴宣言》《杭州宣言》等文件的相继出台，又显示出文化遗产保护越来越与人类的可持续发展紧密相联，文化遗产保护思想也愈发趋向于以保护真实、完整、多样文化为基本方向追求文化遗产可持续的动态平衡，体现出多元文化的可持续发展价值观。与此同时，在对多元文化的尊重基础上，在《国际文化旅游宪章（重要文化古迹遗址旅游管理原则和指南）》《北京文件》《杭州宣言》等文件中，明确肯定了当代文化遗产经济价值，其是社会经济可持续及合理发展的根本，而《巴拉宪章》《会安草案》等文献中对保护的“地方感”，对保护地所反映的居民独特文化和价值体系的强调，都体现出保护已不仅限于历史功能，而转向对特色的保护。

#### 4.1.1.2 传统村落保护的时代背景

自进入20世纪80年代，国际文化遗产保护对象开始由点及面地扩展推进，聚落型文化遗产正式进入文化遗产的保护视野。2006年国际古迹遗址理事会（ICOMOS）在全球遗产保护战略评价中提及乡土建筑成为世界遗产中低于平均水平的遗产类型之一，加强保护乡土建筑的呼声日益高涨。而在《关于乡土建筑遗产的宪章》（1999年）中也提及了乡土性的保护是不可能通过单个建筑来实现的，其离不开对建筑群以及村落的保护。那么，在全球乡土建筑类型缺失的背景下，在保护和促进文化表达形式多样性的共识下，保护聚落型文化遗产成为世界亟待解决的问题。

国际保护思想与经验是国内文化遗产保护的重要借鉴。受国际早期保护思想影响，我国文化遗产保护从大型宫殿建筑开始，直至20世纪30年代，随着建筑学家们对地域性、代表性的古民居展开研究，古村落才作为古民居的研究背景进入文化遗产的保护视野。随后，在国际历史城镇保护思想影响下，历史文化名城、名镇、名村保护工作相继展开。在经过了历史文化名村保护后，虽已将大量历史文化村落纳入保护体系，但中华大地之上依然普遍存在着数以万计的历史文化村落，正在快速的城镇化推进中，以惊人的速度土崩瓦解、迅速消失。这些历史文化村落同样承载着中华文明的根与魂，具有重要的保护价值。鉴于此，2012年国家下发全国开展传统村落普查的通知，正式启动了我国传统村落的保护工作。

### 4.1.2 乡村发展视角下传统村落发展

#### 4.1.2.1 乡村发展的思想演进

自中华人民共和国成立以来，乡村的发展在国家政策引导下发生着极大转变，先后经历了以农立国、农工商并重到优先发展工业，再到对乡村重视的历史回归[182]，可以看出，解决“三农”问题始终是国家发展的重心。乡村也在国家政策制度变革的影响下经历了一定的起伏变化，形成了差异化的发展思想。

**1．乡村发展的集中与统一（1949~1978年）**

中华人民共和国成立后，围绕乡村土地改革开始了乡村发展的步伐。1950年《中华人民共和国土地改革法》为土地改革运动的全国展开提供了法律依据，农民对生产、生活的热情空前高涨，乡村经济在土地改革推行中得到了恢复和发展。据统计，1951年和1952年的全国粮食产量相较1949年分别增产28%和40%，棉花等工业原料作物的产量也在1951年达到历史新高[183]。乡村经济虽得到较大提升，但乡村仍以传统自给自足的小农经济为主，分散经营、生产率低等问题普遍存在。为规避小农经济弊端，农业合作发展逐渐成为乡村发展重心。国家相继通过系列文件《中国共产党中央委员会关于发展农业生产合作社的决议》《关于整顿和巩固农业生产合作社的通知》《高级农业生产合作社示范章程》，使乡村全面进入国家政权管理范围。然而，农业合作发展的推进却由于“要求过急，工作过粗，改变过快，形式也过于单一”导致乡村发展问题产生[184]，乡村经济发展极不稳定，呈现加速、停滞与徘徊的波动现象。乡村经济发展波动在一定程度上促发了人口波动。而为防止乡村人口波动引发社会混乱，1958年我国户口管理条例出台，开始了对人口自由迁移的限制。

无论是初级合作社还是人民公社的建设，都是在中央政权的强势推动下进行的，可以说是国家政权对乡村经济社会发展的全面管控。在一系列运动中强烈的政治意识形态全面渗入乡村，使得经济社会发展向着集中化、统一化发展，其中也包括当时远离政治中心的珠江三角洲。在经济社会高度集中统一中，乡村社会也由原来的村民自治转变为高度的政社合一管理体制。与此同时，我国环境保护的意识也还未形成，且传统小农经济所引发的环境污染和生态破坏问题并不明显。虽然此阶段已有护林造林、涵养水源、杀虫剂使用等相关规定，以及“爱国卫生运动”、公共环境卫生整治等活动，但基本是为推进乡村经济发展而制定，从现代环境保护角度来看并非真正意义的环境保护。

可以看出，经济集中统一、文化政治一元发展成为此阶段乡村发展的重心。

**2．乡村发展的改革与分化（1978~1996年）**

农业合作发展的高度集权管理也在一定程度上打击了农民的生产热情，农业发展几近停滞。为改变农业发展的停滞状态，乡村开始了由合作制到家庭联产承包责任制的改革转变。农民在改革中获得了土地使用和生产经营的自主权，村民的生产积极性被调动，乡村经济获得极大提升。20世纪80年代中期以后，国家明确了城市作为中国经济发展的承担主力，经济改革方向的重点对象，全国开始了以农业支持工业、农村支持城市的发展道路。我国城镇化水平得到快速提升的同时，乡村社会开始松动，文化活动开始活跃。大量剩余农业劳动力开始到城市寻找生存机会，乡村人口外流逐年增多。然而，未能及时改革的户籍制度成为乡村人口转变的桎梏，城乡发展差异日益明显。

与此同时，乡村化肥、塑料薄膜、农药使用的逐渐增多，对乡村环境的污染和破坏问题也日益严重。然而，我国虽然在1972年将环境保护列入基本国策，并相继通过1979年《中华人民共和国刑法》《中华人民共和国宪法》(1982版）等文件，将环境保护纳入国家发展战略，使可持续发展思想成为我国发展的重要指导思想，但由于此阶段城市环境恶化更为明显，加之国家对城市发展的重心偏移，城市环境成为国家环境保护的重点。乡村环境问题不仅没能受到重视，乡村还成为分担城市环境污染的主要承担地[185]。尤其是1992年以后，乡镇企业无序发展，工业污染向乡村蔓延，乡村环境问题日益突出[186]。

可以看出，恢复乡村经济、推动乡村经济快速增长成为此阶段乡村发展重心。

**3．乡村发展的复兴与纠偏（1996~2010年）**

在城乡二元结构造成的深层次矛盾日益突出的背景下，推进城乡经济社会统筹发展成为国家发展重心。1998年《中共中央关于农业和农村巩固走若干重大问题的决定》在总结了农村改革二十年以来取得的巨大成就与丰富经验基础上，提出了突破计划经济模式、发展社会主义市场经济是有利于推动农村经济社会发展，并提出继续推进农村改革，推动传统农业向现代农业转变，由粗放经营向集约经营转变。而2006年通过《中华人民共和国农业税条例》的废止，进一步体现了国家对推进农业发展的决心。与此同时，在乡村对土地流转要求的意愿下，为规范乡村土地流转、保障农业用地、保护农民权益，国家相继通过有关土地承包、经济体制改革、土地管理、土地流转的文件。2002年《中华人民共和国农村土地承包法》、2003年《中共中央关于完善社会主义市场经济体制若干问题的决定》、2004年《关于深化改革严格土地管理的决定》、2005年《农村土地承包经营权流转管理办法》等文件，为推动乡村经济的多元化、规模化发展提供了依据，奠定了乡村经济快速发展的政策基础。

然而，相较于乡村经济的快速发展，一方面，社会文化建设相对滞后，与经济建设出现了失衡状态。另一方面，乡村更为严重的环境问题也暴露出来，如建设乡村基础设施、发展乡村产业所引发的生态破坏；秸秆焚烧、化肥、农药等粗放种植方式所带来的环境污染；农民生活垃圾处理不当所带来的垃圾污染等，乡村生态环境恶化问题日益凸显。为此，1996年，党中央围绕思想道德和文化建设展开深刻讨论，并通过决议文件强调了精神文明建设的重要作用，通过“十一五”决议掀起了各地建设社会主义新农村的行动。以广东省为例，在积极响应国家号召下广东省开展了系列工作，如2005年的“生态文明村康居工程”、2006年的《关于开展村庄整治工作的实施意见》、2009年的《关于建设宜居城乡的实施意见》等，推动了地方乡村围绕居住环境整治为核心的建设活动。通过“五改、三清、五有”等整治活动使乡村人居环境质量不断提升。据笔者调查，珠江三角洲传统村落的垃圾收集与污水处理基本实现了100%集中处理，部分传统村落也实现了雨污分流，基础设施建设提升初见成效。部分传统村落的人居环境更是在一次次的整治中得到明显提升（图4-1）。

可以看出，乡村可持续发展逐渐成为乡村发展的重点。

**4．乡村发展的转型与活化（2010年至今）**

城乡统筹发展给予乡村经济发展更大的空间。然而，在追求快速经济发展的同时，同质

图 4-1 东莞市塘尾村人居环境现状

化的经济发展模式却使我国丰富多彩的乡村类型同质化、城镇化，导致千村一面、乡村景观城市化。在提高乡村经济社会发展的同时，发掘并拓展乡村的独特价值和多元功能，使乡村活起来成为乡村发展的主要问题。2010年，党的十七届五中全会将加快经济发展方式转变确定为“十二五”规划的主基调，为乡村发展的转型活化提供了方向。我国乡村发展开始由过去增产导向发展向提质导向发展的转变，同时全国创建的“全国特色景观旅游名村”“传统村落”“美丽宜居村庄”“绿色村庄”“美丽休闲乡村”等名录，又为延续乡村多样化、发展特色村落拓展了新思路。2018年乡村振兴战略规划提出，更为乡村发展的转型与活化明确了方向。与此同时，国家相继通过党的十八大报告“推进生态文明建设，扭转生态环境恶化趋势”的提出，以及党的十九大报告对乡村振兴战略的深化，进一步对乡村未来发展指引了方向，走具有乡村特色的可持续发展道路成为此阶段乡村发展的重心。

#### 4.1.2.2 传统村落发展的时代背景

党的十一届三中全会以来，中国农村地区发生了翻天覆地的变化。中国乡村历经改革发展，亿万农民的劳动积极性被调动，生产技术得到极大提高，广大乡村的物质文化生活环境得到较大改善。乡村的不断发展为城市发展提供了巨大支持，更为国家的发展奠定了坚实基础。然而，国际形势的深刻变化，推动着全球化、城镇化发展，在国家政策制度改革滞后的背景下，城乡差距仍未有所减少。乡村发展面临着前所未有的巨大困难和挑战。2008年10月12日，中国共产党第十七届中央委员会第三次全体会议通过的《中共中央关于推进农村改革发展若干重大问题的决定》明确指出：“只有坚持把解决好农业、农村、农民问题作为全党工作的重中之重，坚持农业基础地位，坚持社会主义市场经济改革方向，坚持走中国特色农业现代化道路，坚持保障农民物质利益和民主权利，才能不断解放和发展农村社会生产力，推动农村经济社会全面发展。”近年来，国家通过展开社会主义新农村建设、美丽乡村建设、乡村复兴等行动、计划，通过土地制度、财政制度、产权制度等改革为乡村发展保驾护航，使乡村获得了前所未有的发展机遇。传统村落作为中国乡村不可缺失的重要构成要素，推动传统村落的可持续发展亦是其不可忽略的重要议题。

## 4.2 传统村落保护与发展的关系辨析

### 4.2.1 双重视角共识：保护与发展的并存共需

自开展传统村落调查、遴选工作以来，各地经过多年努力，相继五批次的《中国传统村落名录》公布，中国传统村落已有6819个。传统村落已成为我国规模最庞大、文化类型最丰富的文化遗产类型。传统村落这种庞大而复杂的文化遗产类型是任何一个国家都不曾有过的，但可借鉴的理论指导稀缺，探索传统村落的保护与发展成为当代重要任务。

一方面，传统村落是文化遗产的重要组成，文化遗产保护思想的发展趋势不可避免地会在传统村落的保护中予以体现。从文化遗产保护的思想历程看，基本实现了在保护真实、完整、多样文化为基本方向上追求文化遗产可持续的动态平衡的保护共识。而近年来，《巴拉宪章》（1999）中对相融用途、多种文化价值共存的提出，《国际文化旅游宪章》（1999）中文化遗产旅游对保护发挥积极力量的肯定态度，以及《北京共识》、《绍兴宣言》（2006）、《杭州宣言》（2013）等国际文件中对保护与发展密不可分关系的认同，都充分说明了保护与发展并存在文化遗产保护思想的普遍共识。

另一方面，传统村落是中国广大乡村的特殊构成，乡村可持续发展的路径势必成为传统村落发展的重要指引。从乡村发展的思想历程看，作为人类的聚居地，乡村的发展并非获得经济单方面的发展，其发展应是经济、社会、环境的综合协调发展，是在保护生态环境基础上经济、社会的可持续发展。其中，保护生态环境为发展经济、社会提供充足的自然基础资料，而发展经济、社会又进一步为保护生态环境提供物质、资金、人力等保障。当然，保护生态环境不能忽视发展经济、社会的需求，若保护忽略发展需求，则违背了以人为本的初衷，最终将造成乡村发展的不可持续；发展经济、社会也不能无视生态环境的保护需求，若发展忽略保护需求，突破生态的承载极限，最终也将造成乡村发展的不可持续。可见，保护与发展不仅是并存关系，还是辩证统一的供需关系。

由此可见，传统村落的保护与发展存在一种并存供需的关系，其中保护是传统村落获得发展的必要基础；发展是传统村落实现保护，维持其活态特征的必要保障。

### 4.2.2 价值逻辑冲突：保护与发展的现实矛盾

虽然传统村落的保护与发展有着并存供需的关系，但保护与发展的现实矛盾却显而易见，如文物界一直高呼“保护第一，利用第二”的口号，旅游界却认为保护和利用应当同时讲，才能实现真正的保护[187]。喻学才先生也曾提及“旅游开发方面的人士不一定懂遗产保护，遗产保护的专家也不一定懂旅游产业”[188]，专业差异更导致实践大相径庭，保护性破坏、建设性破坏屡见不鲜。

#### 4.2.2.1 现实矛盾的时空体现

**1. 时间序列上的矛盾体现**

从传统村落的文化遗产身份出发，保护成了必选动作。在成熟而传统的保护理念和经验影响下，“抢救性保护”“先保护后发展”“能保则保”的呼声成为传统村落保护的主流。围绕传统村落物质空间，依靠政府“输入”式帮扶，静态的保护方式受到青睐。传统村落延续静态博物馆式的保存方式实现整体保护的案例司空见惯[189]。然而，传统村落不仅是珍稀的文化遗产，更是村民重要的生产生活空间，物质空间的静态保护往往会因忽略村民的生存需求而导致大量村民外迁，加剧传统村落的空心化，加速传统村落的衰败乃至消亡[190]。而面对传统村落问题多、难度大，单纯依靠政府“输入”式的保护也大大降低了保护的可持续，都使传统村落的保护性破坏现象浮现。

在文化旅游、乡村旅游热潮的驱使下，“先发展后保护”希望通过经济发展为保护提供资金保障的呼声渐起。保护资金匮乏也为此种思想提供了实施机会。在经济利益驱动下，“短平快”的惯用方法被嫁接到传统村落的利用中，导致传统村落中建设性破坏、文化造假、文化趋同等现象频现，违背了传统村落保护的初心——保护和促进文化多样的表达形式。

**2. 空间边界上的矛盾体现**

为协调保护与发展的矛盾，以界限严格区分保护与发展空间的方式在传统村落中较为常见，期望实现传统村落保护与发展在空间上的并向同行，但往往因保护空间的严格保护，发展空间的无约束发展，造成边界内外截然不同的两种文化景观，在一定程度上打破了传统村落空间景观的完整。更多传统村落选择了建新村保护古村的方式，避免保护与发展的直接触碰，但同样也引发了系列问题。如古村采取博物馆式保护方式，偶有传统文化以展演的形式出现，甚至直接空置弃用，导致传统文化从物质空间剥离，传统村落的活态特征丧失。而新村一般为满足村民的生活需求，在没有保护要求束缚下，不仅现代“方盒子”建筑大量出现，且村民通过农家乐、出租经营等方式，商业氛围浓烈，造成新村与古村在景观上的强烈反差。此外，建新村保护古村的方式也造成我国土地资源的浪费和生态用地的侵蚀。

#### 4.2.2.2 矛盾形成根本因由与催化剂

在传统保护或者发展观念影响下，保护与发展在时空上被人为地分离、割裂，进一步固化了“要保护就会阻碍发展，要发展就会导致破坏”的观念。何以在理论上的并存共需，却在现实中以矛盾冲突为表象？笔者认为由以下几方面原因造成：

**1. 价值判断逻辑的差异为现实矛盾形成的根本因由**

佩雷尔曼认为，价值判断是“有关人的活动目的”的判断，泛指对是非、善恶、有用与否等等进行评价的准则或尺度[191]。依据不同的价值判断起点和最终目标，判定某种行为是合理的或肯定的，从而做出禁止、允许某种行为的规定[192]。因此，价值判断起点和最终目标共同构成了行为的行动规范，那么通过保护与发展的价值判断起点和最终目标，应该可以辨识二者的价值判断逻辑。

保护在《辞海》中解释为："尽力照顾，使不受损害"。保护传统村落即通过一系列行为使传统村落免受外来损害。保护传统村落的价值判断起点首先是因传统村落中存在着易受外界干扰而会发生损害的要素。2014年《关于切实加强中国传统村落保护的指导意见》中，明确了村落的传统选址、格局、风貌以及自然和田园景观等整体空间形态与环境；保护文物古迹、历史建筑、传统民居等传统建筑；非物质文化遗产以及与其相关的实物和场所，是传统村落保护的主要对象。保护的价值判断的最终目标就是自然环境和传统村落不受外来损害。维持不变或者不大变是判断保护合理的或肯定的标准。发展在《辞海》中有着"事物由小到大、由简单到复杂、由低级到高级的变化；扩大"两种解释，两种解释都体现出变化的含义，且是以增量为表象的变化。发展传统村落即通过一系列行为使传统村落在数量或质量方面发生增量变化。那么，判断起点与最终目标之间的增量变化成为判断发展合理的或肯定的标准。对保护与发展价值判断逻辑的剖析不难发现，二者存在着截然不同的判定标准，是造成保护与发展现实矛盾的根本因由。

**2．主体利益和权责冲突为现实矛盾形成的催化器**

追求利益是人类最一般、最基础的心理特征和行为规律，是一切创造性活动的源泉和动力[193]。不同主体对利益追求的差异会使主体间利益出现一定的交叉重叠和矛盾冲突。传统村落的保护与发展涉及政府、公众、村民等多方主体，主体间形成了多元而复杂的利益关系。概括来看，传统村落保护与发展的主体利益关系主要包括三种，即由村民形成的保护与发展内部主体之间的利益关系，村民利益与社会公共利益之间的关系，村民利益与特殊群体利益之间的关系。那么，传统村落保护与发展主体在追求各自利益最大化时，主体间利益的交叉重叠和矛盾冲突势必会对保护与发展造成影响。首先，村民追求现代的生存享受与社会公众追求真实的文化传承形成了鲜明对比，而当两种主体利益共同作用于传统村落时，就形成了村民求发展、社会公众求保护的矛盾冲突。其次，在传统村落发展中，旅游通常是直接而有效的发展途径。当传统村落发展旅游时，村民为获得更多收益而不断追求扩大发展，游客却为获得原生态的资源享受而追求真实性体验，主体利益的追求差异也进一步促使保护与发展现实矛盾的形成。最后，在传统村落保护与发展时，因为不同的保护要求对村民存在差异化的约束力，例如根据《历史文化名城名镇名村保护条例》中对核心保护范围内的建设规定，名村核心保护范围内，不得进行新建、扩建活动。但是，新建、扩建必要的基础设施和公共服务设施除外被划入核心保护范围内的村民利益就会受到制约，那么村民间已有的利益交叠、冲突将不断深化，为保障自己的利益或为获得更多的利益，保护传统村落的抵触情绪也在村民中呈现不同状态，进一步阻碍了保护与发展实施，激化二者的现实矛盾。可见，主体在利益上的交叉重叠与矛盾冲突，成为保护与发展现实矛盾形成的催化器。

此外，根据《中华人民共和国土地管理法》以及《中华人民共和国民法典》中对宅基地的相关规定来看，村民作为传统村落主体，具有明确的建设自主权，其拆旧建新的需求可按照自身的需求来满足。然而，传统村落要求风貌协调的保护要求却与之存在冲突，使得村民自建房屋的权力被剥夺，或者说按照自己意愿建造房屋的权力被剥夺。规划一般是对传统村落保护什么、怎么保护的重要依据，但现有的规划大多对保护什么较为明确，但对保护的程度、发展的程度却较为模糊，这就使得村民既不能按照自己的意愿建造房屋，也没有相关指引可参照。由此，大量传统建筑在“不动”中逐渐破败。根据中央对传统村落的相关文件，村民又是传统村落保护与发展的直接责任人，由此，传统村落主体的权责冲突又进一步激化了保护与发展的现实矛盾。

综上所述，保护与发展分属两套截然不同且不可相通的价值判断逻辑，不同的价值判断逻辑，必然会产生不同的保护与发展行动策略、方法，从而导致传统村落的保护与发展做出取舍选择，产生顾此失彼、非此即彼的现象。而主体利益和权责冲突又加剧了现实矛盾的产生。当然，正是认识到保护与发展现实矛盾的客观存在，众多学者以保护与发展的时空分隔来避免矛盾冲突。但从传统村落现实状态看，分隔的方法并未产生良好的效果，大量的传统村落正在建筑空心、景观冲突、村落收缩中逐渐衰亡。那么，如何协调保护与发展的现实矛盾，如何在时空中融合保护与发展成为传统村落亟待解决的问题。

### 4.2.3 可持续发展：保护与发展的融合之路

从保护与发展的价值判断逻辑来看，二者的矛盾是客观存在的，但该矛盾并非绝对不可调和的，传统村落亦可借助可持续发展理论实现保护与发展的妥协与矛盾统一。

“可持续发展”的提出，最早起源于人类对生态环境恶化的担忧，以及对人类生存所依赖资源是否取之不尽、人类财富是否可无限增长等问题的讨论。在不断地思考中，人们逐渐认识到人类的生存危机根源正是在于对自然生态系统的忽视，人类赖以生存的资源并非取之不尽，人类的财富也不是无限增长的[194]。“可持续”地生存下去成为人类需要面对的共同话题。为此，全世界通过对可持续发展广泛而深入的研究，形成了对可持续发展的基本认知：可持续发展是对发展的公平性、可持续性、系统性与需求性的追求。具体来看，可持续发展追求发展的公平性，追求人与其他物种、人与人之间，以及当代人与后代人之间的公平发展；可持续发展追求发展的可持续性，追求某种事物能够持续一种状态或者过程，比如社会的可持续性是人类可持续发展的前提，因为当人类社会处于不可持续状态时，其发展则无从谈起了，而人类社会的可持续又有赖于经济和生态的可持续，只有可持续的经济才能为改善人类生活质量、提高生存环境提供坚实的经济基础，只有可持续的生态才能为人类社会可持续发展提供物质基础；可持续发展追求发展的系统性，追求由人和自然共同组成的循环互动的有机系统，由经济、环境、文化等多方面构成的人类社会有机系统的系统发展；可持续发展追求发展的需求性，追求以人为本的发展，当然，人的需求是一个动态变化的过程，而可持续发展则是满足人类共同的基本需求的发展。

#### 4.2.3.1 保护与发展的矛盾协调的公平性需求

传统村落的多重价值往往会吸引多方主体参与到保护与发展过程中，历史实践证明，多方主体的共同参与有利于传统村落保护与发展的持续推进。然而，不同利益主体享有价值的不对等现象却成为激化保护与发展矛盾，导致保护与发展不可持续的重要原因。如位于广州市从化区太平镇东南部的钱岗村，是拥有着800多年历史的极具地域特色的传统村落，其自然环境和生态系统优良，加之钱岗村保留着真实而完整的古村，艺术、文化、科学价值极高，于2014年被评选为中国传统村落。正因钱岗村突出的保护价值，对其保护与发展的工作从未间断。最早于2001年由政府主导对广裕祠进行修复工作。2003年修复后的广裕祠获得了联合国教科文组织的亚太地区文化遗产保护杰出项目一等奖。一时间，钱岗村名声大噪，钱岗村的文化价值和旅游价值逐渐显现出来，先后有多家企业与钱岗村合作，包括2003年的广州海谊公司、2007年的广东南湖国旅公司、2011年的广东方圆房地产开发公司以及2014年的广东昊源集团。然而，在各公司的介入过程中，因企业与村落在利益上未能达成共识，对于钱岗村的保护与发展迟迟未能落地。随后，多家企业虽相继与村落合作，但多将村民排除在外，激发了企业与村民的矛盾关系，合作发展未能持续推进。目前，钱岗村产业发展未见起色，传统村落却破败严重（图4-2）。从钱岗村的保护与发展实践来看，我们可以将钱岗村的价值分为三类：非使用价值、潜在经济价值、直接经济价值。所谓非使用价值就是传统村落作为自然资源、农耕文明载体的生态、艺术、文化等价值，该类价值应是全人类享有的；所谓潜在经济价值就是当传统村落保护与发展后，当地村民可能获得的经济收益，是一种长期的获益过程；所谓直接经济价值则往往是开发商通过投资在传统村落保护与发展中的直接经济收益。而在钱岗村的保护与发展过程中，开发商在追求短期更高效的直接经济同时，剥夺了村民享有潜在经济价值的机会，忽视了全体人类享有非使用价值的权利，由此引发的利益冲突成为传统村落衰败的重要致因。可见，可持续发展理论对发展的公平性追求，更有助于通过对传统村落保护与发展的机会公平拥有、生产资料公平占有，以及发展成果公平享有的关注，实现对保护与发展的矛盾协调。

图4-2 广州市钱岗村保护与发展现状

#### 4.2.3.2 保护与发展的矛盾协调的系统性需求

传统村落作为中国社会大系统的重要组成部分，其自身也是一个庞大而复杂的系统。它不仅承担着乡土社会文化的载体功能，还承担着中华农耕文明保护传承与区域生态环境的保育功能。因此，实现保护与发展的系统性与可持续性是极为必要的。历史实践证明，无论是忽视发展的保护，还是忽略保护的发展，其结果都会指向传统村落的不可持续，保护的可持续与发展的可持续对于传统村落同等重要。而保护与发展的可持续并非单一的某一要素，或者某一子系统的可持续，应是传统村落这一有机系统保护与发展的可持续。与此同时，传统村落的保护与发展是一项长期而复杂的工程，在当下“唯经济论、以政绩论”的影响下，往往会忽略了保护与发展的系统性和可持续性考量，引发对传统村落的破坏。可见，可持续发展理论对发展的系统性与可持续性追求，更贴合传统村落的本质特征，更有助于减少重视短期协调、忽略长期协调，重视局部协调、忽略系统协调的弊端，实现传统村落保护与发展矛盾的有效协调。

#### 4.2.3.3 保护与发展的矛盾协调的需求平衡

现实中，传统村落保护与发展通常存在着需求程度和需求层次不对等的现象。

一方面，传统村落保护与发展的外部需求明显大于内部需求。具体来看，从传统村落的评定过程看，虽采取的是自下而上的申报过程，但在申报过程中村落往往被忽略，如位于佛山市高明区的深水村，始建于清光绪元年（1875年），距离明城镇中心约6km。深水村环境优美，水资源丰富，传统格局保存完整，其中尤以古民居建筑群为美。深水古民居群建筑风格十分独特，除了拥有岭南镬耳山墙、龙舟瓦脊、砖雕灰塑等传统元素之外，古民居门楼更宽阔，并另有一条龙舟瓦脊立于门楼之上，形成有别于其他村落的双龙舟瓦脊建筑特征。2006年，深水村因其较高的保护价值被列为佛山市级文物保护单位，也正因文物保护需求，村民被迫搬离古村，古民居建筑群处于长期空置状态（图4-3）。笔者通过调研了解到，深

图 4-3 佛山市深水村现状

水村从文物保护单位到“中国传统村落”的称号评定，以及后续各项工作的推进均由明城镇政府全权负责，村落鲜有参与。也正因此，在笔者的访谈中，对传统村落的保护与发展村民并未表现出强烈的愿望，深水村成为政府展示政绩的平台而非村民生产生活场所以及精神寄托。传统村落的保护与发展正是在强大的外部需求下展开，内部需求的缺乏又使得保护与发展的可持续性较差。

另一方面，保护与发展的内外部需求层次不对等。2013年以来，人们的乡愁意识被唤醒。大量城里人纷纷走进田间、走进村落，希望在旅游、休闲、游学、养老等中寻找乡愁。全民乡愁意识的觉醒为众多有着自然与人文资源的传统村落发展带来了发展新契机。邹德慈院士曾指出在“让居民望得见山、看得见水、记得住乡愁”中，需要使“人”能“望”、能“看”、能“记”，三个动词都是围绕“人”的，“人”才是解决文化危机的核心。然而，保护与发展的内外部需求层次不对等也使得“城里人认为乡村是净土，村里人认为乡村净是土”的反差仍普遍存在。作为世界文化遗产——开平碉楼与村落的构成一员，自力村自清朝道光十七年（1837年）至今已有近200年历史。村落腹地广阔，碉楼、西式别墅和低矮的民居疏密有致地散落于田野中，展现了开平碉楼盛极一时的历史风貌[195]。自力村也因世界文化遗产备受关注，在多方保护与发展的共推下，文化环境得到真实、完整地保留。为确保景观真实、完整地展现以及良好的旅游体验，碉楼管理部门对碉楼及周边古民居采取了严格保护要求，并完善了旅游配套设施。值得注意的是，目前古民居中仍有7户人家居住，在笔者调研过程中发现，村民想要改造民居内部环境的需求因保护要求被拒绝，而满足村民生活需要的路灯安装却长期被搁置，村民居住条件相对较差（图4-4）。相较而言，自力村因世界遗产的称号备受各方关注，在珠江三角洲传统村落的保护与发展中也属佼佼者。珠江三角洲传统村落中因保护需求忽视村民生存需求的现象也非个案。可见，可持续发展理论对发展的需求性追求，更助于传统村落从需求层面协调保护与发展的矛盾。

图4-4 江门市自力村夜景

## 4.3 可持续发展目标导向下传统村落的保护与发展逻辑

### 4.3.1 保护与发展的底线性思维

从某种意义上来说，我们可以视可持续发展为需将人类活动限定在自然系统的阈值范围以内的发展，这个阈值范围就是自然系统给人类活动限定的活动临界范围。可持续发展则是通过规定人类社会经济活动不可超越生态系统的“界限”，或者底线，保持人和自然共生系统安全及其可持续性[194]，实现经济、社会、环境复合系统的整体可持续性发展。如果把可持续发展比作长跑运动，可持续发展目标则是可持续发展的终点，生态系统不可超越的底线则是可持续发展的起点。可持续发展理念转化为行动的运行逻辑就是从起点出发，通过采用统筹兼顾的方式不断协调可能存在的矛盾冲突，使人类不断向终点靠拢的过程。那么，根据可持续发展理念向行动转化的运行逻辑，传统村落的可持续发展目标与保护底线则是协调保护与发展矛盾，使传统村落“可持续”生存下去的两大前提。也就是说，传统村落保护与发展的冲突协调过程，是始终要始于一个起点（底线），并在底线的限定临界范围内通过保持保护与发展的动态平衡，使传统村落的生存状态不断向（目标）终点靠拢的过程。

牛文元教授在对可持续发展理论的深化研究中认为，人类社会是一个自然社会经济复合系统，其复合系统的本质属性就决定了可持续发展实现的安全范围（临界）并非单一的要素数值，而应是由多方面要素组合的临界集[196]。根据前文对传统村落保护与发展关系的辨析，生态要素和文化要素应是其保护与发展临界集的主要构成。

### 4.3.2 保护与发展的可持续发展目标

在传统村落的理论研究和实践探索中，活化利用对保护与发展矛盾关系协调所发挥的作用引起了业界共鸣。借助创意、旅游等新兴机制引导遗产活化、推动遗产地复兴也已成为国际通例[197]。但当我们提出怎样的传统村落算是活化，怎样的活化利用是适宜的，如何判定活化利用结果等问题时，却很难找到明确的答案。常青先生将活化定义为“适应社会、文化、经济等方面现实需求和约束条件的历史空间再生，在保存和修复中可有合理、合法、可动的加建或新建，以及特殊情况下（对象毁于现代）有充分依据的复建或重建”[198]。但在实践操作中，传统村落的活化利用还是会因规划师、建筑师们的理解有着多种解释[199，200]，使我们很难对活化利用做出科学而客观的判断。究其根本，我们对于传统村落可持续发展的目标、对传统村落可持续发展的判定标准仍相较模糊。当我们并不能明确我们最终需要实现的目标是什么的时候，也就很难对我们采取行动的结果予以鉴定，很难界定适宜传统村落的活化利用，也就更难为未来保护与发展要努力的方向做出指导。这也是我国传统村落保护与发展水平参差不齐的原因之一。

#### 4.3.2.1 目标维度构成

在可持续发展理论研究与实践探索中，经济、社会、环境已被公认为是可持续发展的构成基础。而进入21世纪以来，文化对人类可持续发展的贡献越来越受到国际的认可与重视。2010年，联合国在千年发展目标决议中充分肯定了文化对促进人类发展，以及对人类千年发展目标实现的贡献。随后，联合国通过“文化与发展”NO.65/166决议、《我们希望的未来》，充分认同文化能够助力人类实现可持续发展。联合国教科文组织则围绕文化与可持续发展召开国际会议，包括2013年的“文化：可持续发展的关键”、2014年的“文化、创意与可持续发展”、2015年的“文化促进可持续城市”、2016年的“文化：城市的未来”等，通过签订《杭州宣言》《佛罗伦萨宣言》《巴黎宣言》等国际文件，向世界证明文化正在成为人类实现社会经济可持续、环境可持续的不可忽视的重要资本。换句话说，文化已经成为人类可持续发展的重要驱动力。在联合国教科文组织的不懈努力下，2017年联合国大会决议中明确强调了文化对可持续发展的三个方面、对实现国家发展目标和可持续发展目标以及其他国际商定发展目标的重大贡献[201]。文化是人类可持续发展的根本推动者、意义和能量的来源、创新的源泉，以及应对挑战、寻找适当解决方案的资源[202]。文化有助于包容性经济发展的形成，推动经济可持续发展、促进环境可持续发展；文化有助于促进世界相互理解，推动社会可持续发展；文化更有利于维持代际间的传承。

党的十八大报告会议中已对文化对国家文化软实力的提升、对社会发展的推动作用予以了充分肯定。文化可持续也已成为中华民族实现可持续发展目标的不可或缺的重要构成要素。传统村落作为中华文明的重要载体，其所承载的丰富而多样的传统文化更是其实现可持续发展不可替代的驱动力。

综上所述，构建传统村落实现可持续发展的目标，即可持续发展目标应由环境、文化、经济、社会四个维度共同构成。

#### 4.3.2.2 目标要素构成

2017年，党的十九大明确了“三农”问题是关系国计民生的根本性问题，并提出在中国进入新时代的关键时期，需要坚持实施乡村振兴战略。在党中央的精神指引下，《乡村振兴战略规划》（2018—2022年）形成，为新时代乡村发展指明了方向。根据《乡村振兴战略规划》，传统村落属于特色保护类村庄。笔者在深入解读党的十九大的乡村振兴总体要求、《乡村振兴战略规划》保护类村庄发展要求基础上，结合传统村落可持续发展目标体系的构成维度，提出传统村落的可持续发展目标应包括：①环境可持续发展，是指传统村落拥有人与自然和谐共生的、便利的、舒适的生态宜居环境。②文化可持续发展，是指传统村落传承丰富而富有生命力的优秀传统文化，享有文明繁荣的文化环境。③经济可持续发展，是指传统村落发挥资源优势形成特色产业，并拥有持久的、集约的和可持续的经济增长。④社会可持续发展，是指传统村落拥有公平的、健康的、包容的社会环境。

**1．环境可持续发展：生态宜居**

乡村振兴，生态宜居是关键。乡村生态环境是其最大优势和财富。传统村落的环境可持续有赖于建设生态宜居的环境。具体来看：

实现环境的生态宜居，需要厘清“生态”与“宜居”的内容与关系。生态从某种意义上讲具有褒义内涵，体现的是人与自然的有机融合。宜居则体现在满足人类基本诉求的基础上，给人类带来生存的愉悦感。因此，生态是宜居的必要基础，有了生态才有可能实现宜居，但生态却不是宜居的充分条件。有了生态并不一定会实现宜居，宜居含有良好的生态，更体现出在实现乡村可持续发展的同时能保持村民的身心健康[203]。例如，仅有良好的生态环境却没有良好的设施保障，一方面，无法处理的生活生产废弃物会导致生态环境的恶化；另一方面，当村民对美好生活的需求无法得到满足时，也会激发村民外迁而导致传统村落在废弃中衰落、消亡。拥有便利、舒适的设施是实现传统村落宜居不可或缺的要素。可见，生态宜居是传统村落生态与宜居的有机统一，其中生态是基础，是人与自然和谐共生的表现；宜居是生态宜居的保障，是对人与自然和谐共生的保障，是人对美好生活追求的保障。

综上所述，生态宜居的传统村落应包括良好的水、植被、土地等自然要素，能有效处理生产生活废弃物的基础设施，以及能提供便利舒适生活的服务设施。其中，自然要素是传统村落生产生活必要的基础和资料来源，是传统村落山水林田生态格局的重要基底，是先民生存文化智慧结晶的依存载体，更是乡土特征景观环境的构成。基础服务设施是传统村落生产生活的重要保障，是区别于城镇的标志体现，更是乡村生态适应性技艺的集中体现，例如客家围屋、广府民居、村落巷道、池塘、溪渠、天井等，正是传统村落营造智慧的凝结。

**2．文化可持续发展：文明繁荣**

传统村落是传统文化精华的承载，是农耕文明的根与魂，更是中华儿女唤醒文化自觉、增强文化自信、发展文化自强的重要源泉。我们要努力从中华民族世世代代形成和积累的优秀传统文化中汲取营养和智慧，延续文化基因，萃取思想精华，展现精神魅力，要以时代精神激活中华优秀传统文化的生命力。传统村落的文化可持续应是在传统文化复兴基础上以实现文明繁荣为目标，显现其绚烂的生命力。具体来看：

实现传统村落的文明繁荣，需要厘清“文明”与“繁荣”的内容与关系。文明在现代汉语中，是相对于“野蛮”一词，是一种社会进步的体现。文明可以从思想道德、行为规范、风俗习惯等方面体现，也可以从人们生产生活的方式中体现。传统村落所蕴含的丰富的人与自然和谐共处的智慧精华，正是中华农耕文明的集中体现。繁荣是一种蓬勃发展的状态，与衰退呈明显对立。根据汤因比对文明演进规律的总结，文明在不断地“挑战”和“应战”中演进。繁荣既是文明发展到鼎盛状态的体现，也是文明成功应对挑战，实现发展的保障。文明繁荣是乡村文明与乡村繁荣的有机统一，乡村文明是乡村繁荣的对象，乡村繁荣是乡村文明得以传承的重要保障。



综上所述，文明繁荣的传统村落应包括具有较强生命力的宗族文化、营建技艺、农耕方式、乡规民约等优秀传统文化及其承载空间，以及优秀传统文化及其承载空间能适应现代发展的经济社会环境。其中，优秀传统文化是传统村落文明的核心体现，是中华民族最质朴的文明构成，是有别于现代文化趋同的文化多样性的集中展现，更是中华文化乃至世界文化的珍贵宝库。传统建筑、街巷肌理、山水格局等空间载体是优秀传统文化得以真实、完整留存的物质基础。良好的经济社会环境则为新时代优秀传统文化的复兴，以及优秀传统文化与现代文化的交融互促提供必要保障。

**3．经济可持续发展：特色兴旺**

乡村振兴，产业兴旺是关键。发挥传统村落资源优势，形成强大优势特色产业是推动经济发展、带动社会发展、促进传统文化保护与发展的重要途径。因此，传统村落的经济可持续应以形成特色兴旺的产业经济为目标。

实现传统村落经济的特色兴旺，需要厘清“特色”与“兴旺”的内容与关系。特色是将事物或者事情区分开来的主要依据，是事物在适应环境过程中形成的、事物独有的风格或形式。兴旺则形容事业或经济具有蓬勃的生命力。在现代汉语中两者并没有必然的决定关系。然而，近年来大宗农产品因无法满足人民日益增长的美好生活需求，正面临着供大于求、价位低、销售难等困境。相反，优质特色农产品却呈现出供不应求、价位高、销售易等情况，依靠发展优质特色农产品成为传统村落创收、发展的重要途径。与此同时，传统村落优质的文化资源又使其成为旅游业的生力军。可见，正是在新时代背景下，特色与兴旺有了必然联系，特色成为兴旺的重要助力，而兴旺更有利于特色凸显，发展特色产业成为实现传统村落经济产业兴旺的必然选择，发挥特色资源优势形成特色产业，促进经济复兴乃至兴旺成为传统村落经济产业发展的必经之路。

综上所述，特色兴旺的传统村落应包括具有特色鲜明的自然与历史文化资源、良好的资源环境、完善的配套基础服务设施以及有效的组织管理。其中，自然与人文资源是传统村落形成特色产业的前提。传统村落也正是因其良好的自然资源与独具特色的人文资源，成为人们趋之若鹜的旅游地。良好的资源环境、基础设施、服务设施等物质条件则是保证特色产业发展、兴旺的物质保障。当然，除了优质的资源、充分的物质条件支持外，有效的组织管理也是推进经济产业提升、资源可持续利用的必要保障。

**4．社会可持续发展：公平健康**

人是自然界的改造者，也是人类社会的创造者，有人则离不开对健康的讨论。人与人的共处就会产生关系，社会就是人们在相互交往和共同活动中形成的相互的关系[204]，不同家庭之间、年龄之间、阶层之间的关系共同构成了复杂的社会。发展的目的是造福人民，平衡的发展、机会均等的发展、成果共享的发展，正是中国特色社会主义对公平的内在要求。因此，传统村落的社会可持续应以公平健康为目标。

实现传统村落的公平健康，需要厘清“公平”与“健康”的内容与关系。公平是社会学名词，是指大家平等地存在。健康是医学名词，是指一个人在身体、精神和社会等方面都处于良好的状态。随着健康在社会学的应用，健康的主体由个体人扩展到了城市、国家、区域，当然也包括传统村落。健康的概念也从无疾病状态扩展到了对健康主体复原能力、对外来侵害反应能力等方面的判断。从健康与公平的关系来看，个体健康是构成社会健康的必要基础，而个体健康并不一定能形成社会健康，只有公平才能保证社会健康的实现。因此，个体健康是实现社会公平健康的必要基础，公平则是实现社会健康的充分条件。个体健康需要良好的生存环境和基础设施保障，而公平则有赖于道德、法制、规范的约束以及不公平因素的减少。原有城乡二元结构发展模式，造成了乡村的发展不公平，导致城乡在生存条件、经济收入、社会保障等方面的差距扩大，乡村居民在对美好生活向往的意愿驱动下，背井离乡进入城市，而户籍制度的限制，又使工作生活在城市中的农民不能享受公平的社会保障，加剧了城乡居民的不公平，影响了社会的健康发展。传统村落的社会关系在城乡差异影响下也存在一定的公平健康失衡，其中包括因村民在保护与发展中的权责不对等所带来的不公平，这也是激发政府与村民矛盾的重要原因。从根本上讲，如何协调保护与发展的关系，实则是如何有效化解或是减少这种不公平，使传统村落能够健康地发展下去。

综上所述，公平健康的传统村落应从解决不公平出发，为村民提供能保证其身心健康发展的基础设施，能促进村民凝聚力、自信心形成的优秀传统文化，以及能为村民提供良好服务的保障条件。其中，保证村民获得良好身心健康保障的设施是公平健康的基础。例如，干净的饮用水、整洁的环境、健全的医疗与教育等基础设施，通过基础设施的配套，使传统村落的村民拥有享受美好生活的权利。传统村落中部分优秀传统文化例如乡规民约、家规家训等在教化民风、规范行为方面具有不可替代的作用。良好而有效的组织管理则是实现公平健康传统村落的重要保障，例如发挥乡绅乡贤、名人能人等组织领导能力，是传统村落公平健康的营建保障。

总而言之，实现传统村落可持续发展目标应是实现系统可持续发展，由环境、文化、经济、社会四个维度可持续发展共同构成，有赖于自然环境、设施条件、传统文化、空间载体、保障条件等要素支撑（表4-1）。

**传统村落可持续发展目标构成** 表4-1

| 目标构成 | 目标表征 | 要素构成 | 内容 |
|---|---|---|---|
| 环境可持续发展 | 生态宜居 | 自然环境 | 水、土地、植被等 |
| | | 基础设施 | 污水处理、垃圾处理等 |
| | | 服务设施 | 交通、文娱、健康等 |
| 文化可持续发展 | 文明繁荣 | 传统文化 | 宗族文化、营建技艺、农耕方式、乡规民约等 |
| | | 空间载体 | 传统建筑、传统街巷、传统格局等 |
| | | 保障条件 | 资金、组织管理等 |

续表

| 目标构成 | 目标表征 | 要素构成 | 内容 |
| --- | --- | --- | --- |
| 经济可持续发展 | 特色兴旺 | 自然环境 | 水、土地、植被等 |
| | | 服务设施 | 居住环境、市场环境、资源条件等 |
| | | 传统文化 | 宗族文化、营建技艺、农耕方式等 |
| | | 基础设施 | 污水处理、垃圾处理等 |
| | | 保障条件 | 组织管理、制度、资金等 |
| 社会可持续发展 | 公平健康 | 传统文化 | 宗族文化、乡规民约、家规家训等 |
| | | 基础设施 | 医疗、教育、文娱等 |
| | | 保障条件 | 组织管理、制度、保障资金等 |

### 4.3.2.3 要素关系协调

人类聚居是动态发展的有机体，人类聚居的整体发展有赖于各组成部分的协调[205]。传统村落是人类聚居的重要类型组成部分，是文化遗产、人类聚居、生态环境等多重载体的集合，其要素之间也存在着复杂的交织关系。由此决定了传统村落可持续发展目标的实现应是基于要素的相互协调，通过相互协调来实现传统村落的整体发展。

传统村落从形成到演进过程中，逐渐从相对封闭的系统发展成为相对开放的系统。传统村落要素间原有相对稳定的协调关系在外界的干扰下被打破，生态环境破坏、空心化、传统风貌破坏等现象也随之发生。此时，单纯依靠传统村落要素之间的自我协调已经难以实现可持续发展，需要更多的外界干预来维持要素的协调关系。从图4-5可看出，各要素在需要保护的同时也有着发展的需求。从人类文明的角度看，传统村落所承载的传统文化是中华文明的重要组成部分，肩负着中华文明崛起的重担，需要真实、完整地将其保护传承；从人类聚居的角度看，传统村落是中华广大村民生存之所，肩负为村民提供美好生活的重任，需要与

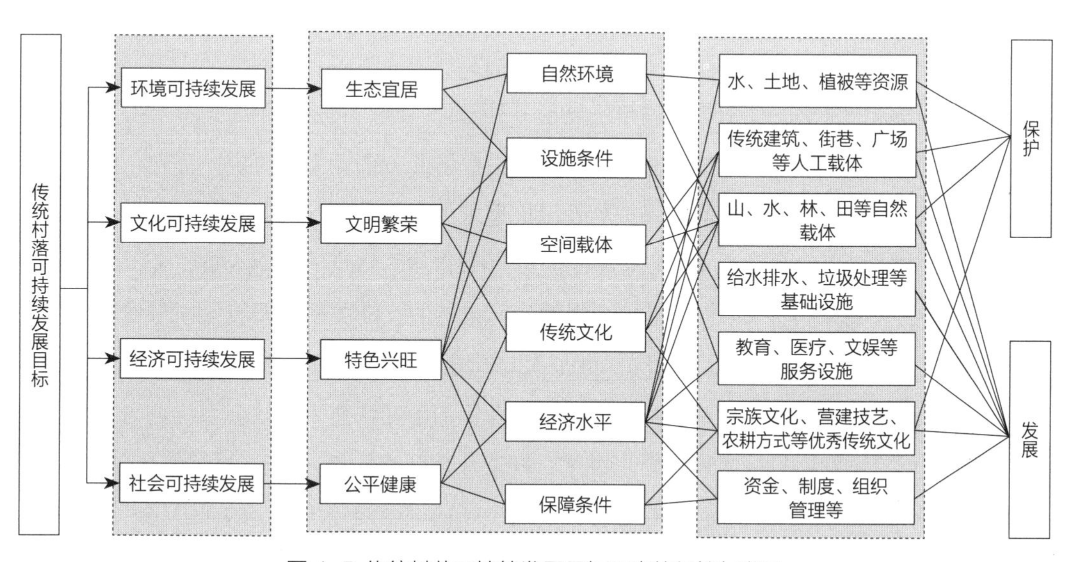


图 4-5 传统村落可持续发展目标要素的保护与发展

时俱进地发展。保护与发展对于传统村落可持续发展目标的实现是不可忽略且无法割裂的辩证统一关系。保护强化了传统村落发展的潜力、稳固了区域整体发展的资源环境，奠定了中华文明发展的基础；发展保证了保护的资金持续、拓展了保护的方法形式、实现了保护思想的共鸣。然而，当下传统村落的底子薄、问题多、资金少等现实困难，又使得保护往往成为发展的约束，发展为保护带来多种不确定影响，这也是众多文化遗产保护专家谈发展色变的原因。当然，传统村落可持续发展目标的实现并非一蹴而就，需要在漫长的摸索中不断前行。实现传统村落可持续发展目标是一个通过要素协调，使保护与发展保持动态平衡并无限靠近可持续发展目标的漫长适应过程。

### 4.3.3 保护与发展的动态性过程

2015年，在千年发展目标收官之际，联合国通过决议《变革我们的世界》，再次建立了一套全面的、意义深远的、以人为中心的具有普遍性和变革性的目标和具体目标，并提出可持续发展的目标以及具体目标是一个整体，不可分割，只有将影响可持续发展的各个因素及其目标视为一个整体，才能实现人类的可持续发展。可以看出，可持续发展是集经济增长、社会进步以及环境和谐于一体的发展理念，其理念蕴含着多要素的相互协调、时间的持续，以及以人为本的思想内涵。可以说，可持续发展不仅是追求“发展”在时间上的永续，还追求着“发展”在内容上的协调。当然，“发展”内容上的协调并不是经济、社会、环境等各要素的简单相加，而是通过各要素的协调实现“1+1＞2”的最终目标，是通过各要素的相互协调实现整体发展或优化。

传统村落的可持续发展目标涉及经济、环境、文化、社会等多方面要素。一方面，各要素对发展的价值取向是存在差别的；另一方面，可持续发展目标的实现应是传统村落的整体发展而非某一要素发展内容的最优化，也并非以某一方面发展内容为主的最优来实现。历史实践证明，单纯以保护为目标或是以经济增长为目标的保护与发展都会使传统村落受到不同程度破坏。也正因此，传统村落可持续发展目标的实现应通过多目标的相互作用去寻找平衡点，从而使得传统村落的保护与发展始终处于一种合理匹配的关系，始终是一个为了实现平衡的动态性过程。保护与发展的动态性特征也是由以下几方面关系所决定：首先，由人与自然的互动关系所决定。传统村落的保护与发展应追求人和自然的互利共生与协同进化，既不是传统发展观中以人的利益为主，以掠夺自然、征服自然为特点的极端人类主义，也不是忽视人类利益的极端自然主义[194]，是一个根据人与自然的互动关系来调整保护与发展，从而实现人与自然和谐共生的过程。其次，由个人与社会的互动关系所决定。传统村落是以血缘、地缘为纽带组成的社会系统，当下，更是在业缘的不断渗透下使社会系统更为复杂。而传统村落的可持续发展目标实现实则是对这一复杂社会系统的各方利益的协调，其中既要保证集体利益，还要兼顾个人利益，在各方利益的不断协调中使传统村落的保护与发展始终处于动态的调整中。最后，由人的需求的动态发展特征所决定。以人为本是可持续发展的核心理念，那么对于以可持续发展理念指导的保护与发展也应改变以往唯经济的、唯物质需求的发展观，更多关注不同发展阶段传统村落的需求（包括物质需求、精神需求、生态需求等多种需求）。在传统农业时代下人们的需求大多能保持相同或者相似的需求，然而，在快速的城镇化发展背景下，人的需求层次逐渐拉开，传统村落也在发展的差异化背景下存在主体需求的差异化，由此导致传统村落的保护与发展内容与程度都应随着传统村落的实际发展不断调整，从而表现出传统村落的保护与发展是人的需求实现以及不断提高的过程。

# 本章小结

本章通过对传统村落保护与发展思想变迁的梳理总结，厘清传统村落保护与发展的关系，并通过引入可持续发展理论，探寻传统村落的可持续发展运行逻辑：

（1）基于传统村落保护与发展的双视角思想剖析，揭示出当代传统村落保护与发展存在着并存共需的关系，保护与发展的价值判断逻辑冲突是引发二者现实矛盾的根本原因。考虑到传统村落具有的特殊属性，无论是文化遗产保护思想还是乡村发展思想均对传统村落保护与发展思想的形成有着深刻影响。为探寻适合当代传统村落的保护与发展思想，研究从文化遗产保护与乡村发展的双视角展开对传统村落保护与发展思想变迁的深入剖析，总结出文化遗产保护从经历了对艺术唯美和使用功能的思想形成，到复古折中主义、历史自然主义、科学理性主义的思想激变，再到对历史理性主义的思想统一，基本实现了当代以保护真实、完整、多样文化为基本方向追求文化遗产可持续的动态平衡的思想成熟；乡村发展则在经历了统一计划的思想形成，到唯经济增长的思想发展，再到可持续发展的思想认知，基本实现了当代以生态文明建设为核心的可持续发展的思想成熟。文化遗产保护思想与乡村发展思想都表现出逐渐摒弃以往“谈保护不谈发展”，或是“谈发展不考虑保护”的单向思维。基于思想变迁分析，结合传统村落的时代特征、实践现状的深入剖析，揭示出传统村落保护与发展并存供需的逻辑关系。然而，保护与发展分属两套截然不同且不可相通的价值判断逻辑，加之主体利益和权责冲突，必然会产生不同的保护与发展行动策略、方法，从而导致传统村落保护与发展做出取舍选择，产生顾此失彼、非此即彼的现象发生，引发保护与发展的现实矛盾。

（2）基于可持续发展研究与实践成果，形成传统村落可持续发展运行逻辑。通过解读可持续发展思想及其内涵，揭示出可持续发展理论向行动转化的运行逻辑，以规定人类活动不可突破的生态系统“界限”（底线）为起点出发，通过采用统筹兼顾的方式不断协调可能存在的矛盾冲突，并使人类不断向可持续发展的目标靠拢的过程。以此为基础，形成传统村落可持续发展运行逻辑，以可持续发展目标为导向，生态与文化底线为起点，通过保持保护与发展的动态平衡，使传统村落生存状态不断向可持续发展目标靠拢。随后，结合文化在推动人类可持续发展所作贡献，以及传统文化在复兴中华文明所肩负使命，综合乡村振兴战略导向，提出传统村落可持续发展目标应包括：①环境可持续发展，是指传统村落拥有人与自然和谐共生的、便利的、舒适的生态宜居环境。②文化可持续发展，是指传统村落传承丰富而富有生命力的优秀传统文化，享有文明繁荣的文化环境。③经济可持续发展，是指传统村落发挥资源优势形成特色产业，并拥有持久的、集约的和可持续的经济增长。④社会可持续发展，是指传统村落拥有公平的、健康的、包容的社会环境。

# 第 5 章 珠江三角洲传统村落可持续发展评价、格局特征与现实困境

随着珠江三角洲区域一体化发展的快速推进，尤其是在粤港澳大湾区概念提出及其建设实施后，广佛同城化发展、港深与澳珠深度合作、广佛肇经济圈建设等进程加快，都预示着珠江三角洲将迎来新一轮的发展浪潮。此时，亟须我们适时研判传统村落发展状态、梳理发展规律与方向、探寻制约可持续发展的主要问题，对进一步推进传统村落的保护与发展，实现传统村落的可持续发展更具指导意义。

# 5.1 珠江三角洲传统村落可持续发展评价指标体系

综合评价传统村落发展态势是梳理与总结传统村落发展特征及面临困境的基本依据。为此，研究基于传统村落可持续发展目标构成，选择具有代表性的要素指标，并通过既有评价方法的对比，确定适宜的评价方法，建立传统村落可持续发展评价指标体系。

## 5.1.1 传统村落可持续发展评价指标

根据传统村落可持续发展目标，研究按照系统稳定性、效用性、可持续性作进一步分解，并结合珠江三角洲传统村落实地调研，依据数据可获取且具有较强代表性原则，选取植被覆盖率、工业用地侵蚀率等反映传统村落保护制度环境、观念认知、社会经济等发展状况的24项具体指标，建构传统村落可持续发展评价指标体系（表5-1）。其中：稳定性，是指系统能保持相对稳定的状态发展，主要体现在生态环境冗余性、产业多样性、社会结构稳定性等；效用性，是指系统保持良好的发展绩效，主要体现在产业发展、社会治理、生态与文化资源保护等方面；可持续性，主要指系统具备自主发展能力，以及保障系统稳定、高效发展的生态与文化资源、公共设施等支撑能力。

传统村落可持续发展评价指标体系　表5-1

| 目标层 | 要素层 | 指标层 | 指标阐释 | 系统状态 |
|---|---|---|---|---|
| 环境可持续发展a | 自然环境 | 植被覆盖率（%）a1 | 绿地覆盖面积/村落以及周边一定范围 | 稳定性 |
| | | 水面率（%）a2 | 水域面积/村落以及周边一定范围 | 稳定性 |
| | | 工业用地侵蚀率（%）a3 | 工业用地面积/村落以及周边一定范围 | 可持续性 |
| | 设施条件 | 垃圾集中处理率（%）a4 | 垃圾集中处理户数/总户数 | 效用性 |
| | | 污水集中处理率（%）a5 | 污水集中处理户数/总户数 | 效用性 |
| | | 交通设施便利度（%）a6 | 村民对村落道路满意度（注） | 效用性 |
| | | 服务设施完善度（%）a7 | 村民对设施服务的满意度（注） | 效用性 |
| 文化可持续发展b | 传统文化 | 本地居民常住率（%）b1 | 户籍人口/总人口数 | 稳定性 |
| | | 非遗保护度（%）b2 | 非遗文化种类 | 稳定性 |
| | | 非遗传承度（%）b3 | 村民参与非遗活动人数/户籍人口 | 稳定性 |
| | 空间载体 | 历史风貌保护度（%）b4 | 现代建筑数量/传统建筑数量 | 可持续性 |
| | | 传统民居保护度（%）b5 | 良好的传统民居数量/传统建筑总数 | 可持续性 |
| | | 传统公共建筑保护度（%）b6 | 良好的传统公共建筑数量/传统建筑总数 | 可持续性 |
| | | 传统公共建筑利用率（%）b7 | 使用的传统公共建筑数量/传统建筑总数 | 效用性 |
| | | 古村常住率（%）b8 | 传统民居的居住人口/常住人口 | 效用性 |

续表

| 目标层 | 要素层 | 指标层 | 指标阐释 | 系统状态 |
|---|---|---|---|---|
| 经济可持续发展c | 经济水平 | 集体年均收入 c1 | — | 效用性 |
| | | 村民年均收入 c2 | — | 效用性 |
| | | 地租收入占比（%）c3 | 地租收入 / 村落总收入 | 稳定性 |
| | | 特色产业占比（%）c4 | 特色产业数量 / 村落产业数量 | 可持续性 |
| 社会可持续发展d | 保障条件 | 人口定居率（%）d1 | 常住人口 / 总人口数 | 稳定性 |
| | | 社会活动参与度（%）d2 | 村民参加村落事务的积极性（注） | 效用性 |
| | | 自组织活力度（%）d3 | 村民自组织的组织能力（注） | 效用性 |
| | | 保护重视度（%）d4 | 对保护的政策、技术、资金等支持 | 可持续性 |
| | | 村规民约完整度（%）d5 | 村规民约编撰、修编情况 | 可持续性 |

#### 5.1.1.1 环境指标

根据传统村落可持续发展目标，环境生态宜居主要体现在自然环境、基础设施、服务设施三方面。

自然环境：自然环境是传统村落生产生活所依附的必要基础条件，是其山水林田生态格局的重要基底，是先民生存文化智慧结晶的依存载体，更是与城镇景观环境的差异体现。然而，在珠江三角洲城镇化的快速推进中，因城市、企业、村民等发展建设需求，传统村落的农田、林地、鱼塘等用地被大量征占，绿色的山林正悄然被灰色的道路、广场、房屋等替代，成为当下传统村落环境恶化的主要问题及诱因。如传统村落的生态空间的面积减少往往降低其外部污染的防治能力，进而引发传统村落生态环境质量下降。此外，珠江三角洲外向型经济的特殊性，使得农业用地流向工业用地成为珠江三角传统村落生态环境破坏的重要来源，也是传统村落生态环境保护的主要威胁。

基础设施：除自然环境和居住环境外，传统村落的基础设施则为传统村落环境可持续发展提供了重要的保障。在第3章我们通过对珠江三角洲传统村落的特征梳理发现，目前珠江三角洲传统村落的基础设施是相对完善的。然而，面对村民日益增长的生产生活废弃物，仍有村落的基础设施难以满足需求，致使大量未能及时处理的垃圾、污水成为传统村落环境污染的重要源头。进而导致传统村落的居住环境恶化，也给传统村落自然生态环境带来威胁，如广州小洲村、佛山马东村的河涌污染（图5-1）。

服务设施：珠江三角洲传统村落经济相对发达，在道路建设和服务设施配置方面相对成熟。村落道路基本硬化，村内健身、活动广场、行政管理等服务呈现较高服务水平，特别是在美丽乡村、乡村振兴、生态宜居等政策推动中，建设活动中心、村史馆、阅览室、展览馆等在传统村落中普遍推行，丰富了村民生活。但服务设施的建设最终目标是服务于人的，是希望在人的使用中提升归属意识。因此，村民的满意度将是唤醒村民归属感，减少村民不当行为的重要途径。

图 5-1 传统村落内被污染的河道

根据传统村落可持续发展目标要素构成，空气质量、水环境等应是评价指标构成，但因以下原因，研究未将其列入：①现有对空气、水环境的数据统计以城市为主，乡村数据相对缺乏；②传统村落因与城市关系密切程度存在差异，使其受城市影响的程度有所差异，如位于城市中心区的传统村落与偏远地区传统村落受城市空气影响程度截然不同，以城镇空气、水环境等质量替代传统村落空气和水环境质量研判会有所偏差。

综上所述，研究选取绿地覆盖率、水面率、工业用地侵蚀率，反映传统村落自然资源保有量，判断传统村落自然生态稳定性和可持续性，其中绿地覆盖率包括农田、林地、草地等生态用地的用地占比，水面率包括鱼塘、风水塘、景观池等水域的用地占比；选取污水集中处理率和污水集中处理率，反映村落污水和垃圾的集中处理能力，判断传统村落基础设施效用性；选取交通便利度、服务设施完善度，反映村落居住便利度与舒适度，判断传统村落服务设施效用性。

### 5.1.1.2 文化指标

根据传统村落可持续发展目标，文化维度文明繁荣主要体现在传统文化、空间载体、保障条件三方面。

传统文化：在全球文化趋同的时代背景下，珠江三角洲传统村落中现代建筑的点状嵌入、村落产业转型、食利文化形成等，均体现出外来文化对传统文化的吞噬。而保护与传承传统文化通常离不开物质载体，从传统文化的物质载体看，一种是传统村落的主体，即广大本地居民；另一种则是传统村落留存的物质空间载体。我们通常说传统村落是“活态”的文化遗产，其活态的重要体现正是居住在传统村落中的人。而当传统村落相对落后的生存环境无法满足生存需求时，村民外迁现象随即发生。伴随着村民外迁，宗族文化、营建技艺、农耕方式等传统文化也会随即流失。此外，受文化遗产保护思想影响，建设新村保护古村的情况较为普遍，存在新村人满为患，古村空无人烟的现象发生。

空间载体：传统建筑、街巷肌理、格局形态等蕴涵的优秀传统文化是中华民族多样文化的完整体现，是乡村特色、魅力的根与魂，是中华儿女民族文化自觉、自信的来源，更是中华崛起、乡村振兴的创新源流。近年来，在国家保护政策的管控下，成片的破坏行为得到有效遏制，传统格局、传统街巷基本得到有效保护[206]，但在珠江三角洲传统村落内传统建筑特别是传统民居的加建、改建、拆旧建新等行为却屡禁不止，导致传统建筑以点状态势逐渐在传统村落中蔓延开来，对传统村落的整体风貌造成了一定的威胁（图5-2）。相对于建设行为对传统建筑的破坏，保护性破坏也较为普遍存在。在严格的保护管理下，当相对薄弱的物质基础无法满足村民的生存需求引发村民外迁，大量传统建筑被废弃或空置，破损、倒塌现象随即发生。

保障条件：资金、组织管理等多作用于传统村落的保护与发展，并在传统文化及其空间载体得以体现。综上所述，研究选取本地居民常住率、非遗保护度、非遗传承度，反映传统文化活态特征，判断传统文化稳定性；选取历史风貌保护度、传统民居保护度、传统公共建筑保护度，反映传统文化保有量，判断传统文化可持续性；选取传统公共建筑利用率、古村常驻率，反映传统文化利用情况，判断传统文化保护效用性。

#### 5.1.1.3 经济指标

珠江三角洲地区经济虽在全国属发达地区，但珠江三角洲传统村落相较而言，普遍存在经济发展落后于同区位的非保护类乡村。经济发展落后通常体现在两方面：一方面是经济增长缓慢，属于发展“量”的问题；另一方面是产业单一，缺少特色优质产业，属于发展“质”的问题。对传统村落经济发展的判断需从两方面进行判断。具体来看，村落集体收入和村民收入的增长共同构成了经济发展的“量”。其中，集体收入增长是传统村落经济发展的主要体现，更是传统村落保护与发展，传统村落基础设施、公共空间等改善的重要保障。村落的特色产业则是经济发展“质”的重要体现。近年来，部分传统村落凭借资源禀赋发展特色产业不仅提高了传统村落的知名度，更成为村落创收、村民增收的重要途径，但正如第3章所

图 5-2 传统建筑破坏现状

述，产业发展在探索与依赖中仍未扭转其产业单一的整体局面，面对传统农业的持续衰败，产业调整仍为关键。

综上所述，研究选取集体年均收入和村民年均收入，反映村落经济增长水平，判断传统村落经济发展效用性；选取地租收入占比反映村落对地租经济的发展水平，判断传统村落经济发展稳定性，其中地租收入主要包括通过农业用地外包、建设用地外租、建设厂房、园区收取物业费等；选取特色产业占比，反映村落产业结构发展，判断传统村落经济发展可持续性。

#### 5.1.1.4 社会指标

根据传统村落可持续发展目标，社会维度公平健康受传统文化、基础设施、保障条件影响，涉及传统文化、基础设施水平、设施服务水平、村落管理水平、传统文化约束力等多方面，判断的复杂性较高。值得注意的是，传统村落是人类聚居场所，人成为传统村落的主体，村民更是传统文化的重要载体，是传统文化得以传承的主体。通常情况下，良好的生存环境对人的流动具有一定的驱动性[207]。当传统村落能够提供良好的生存环境、服务设施，能够为居者提供体面而良好的收入时，势必会引起本地居民的返迁。因此，居住在传统村落中的人口数量能够直接反映出传统村落是否具有良好的物质环境、服务设施等村落社会环境情况。

传统村落作为人类聚居的形式，应具有浓烈的乡土特征，但珠江三角洲快速的城镇化推进，加速了传统村落“半城半乡”社会氛围的形成。复杂的村落社会结构、食利文化的增强，都使珠江三角洲村民更关注自身的既得利益，对村落事务，尤其使与自身利益无直接联系的保护与发展事务参与度也随着之降低。而当一个传统村落具有良好的治理水平时，村民参与传统村落保护与发展的积极性与主动性也相应提高。如佛山市茶基村互助协进会既是村落的民间组织，也是村落民众的主要办事处，村内举行敬老活动、节日喜庆、赛龙议事等活动时，是村落自治的主要力量。此外，针对珠江三角洲普遍存在对传统村落保护的忽视现象，考虑到珠江三角洲传统村落保护主要依赖地方政府的帮扶，所以对传统村落保护的政策、技术、资金支持应是政府层面对保护重视度的主要体现，其中保护与发展的相关政策出台是引导技术、资金等要素向传统村落输入的重要引导；而村规民约的编撰、修编情况，尤其是在村规民约中制定保护条目，则是从村落层面约束村民行为，引导村民保护传统村落的重要体现。

综上所述，研究选取人口定居率，反映传统村落整体社会环境稳定性；选取社会活动参与度、自组织活力度、保护重视度、村规民约完整度，反映传统村落社会环境的效用性与可持续性。

### 5.1.2 数据标准化处理与信度检验

为检验研究所选指标可信度，首先选取极值法对原始数据矩阵量纲进行消除，降低指标量纲差异影响。正向指标（数值越大可持续发展水平越高）的处理公式为式（1），负向指标（数值越大可持续发展水平越低）的处理公式为式（2）。式中，$X_{ij}$为指标原始数据，$Y_{ij}$为标准化处理后的无量纲数据，Max（$X_{ij}$）、Min（$X_{ij}$）分别表示第$j$类指标的所有$i$个数据中最大值、最小值。

$$Y_{ij} = \frac{X_{ij} - \mathrm{Min}(X_{ij})}{\mathrm{Max}(X_{ij}) - \mathrm{Min}(X_{ij})} \quad (1)$$

$$Y_{ij} = \frac{\mathrm{Max}(X_{ij}) - X_{ij}}{\mathrm{Max}(X_{ij}) - \mathrm{Min}(X_{ij})} \quad (2)$$

随后，基于SPSS平台采用克隆巴赫系数检验各项指标数据（无量纲）的内部一致性水平，判断数据信度。通过珠江三角洲传统村落实证数据检验，24项指标标准化数据的克隆巴赫系数为0.728，说明样本数据信度良好，可用于进一步研究。

### 5.1.3 传统村落可持续发展评价方法

#### 5.1.3.1 既有可持续发展评价方法

有关可持续发展评价成果颇多，从不同视角概括来看，主要有以下几种：

（1）经济视角评价方法

新古典经济学在对发展的理解中，拥有自然资源的数量与质量是决定经济增长的关键。由此，自然资源的优势成为一个国家或地区获得经济增长的决定性因素。当可持续发展理论提出以后，在延续古典经济学认知的基础上，在可持续发展对环境保护的强烈呼声下，新古典经济学家们对经济增长理论有了转变，在承认自然资源有限性的前提下，他们坚信经济、技术的发展，能够对自然资源的损耗进行弥补，即人力资本与自然资本是可以替代。例如，上一代人用完了不可再生资源是没有关系的，只要通过发展科技能实现资源的替代就行，也就是说，只要留给后代的自然资本和人造资本的总量不减少即可[208]。在新古典经济学的思想指导下，衍生出多种评价方法，其中以真实储蓄、绿色GDP最为典型。

（2）生态视角评价方法

面对气候变化、环境恶化、能源匮乏等问题，人们开始了对经济学以经济论发展的反思。生态经济学对生态—社会—经济复合系统的研究，成为人类可持续发展的重要学科。生态经济学认为，自然资本与其他资本之间不具有替代性或具有一定限度的替代性，当自然资本损耗殆尽后，再谈人类的可持续发展是不可能的。要实现人类的可持续发展，自然资本尤其是关键资本就必须保持在一定存量水平之上，即人类的可持续发展需建立在自然资本的阈值范围内。在生态经济学理论思想的指导下，衍生出多种评价方法，其中以生态足迹、能值分析法（EMSI）为代表。

（3）社会视角评价方法

在可持续发展的探索中，为人类谋求福祉是可持续发展的重要组成部分。除了以上立足于经济视角和生态视角的评价方法外，立足于社会视角的评价研究也在不断深化，衍生出如人类发展指数（HDI）、社会进步指数（ISP）、物质生活质量指数等评价方法，为国家或地区经济社会发展水平的衡量提供了重要的参考。例如，人类发展指数（HDI）是由联合国开发计划署于1992年所建立，以出生预期寿命、教育水平和生活质量三项基础变量，按照一定的计算方法，得出的综合指标，指标介于0～1，当一个国家或地区HDI指标越接近1，则人类发展可持续程度越高，反之，则发展的可持续程度低。根据对HDI的分析，不难看出在社会可持续发展的影响因素中，经济可持续发展对社会可持续发展具有较强的相关性，也是人类获得幸福指数的主要来源，虽然环境可持续对社会可持续具有一定的影响力，但鉴于社会可持续对环境可持续的影响力度较弱，所以在评价方法中，并没有涉及环境可持续的内容。

#### 5.1.3.2 可持续发展评价方法对比

根据以上评价方法的归纳，除社会视角的评价方法未涉及环境可持续的相关内容外，经济、生态视角的评价方法在不断完善下，都将经济、社会、环境视为评价可持续发展的重要因素，较全面地体现了可持续发展的内涵。当进一步对诸多评价方法进行剖析，可大体分为两种：

（1）以总量评价为主

此种评价方法大多以新古典经济学为基础，如真实储蓄、绿色GDP、EMSI等。虽立足于不同的研究视角，但基本按照投入—产出的差额或比率来决定发展的可持续性，这也是我们判定发展状态的常用方式。值得注意的是，评价中虽对自然资本的有限给予了肯定，将自然资本的损耗作为评价依据，但却存在着以其他资本（人造资本和人力资本）的增加量来弥补自然资本的损耗量，实现发展总量的增长。究其根本，源于对自然资本与其他资本是可以替代的前提认可，为其他资本特别是人力资本的产出量弥补自然资本的损耗量提供了可行依据，进而为过度损耗自然资本的发展找到了可行依据，具有典型的弱可持续发展研究范式特点。然而，自然资本是人类生存发展的必要资本，在自然资本的有限前提下，过度损耗特别是关键自然资本过度损耗，必将导致人类发展的不可持续。例如，如果生物多样性在过度损耗中受损，那么即使用人造资本或人力资本增加值再多，也是无法实现可持续发展的。

（2）以对比评价为主

此种评价方法多以生态经济学为基础，典型的评价体系就是生态足迹，生态足迹通过人类活动对生态的损耗以及生态承载量的对比，有效地将经济发展对自然资本的损耗量进行测算，对生态可持续有着较高的警示性，防止了人类发展以掠夺后代自然资本为代价，为可持续发展提供依据，具有典型的强可持续发展研究范式特点。

两种方法各有利弊（表5-2）。首先，两种方法均对自然资本的消耗且有限性达成共识，存在差异的核心就是对“替代”问题的考量。第一种是以其他资本可以“替代”自然资本损耗的假设为前提，以此来解决在发展中自然资本的消耗；第二种则强烈地表达出对自然资本不可“替代”的支持，强调在发展中严格限制对自然资本消耗。

既有可持续发展评价方法对比　　表5-2

| 评价方法 | 理论基础 | 操作技术 | 先进性 | 局限性 | 典型评价体系 |
| --- | --- | --- | --- | --- | --- |
| 总量评价 | 新古典经济学 | 以指标总量判别可持续发展水平 | 有利于人类创造力的提升以及人类社会的大步向前 | “虚”向可持续发展，可能最终会导致不可持续发展 | 真实储蓄、绿色 GDP |
| 对比评价 | 生态经济学 | 以阈值对比判别可持续发展水平 | 有利于提高人类活动对环境影响的预警意识 | 限制可持续发展步伐，导致人类艰难前行 | 生态足迹 |

（资料来源：笔者根据相关文献整理绘制）

其次，两种方法均具有一定的先进性。总量评价以乐观的态度对待自然资本的消耗问题，认为人类的技术特别是人力资本的发展能有效抵消对自然资本的消耗，从某种意义上来讲，有利于人类创造力的提升以及人类社会的大步向前；对比评价通过对人类的活动所产生的环境影响预警意识的提升，更能有利于对人类自然资本的保护，具有指导人类走向最终可持续发展的极大潜力。

最后，两种方法都存在一定的局限性。总量评价虽然采取乐观态度，但有可能会产生悲观结果，因为可持续发展是一种“虚”像的可持续发展，往往会产生某种自然资本的消亡为代价，从而剥夺了后代享有该种自然资本的权利。相反地，对比评价给予自然资本最大的限制，也有可能会约束人类可持续发展的步伐，或者说可能会对人类的发展设限，使人类在可持续发展的道路上艰难前行。如按照生态足迹的评价方法将人类活动与生态损耗的对应评价，会不会产生一种假想：在自然资本有限的前提下，人类的生态承载能力肯定是固定的，那么越是经济发展是不是越会破坏自然资本？是不是就越会造成人类的不可持续发展？此时就会给人类的发展带来阻力而非动力。

#### 5.1.3.3 传统村落可持续发展评价方法

1991年，Grossman和Krueger提出了环境库兹涅茨曲线假说（EKC）对经济发展与环境的关系进行说明，认为在经济增长初期，环境质量会随着收入增加而降低，但人均收入达到一定的临界点后，环境质量便会随着收入的增长而改善。国内大量的学者通过实证验证了EKC假说，并发现中国经济发展仍处于EKC假说中的前期阶段，仍面临巨大的环境压力，环境质量正随着经济增长而呈下降趋势[209]，且经济增长并没有解决环境问题，或是对推进了环境改善[210]。可见，生态保护仍是我国经济社会发展的重大课题。

传统村落既是中华文明的集中载体，又是广大乡民的生产生活空间。作为中华文明的载体，传统村落需要真实完整地保护；作为乡民生存空间，传统村落需要高质量发展。我们注意到，传统文化与自然环境同样具有明显的稀缺和脆弱特征，且是有限的，在发展中也呈现出消耗、损坏等负向特征，正如冯骥才先生强调中国有历史的村落正以平均每天1.6个的速度在损失，保护传统文化迫在眉睫。当然，在以往的文化遗产研究中，也有部分学者进行了可持续发展评价研究[211]，构建了环境、文化、经济、社会的综合评价体系，基本采取了总量评价方法。指标间的正负相抵，易掩盖经济高增长对传统文化过度消耗的抵消问题，导致传统文化的衰败。

鉴于此，研究采取在单维度总量基础上，叠加多维度总量对比的综合评价方法，以此反映传统村落阶段性发展态势的同时，有效消除系统总量评价方法中潜在的指标数值均化弊端，避免因经济单维度高数值对生态、文化单维度低数值的数值抵消，造成系统总量保持较高数值，隐匿经济高增长对文化或生态资源过度消耗的问题。

其中，单维度可持续发展采取总量评价方法，采用式（3）进行指标测算，反映传统村落阶段性发展态势。式中，$Y$表示单维度发展态势，$X_m$表示第$m$年单维度评价值，$x_n$表示第$n$年单维度评价值，$m-n$表示评价时间跨度。

$$Y=\left(\sqrt[m-n]{\frac{X_m}{x_n}}-1\right)\times 100\% \tag{3}$$

对于环境、文化、社会三个维度，当$Y<0$时，说明传统村落单维度发展呈下降态势，单维度不可持续发展；当$Y\geqslant 0$时，说明传统村落单维度发展呈增长趋势，单维度可持续发展。对于经济维度，考虑到近年来的通货膨胀，全民经济收入普遍提高的情况。根据国际货币基金组织（IMF）提出，当年均经济增长率低于2.5%时，实际经济增长进入了衰退期[212]，2.5%成为评判经济增长或衰退的临界值。因此，当经济维度$Y<2.5\%$时，说明传统村落经济总体呈下降态势，经济不可持续发展；当经济维度$Y\geqslant 2.5\%$时，说明传统村落经济总体呈正增长态势，经济可持续发展。

# 5.2 珠江三角洲传统村落可持续发展评价结果

## 5.2.1 样本选择与信息获取

### 5.2.1.1 传统村落样本选择

从系统学研究视角，结合城乡规划学、社会学、地理学等学科相关理论成果，在对珠江三角洲展开广泛而全面的实地调查基础上，依据典型性、科学性、普适性原则，选取珠江三角洲前四批列入《中国传统村落名录》的所有传统村落作为研究样本（图5-3）。

（1）研究样本更具典型性

研究所选研究样本均是被列入《历史文化名村》或《中国传统村落名录》的村落。一方面，被列入《中国传统村落保护名录》的村落通常是在国家大范围普查基础上，参照严格的价值评定筛选出，保护价值较高。另一方面，进入《中国传统村落保护名录》的传统村落通

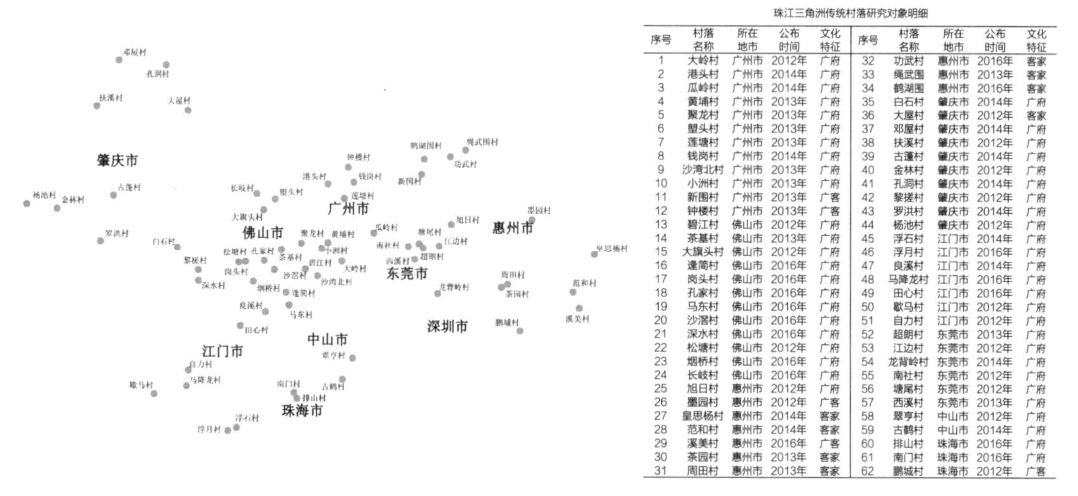


珠江三角洲传统村落研究对象明细

| 序号 | 村落名称 | 所在地市 | 公布时间 | 文化特征 | 序号 | 村落名称 | 所在地市 | 公布时间 | 文化特征 |
|---|---|---|---|---|---|---|---|---|---|
| 1 | 大岭村 | 广州市 | 2012年 | 广府 | 32 | 功武村 | 惠州市 | 2016年 | 客家 |
| 2 | 港头村 | 广州市 | 2014年 | 广府 | 33 | 绳武围 | 惠州市 | 2013年 | 客家 |
| 3 | 瓜岭村 | 广州市 | 2014年 | 广府 | 34 | 鹤湖围 | 惠州市 | 2016年 | 客家 |
| 4 | 黄埔村 | 广州市 | 2013年 | 广府 | 35 | 白石村 | 肇庆市 | 2014年 | 广府 |
| 5 | 聚龙村 | 广州市 | 2013年 | 广府 | 36 | 大屋村 | 肇庆市 | 2012年 | 客家 |
| 6 | 塱头村 | 广州市 | 2013年 | 广府 | 37 | 邓屋村 | 肇庆市 | 2014年 | 广府 |
| 7 | 莲塘村 | 广州市 | 2013年 | 广府 | 38 | 扶溪村 | 肇庆市 | 2012年 | 广府 |
| 8 | 钱岗村 | 广州市 | 2014年 | 广府 | 39 | 古蓬村 | 肇庆市 | 2014年 | 广府 |
| 9 | 沙湾北村 | 广州市 | 2013年 | 广府 | 40 | 金林村 | 肇庆市 | 2012年 | 广府 |
| 10 | 小洲村 | 广州市 | 2013年 | 广府 | 41 | 孔洞村 | 肇庆市 | 2014年 | 广府 |
| 11 | 新围村 | 广州市 | 2013年 | 广客 | 42 | 黎槎村 | 肇庆市 | 2012年 | 广府 |
| 12 | 钟楼村 | 广州市 | 2013年 | 广客 | 43 | 罗洪村 | 肇庆市 | 2014年 | 广府 |
| 13 | 碧江村 | 佛山市 | 2012年 | 广府 | 44 | 杨池村 | 肇庆市 | 2012年 | 广府 |
| 14 | 茶基村 | 佛山市 | 2013年 | 广府 | 45 | 浮石村 | 江门市 | 2014年 | 广府 |
| 15 | 大旗头村 | 佛山市 | 2012年 | 广府 | 46 | 浮月村 | 江门市 | 2016年 | 广府 |
| 16 | 逢简村 | 佛山市 | 2016年 | 广府 | 47 | 良溪村 | 江门市 | 2014年 | 广府 |
| 17 | 岗头村 | 佛山市 | 2016年 | 广府 | 48 | 马降龙村 | 江门市 | 2016年 | 广府 |
| 18 | 孔家村 | 佛山市 | 2016年 | 广府 | 49 | 田心村 | 江门市 | 2016年 | 广府 |
| 19 | 马东村 | 佛山市 | 2016年 | 广府 | 50 | 歇马村 | 江门市 | 2012年 | 广府 |
| 20 | 沙滘村 | 佛山市 | 2016年 | 广府 | 51 | 自力村 | 江门市 | 2012年 | 广府 |
| 21 | 深水村 | 佛山市 | 2016年 | 广府 | 52 | 超朗村 | 东莞市 | 2013年 | 广府 |
| 22 | 松塘村 | 佛山市 | 2012年 | 广府 | 53 | 江边村 | 东莞市 | 2012年 | 广府 |
| 23 | 烟桥村 | 佛山市 | 2016年 | 广府 | 54 | 龙背岭村 | 东莞市 | 2014年 | 广府 |
| 24 | 长岐村 | 佛山市 | 2016年 | 广府 | 55 | 南社村 | 东莞市 | 2012年 | 广府 |
| 25 | 旭日村 | 惠州市 | 2012年 | 广府 | 56 | 塘尾村 | 东莞市 | 2012年 | 广府 |
| 26 | 墨园村 | 惠州市 | 2012年 | 广客 | 57 | 西溪村 | 东莞市 | 2013年 | 广府 |
| 27 | 皇思杨村 | 惠州市 | 2014年 | 客家 | 58 | 翠亨村 | 中山市 | 2012年 | 广府 |
| 28 | 范和村 | 惠州市 | 2014年 | 客家 | 59 | 古鹤村 | 中山市 | 2014年 | 广府 |
| 29 | 溪美村 | 惠州市 | 2016年 | 广客 | 60 | 排山村 | 珠海市 | 2016年 | 广府 |
| 30 | 茶园村 | 惠州市 | 2013年 | 客家 | 61 | 南门村 | 珠海市 | 2016年 | 广府 |
| 31 | 周田村 | 惠州市 | 2013年 | 客家 | 62 | 鹏城村 | 珠海市 | 2012年 | 广客 |

图 5-3 珠江三角洲中国传统村落名录及其空间分布示意

常会受到国家、地方乃至社会组织的关注，从而展开了一定的保护与发展行动。以研究样本展开对珠江三角洲传统村落的研究更具典型性。

（2）研究样本更具科学性

保护与发展是具有一定历时性的过程，对于传统村落的发展类型分析更需要展开对传统村落历时性上的对比分析。因此，研究在广泛而全面的实地调研基础上，运用细致识别与精准筛选，普查式+跟踪式等方法，选取了相关信息数据相对完整、客观的研究样本，为实现传统村落共时性与历时性研究奠定基础，更有利于提升研究结果的科学性。

（3）研究样本更具普适性

研究样本基本涵盖广州、深圳、肇庆等9个行政市域，涉及珠江三角洲各文化区域，在文化背景、地理条件、经济发展等多方面既具有共性又存在差异，更有利于提升研究结果的普适性。

### 5.2.1.2 数据获取方法

研究所涉及数据信息主要通过资料查阅、实地调研以及软件获取三个途径获得，其中以实地调研的信息数据为主，并通过三种数据的相互校验确保数据的客观与真实。

（1）资料查阅的数据信息

早在历史文化名村保护之前，对于聚落型文化遗产的保护与发展就已成为文化遗产保护与村落发展的焦点，围绕其形成的研究成果、专题报告、规划方案，为本研究提供了丰富的基础资料。而历史文化名村、传统村落的申报、调查、建档等资料又为研究提供了更为标准化的信息。其中，传统村落所在地区经济发展、产业构成、社会人口等历史信息与实时信息主要来源于各年度政府社会与经济发展年度公报、政府统计年鉴等文件；传统村落的经济发展、产业、社会人口等历史信息主要来源于传统村落申报调查表、传统村落档案、传统村落保护发展规划等文件，学界已有的研究成果是重要补充来源。为保证数据来源的真实完整，研究所查资料均来自政府、学术网站正式对外公开文件。

（2）实地调研的数据信息

传统村落档案虽是传统村落信息的重要来源，但仅依靠传统村落档案并不能完成本研究。原因有二：其一，国家虽下发传统村落档案制作表格，但因无具体细则要求，导致传统村落档案在数量与质量上参差不齐，既存在制作内容避繁就简，也存在一定的数据错误。其二，档案建立往往是在申报、评定传统村落时制作，应该说是对申报年份数据信息的记录（属于研究中传统村落的历史信息），经过多年的保护与发展，传统村落的景观环境、经济产业、生活设施等方面信息也已发生了改变（属于研究中传统村落的现时信息）。因此，需要展开对传统村落历史信息的校验与现时信息的搜集。研究团队通过多次全面深入的实地调查，在与政府、村委、村民的座谈与访谈中（图5-4），以及在现场勘察中对传统村落的历史信息进行补充与校验，对包括经济收入、人口数量、非物质文化遗产、传统建筑、基础设施等现时信息进行搜集。因此，实地调查是研究数据信息的另一主要来源。

笔者所在团队于2018～2020年前往珠江三角洲共展开了三批次的集中调研，其中，2018年的调研对象主要是肇庆、惠州、江门的传统村落；2019年和2020年的调研对象主要是广州、佛山、东莞、珠海、深圳、中山的传统村落。在调研过程中除对实地实施田野勘查外，围绕主体意愿，对53名传统村落所在镇政府公职人员、125名传统村落村委工作人员、554名村民完成了有效问卷调查和访谈（每个村落发放10份问卷，问卷如附录1至附录2）。在三批次集中普查基础上，对典型性传统村落进一步做二次深入调研，包括佛山市碧江村、东莞市南社村、江门市自力村、佛山市逢简村、佛山市松塘村等8个传统村落。通过三批次集中调研和典型性调研，共获取经济收入、文化要素构成、社会人口等历史与实时信息数据共计5142条（附录）。

（3）软件获取的数据信息

在实地调研以及政府统计信息搜集过程中，传统村落仍会出现部分数据的缺失，如在传统村落各相关文件中，传统建筑、传统文化、基础设施等方面的信息往往是重点，但反映

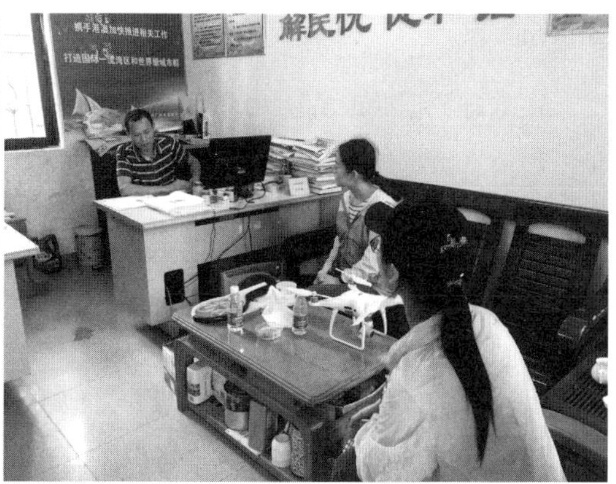

图5-4 研究团队入村调研

传统村落绿地、水面等地物的历史信息和现时信息则会被忽略，在已有文献中也较难全面获得。为此，借助Google Earth、GIS、ENVI、CAD等软件，通过卫星影像图的采集分析，对传统村落绿地、水面进行信息统计及有效效验。如选取传统村落相应年份的0.6～1.0m高分辨率影像作为生态用地的影像特征提取和分析目标，综合使用ENVI、GIS等数据处理软件，辅以CAD绘图软件，通过软件自动提取与目视判读结合，提取不同时段传统村落的生态用地数据，形成村落用地变化的量化数据，为探寻传统村落环境演变、发展差异与规律提供数据支撑。

#### 5.2.1.3 数据获取规则

基于规范和标准化数据分析的目的，建立如下基础数据获取规则：

（1）数据获取时间

按照中央文件通知要求，列入《中国传统村落名录》的传统村落需建立数字化档案。档案中村落的经济、人口、历史、历史文化资源、人居环境等信息按照统一而标准的填报格式，为本研究的重要数据来源。而传统村落档案的统计信息通常是以批准年份为准，考虑到传统村落调查数据的可获得性以及时间的连续性，选取传统村落的批准年份为基准年份，并以2018年为评价年份。

（2）数据获取内容

考虑到在对传统村落调研中，存在客观和主观两种信息。其中，客观信息主要包括经济数据、用地面积、人口数量、传统建筑数量、产业构成等在内的量化信息。主观指标主要包括社会活动参与、民间组织活动、非遗文化保护等具有主观判断的信息。为减少调查主体差异所带来的主观信息偏差，研究在主观信息采集中采取了量化打分形式，将主观指标进行客观量化。

（3）数据获取半径。在获取用地规模信息数据时，村落发展常与周边自然地物或者建成地物紧密连接，为确保传统村落研究范围的一致性以及村落的完整性，参照已有研究成果，以传统村落的聚落中心为圆心，选取村落周边半径1 km范围内的工业、居住、设施等建设用地，以及水域、林地、草地、耕地等生态用地的方法[213]，确定用地规模信息的获取范围。

在基础数据获取方法和获取规则基础上，借鉴大数据方式，建立珠江三角洲传统村落保护发展信息数据库。

### 5.2.2 可持续发展评价与聚类

研究基于单维可持续发展评价对比，借助系统聚类，归类传统村落为融合保育型、僵化保护型、粗放发展型、衰败萎缩四种类型（表5-3）。

融合保育型传统村落以多维指标正向增长，显示出明显的可持续发展特征，预示其基本步入了可持续发展轨道，具有较高可持续发展水平。具体表征为，村落的生态环境在保育中

基于单维可持续发展评价的传统村落类型　　表5-3

| 单维发展 | 可持续发展特征 | | 可持续发展水平综合评价 |
|---|---|---|---|
| | 系统特征 | 子系统主要特征 | |
| 正向增长 | 融合保育 | 各子系统均正向增长 | 较高 |
| 部分负向增长 | 僵化保护 | 经济系统负向增长；环境和文化系统正向增长 | 稍低 |
| | 粗放发展 | 经济系统正向增长；环境或文化系统负向增长 | 较低 |
| | 衰败萎缩 | 经济系统负向增长；文化及环境系统负向增长 | 很低 |

获得效果，生态环境保持良好，村民生活质量获得提升；传统文化及其空间载体受到保护、传承，村落文化特色凸显；村落在自有资源的利用中使经济不断得到提升；村落的吸引力和包容性得到增强，村落社会环境融洽。

僵化保护型传统村落以环境和文化维指标的正向增长、经济或社会维指标的负向增长，预示其实现可持续发展仍有一定的距离，可持续发展特征不明显。具体表征为，生态环境和传统文化及其承载空间得到一定程度的修复；村落未形成明显的产业优势，经济效率不高；或因经济发展迟缓导致村落的吸引力不足。此外，还可能出现传统村落通过保育行为，使生态环境和传统文化及其承载空间得到一定程度的修复，并形成了一定特色产业，带动了经济发展，但还未引发大规模人口回流的情况。总体来看，僵化保护型传统村落的生态环境以及传统文化已在保护中获益，然而良好的自然资源与文化资源并未转化成为经济社会的发展动力，经济可持续发展特征并不显著。

粗放发展型传统村落以经济维指标的正向增长，其他维度指标部分负向增长，预示其将与可持续发展目标渐行渐远，应引起高度警惕，可持续发展特征不明显。具体表征为，生态环境持续恶化或者传统文化衰败迹象相较明显；经济增长相对明显，经济高增长与环境或文化衰败形成鲜明对比；社会环境发展相对复杂，增长和减少均有出现。总体来看，粗放发展型传统村落正以自然或人文资源的持续损耗换取经济增长，而随着自然或人文资源的持续减少，不可持续发展特征相对明显。

衰败萎缩型传统村落以多维指标负向增长，预示其正面临逐渐消亡的威胁，不可持续发展特征明显。具体表征为，在环境恶化或传统文化衰败同时，伴随着明显的经济下滑，社会环境发展同样相对复杂，增长和减少均有出现。

根据评价结果（表5–4），融合发展数量占比20.97%，说明部分传统村落实现了环境文化与经济社会的同步发展，逐渐趋向于可持续发展目标。但僵化保护、粗放发展、衰败萎缩数量占比仍有79.03%，尤其是粗放发展和衰败萎缩数量占比高达74.19%，说明有大比例传统村落与可持续发展目标相差甚远，珠江三角洲传统村落可持续发展水平整体不高。

珠江三角洲传统村落可持续发展评价结果　　表5-4

| 类型 | 村落数量（个） | 村落名称 |
|---|---|---|
| 融合保育 | 13 | 碧江村、白石村、茶基村、大岭村、逢简村、南社村、松塘村、塘尾村、西溪村、烟桥村、自力村、黎槎村、沙湾北村 |
| 僵化保护 | 3 | 聚龙村、莲塘村、周田村 |
| 粗放发展 | 24 | 超朗村、翠亨村、大旗头村、岗头村、功武村、古鹤村、瓜岭村、鹤湖围村、皇思杨村、黄埔村、江边村、塱头村、马降龙村、墨园村、南门村、鹏城村、沙滘村、绳武围村、田心村、溪美村、小洲村、歇马村、杨池村、长岐村 |
| 衰败萎缩 | 22 | 茶园村、大屋村、邓屋村、范和村、扶溪村、浮石村、浮月村、港头村、古蓬村、金林村、孔洞村、孔家村、良溪村、龙背岭村、罗洪村、马东村、排山村、钱岗村、深水村、新围村、旭日村、钟楼村 |

# 5.3 珠江三角洲传统村落可持续发展分布格局

在珠江三角洲一体化与快速城镇化的发展背景下，传统村落的保护与发展既会受到所处客观环境和自身条件制约，更会受到区域城镇化发展战略、国家发展政策导向的影响。参考已有研究对政府政策和管理、区域经济社会发展、村落资源禀赋等条件的影响备受考量[214][215]，研究选取传统村落的行政归属、城镇化率、人口密度、人均GDP、旅游收入、村落禀赋条件、距行政中心距离、村落经济发展、村落人口密度、村落文化特征等两大类的12个属性因素，分别探测珠江三角洲传统村落可持续发展的分布特征。

## 5.3.1 传统村落区域属性因素分布特征

### 5.3.1.1 行政管理属性分布

地区政府的重视和支持通常会是传统村落保护与发展的重要推力。研究将传统村落与所属市级行政区划进行叠加（图5-5），发现融合保育型主要分布于以佛山、东莞、广州三市为中心的行政区域内，且大多集中在佛山市；僵化保护型主要分布于广州、惠州和肇庆三市，且大多集中在广州市；粗放发展型则在珠江三角洲9市中均有出现，并以佛山和惠州居多；衰败萎缩型在深圳和中山以外7市中均有出现，以肇庆和惠州较多。

考虑到各市拥有的传统村落数量并不相等，综合各市传统村落总数以及发展类型，将传统村落按行政归属划分为三个等级。首先是发展良好区，主要是以东莞和佛山为代表，传统村落保护成绩突出，地区传统村落有较高比例传统村落实现了融合保育，可持续发展趋势明显；其次是发展一般区，主要是以广州、肇庆和江门为代表，传统村落保护与发展取得阶段性成果，地区传统村落有一定比例实现了融合保育和僵化保护，可持续发展潜力明显；最后是发展欠佳区，主要是以深圳、中山、珠海和惠州为代表，传统村落保护与发展并未取得实质性推进，地区传统村落中有过半比例传统村落仍为粗放发展，甚至衰败萎缩，不可持续发展趋势明显。

### 5.3.1.2 县域城镇化水平

2018年珠江三角洲虽以85.91%的城镇化率位于全国城镇化发展前列，但各市县之间的城镇化水平却差异较大（图5-6）。综合全国与珠江三角洲的城镇化率，研究以60%、90%为界，将传统村落发展类型与所在县域城镇化率进行叠加（图5-7），发现分别有21个、17个、24个传统村落分布在不同城镇化水平地区，总体呈现相对均衡分布。其中，融合保育型和僵

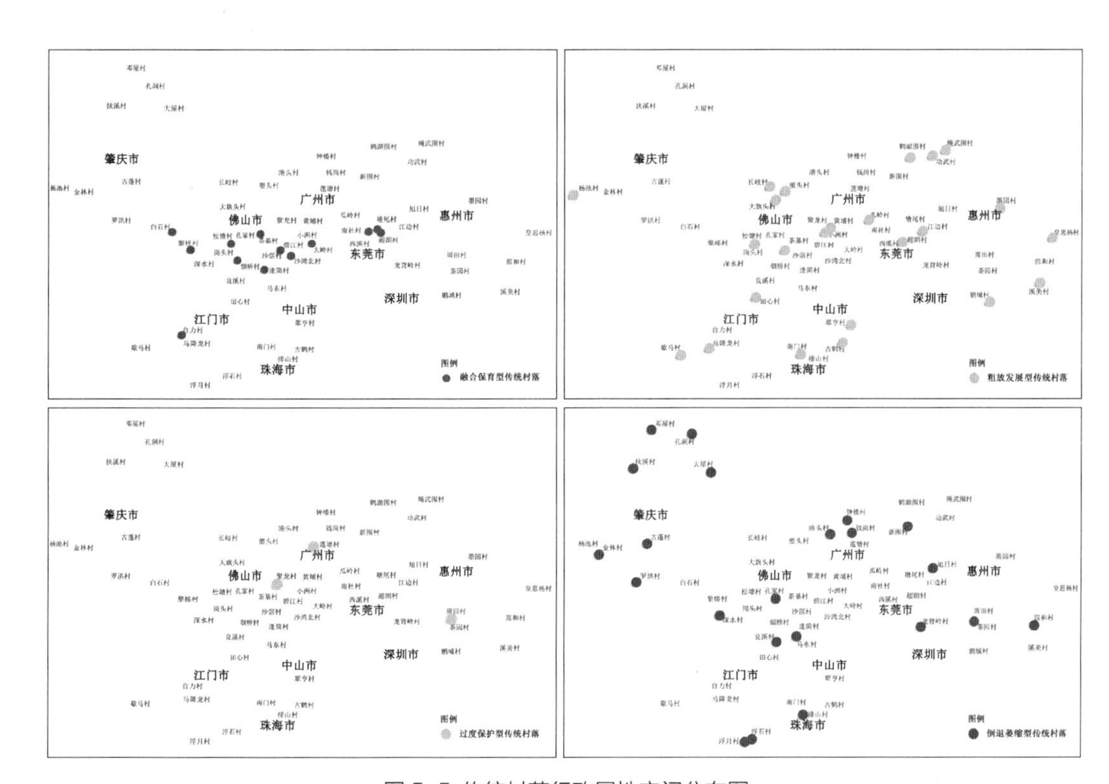


图5-5 传统村落行政属性空间分布图

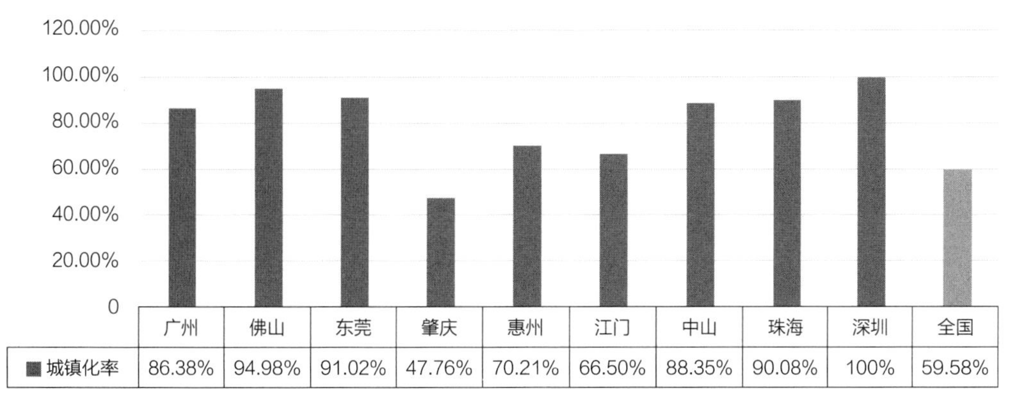


| | 广州 | 佛山 | 东莞 | 肇庆 | 惠州 | 江门 | 中山 | 珠海 | 深圳 | 全国 |
|---|---|---|---|---|---|---|---|---|---|---|
| ■城镇化率 | 86.38% | 94.98% | 91.02% | 47.76% | 70.21% | 66.50% | 88.35% | 90.08% | 100% | 59.58% |

图5-6 2018年珠江三角洲9市的城镇化率

化保护型基本集中在城镇化率高于60%的地区，且城镇化率高于90%的地区占比明显；粗放发展型分布相对均衡；衰败萎缩型虽也在不同城镇化水平地区均有出现，但明显集中于城镇化率低于60%的地区。

### 5.3.1.3 县域人口密度

2018年珠江三角洲人均密度为1150人/km²。传统村落所在县域的人均密度以2355人/km²高于珠江三角洲的人均密度，且存在明显差异，人口最稀少地区为惠州市龙门县，每平方千米仅居住了138人，人口最密集地区为广州市海珠区，每平方千米居住了18735人。综合珠江三角洲与传统村落所在县域的人口密度，研究以每平方千米居住1150人和2350人为界，将传统村落发展类型与人口密度进行叠加（图5–8），分别有38个、3个、21个传统村落分布在不同人口密度区，总体上分布呈两极分化，以低密度人口地区为主。其中，融合保育型主要分布在

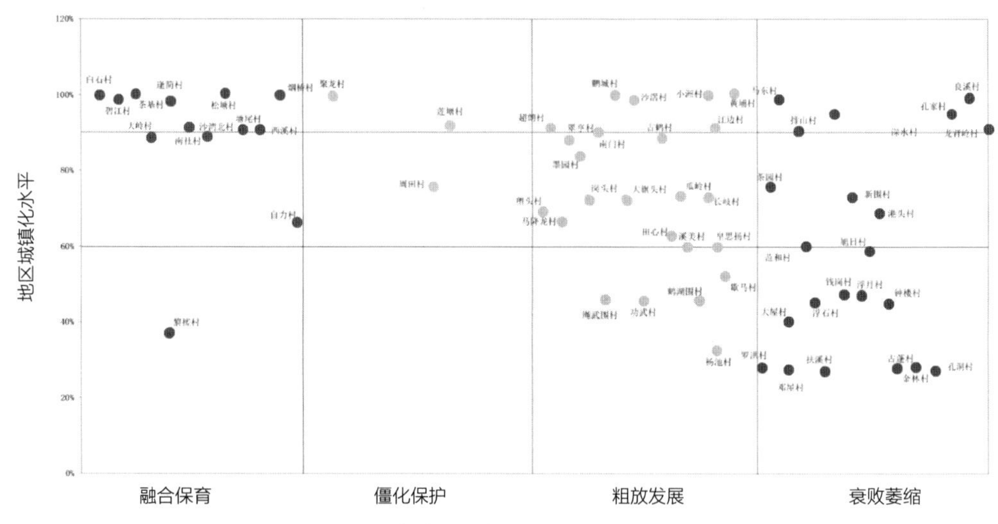


图 5-7 传统村落县域城镇化属性因子分布特征

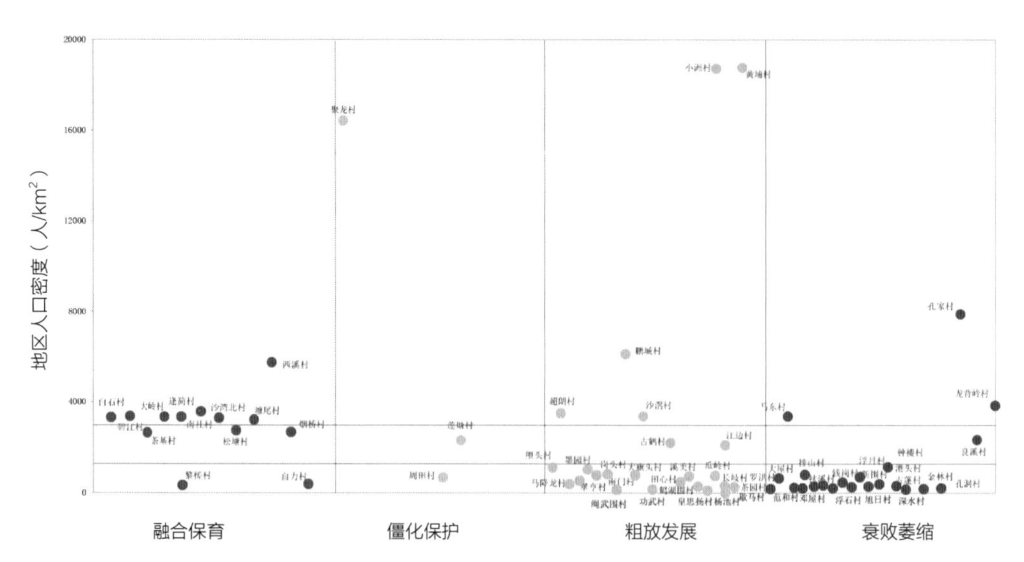


图 5-8 传统村落县域人口发展要素因子分布特征

人口密度高于2350人的地区；僵化保护型在不同人口密度区均衡分布；粗放发展型和衰败萎缩型则明显分布在人口密度低于1150人的地区。就传统村落发展类型分布来看，人口稠密地区明显优于人烟稀少地区，可见，人是传统村落保护与发展不可或缺的重要因素。

#### 5.3.1.4 人均地区生产总值

2018年珠江三角洲人均地区生产总值为130182元。传统村落所在地89322元的人均地区生产总值明显小于珠江三角洲均值，且差异明显，肇庆市怀集县最少，人均仅28672元的产值，广州市萝岗区最多，实现了人均311031元的产值。综合珠江三角洲与传统村落所在县域的人均GDP值，研究以人均90000、13000元为界，将传统村落发展类型与人均地区生产总值进行叠加（图5-9），发现分别有38个、17个、7个传统村落分布于不同人均生产总值区，其中大多集中在人均生产总值小于13000元的地区，尤其是集中在人均生产总值小于90000元的地区，仅有11.29%的传统村落所在地高出了珠江三角洲人均地区生产总值，说明经济发展水平不高仍是传统村落所在地的普遍现象。其中，融合保育型则相对均衡地分布于人均生产总值小于13000元地区；粗放发展型和衰败萎缩型虽在各地区均有出现，但人均生产总值小于90000元的地区占比明显。

#### 5.3.1.5 第二、第三产业产值占GDP比例

2018年珠江三角洲第二、第三产业产值占GDP比例为98.45%。传统村落所在地的第二、第三产业产值占GDP比例均值为90.79%，稍显不足，肇庆市怀集县的产值占比最小，为67.18%，深圳市龙岗区和佛山市禅城区的产值占比最高，为99.99%。综合珠江三角洲与传统村落所在县域产值占比，研究以占比90.0%、98.0%为界，将传统村落发展类型与第二、第三产业产值占GDP比例进行叠加（图5-10），分别15个、21个、26个传统村落相对均衡地分布于不同地区产业产值占比区。其中，融合保育型和僵化保护型多集中在第二、第三产业产值高于90.0%的地区；粗放发展型在各区均有出现，但中等产值占比地区明显较多；衰败

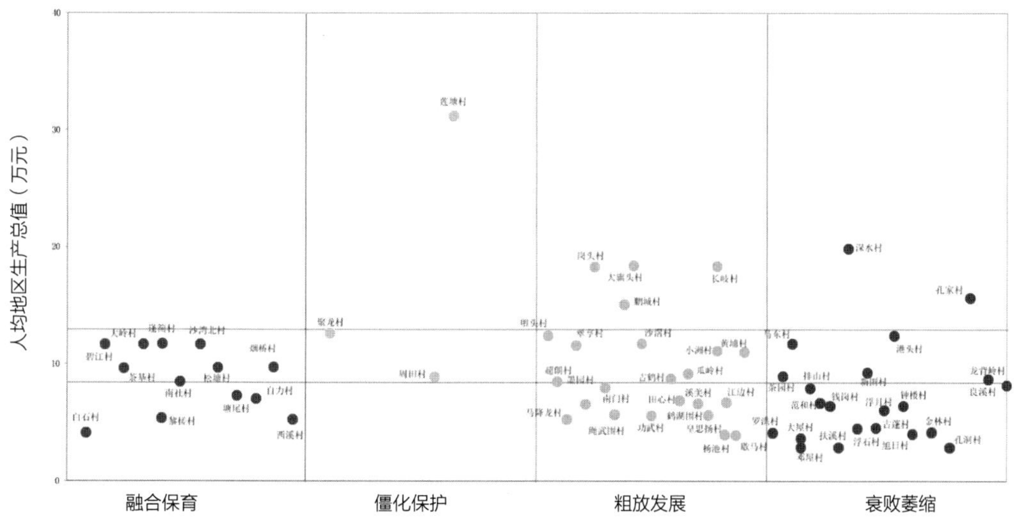


图 5-9 传统村落县域经济发展要素属性分布

萎缩型则虽在各区均有出现，但更多分布在第二、第三产业产值低于90.0%地区。

### 5.3.1.6 县域旅游市场发展

21世纪以来，传统村落旅游热潮随着越来越多的聚落型文化遗产被列入世界文化遗产而高涨[216]。2018年珠江三角洲以35018.71万的旅游人次，8387.6603亿元的总收入依然保持着广东省旅游客源地的主体地位。从县域旅游统计数据来看，2018年传统村落所在县域的旅游总收入高达5538.04亿元，成为珠江三角洲旅游收入的主要构成。而传统村落所在县域旅游均值87.76亿元也稍高于珠江三角洲旅游73.88亿元的均值，但地方旅游收入差异明显，收入最低为肇庆市广宁县，9.08亿元，收入最高为广州市番禺区，512.52亿元。研究综合珠江三角洲与传统村落所在县域的旅游收入均值，以70亿元、90亿元的旅游收入为界，将传统村落发展类型与县域旅游收入进行叠加（图5-11），发现分别有32个、7个、23个传统村落分布

第二、第三产业值占GDP比例
120%
100%
80%
60%
融合保育
僵化保护
粗放发展
衰败萎缩

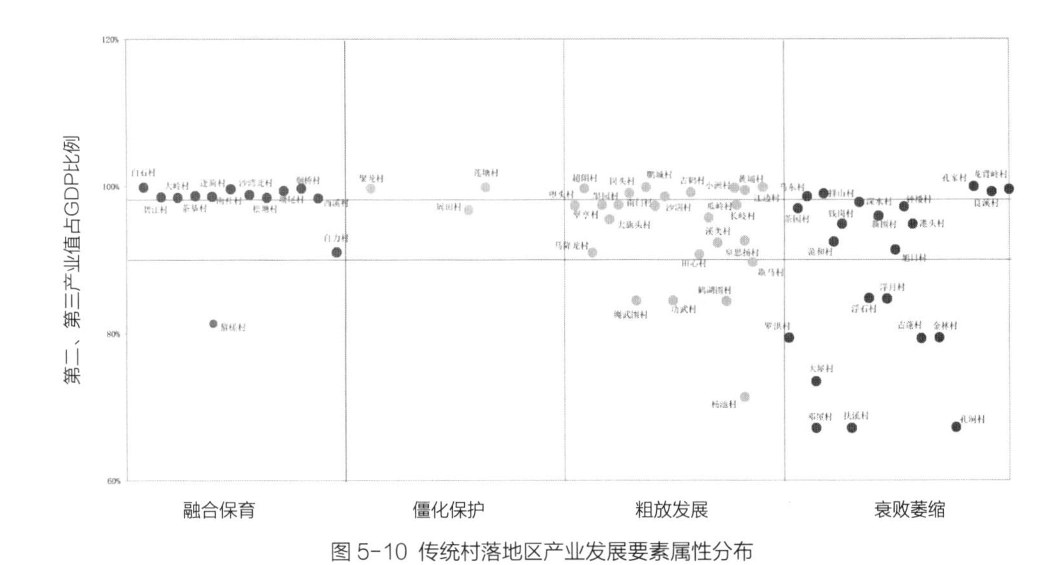

图 5-10 传统村落地区产业发展要素属性分布

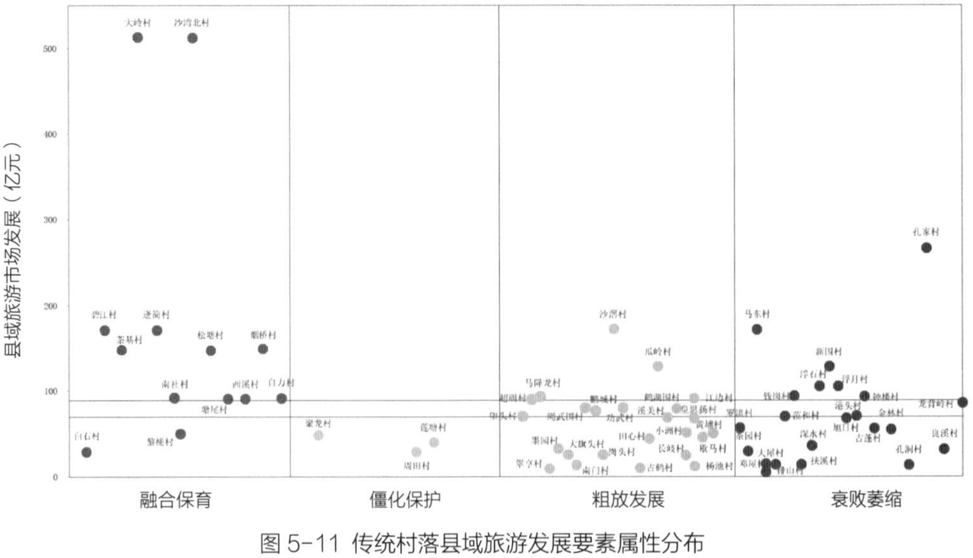

县域旅游市场发展（亿元）
500
400
300
200
100
0
融合保育
僵化保护
粗放发展
衰败萎缩

图 5-11 传统村落县域旅游发展要素属性分布

于不同旅游发展区，呈现明显的两极分化。其中，融合保育型更多集中在旅游收入较高地区；僵化保护型则仅出现在旅游收入较低地区；粗放发展型和衰败萎缩型虽在各地均有出现，但位于旅游收入较低地区的粗放发展型和衰败萎缩型更多。



## 5.3.2 传统村落个体属性因素分布特征

### 5.3.2.1 禀赋条件

传统村落禀赋条件是传统村落保护的核心构成，更是发展的基础与依据。研究以国家《传统村落评价认定体系（试行）》为基础，结合实际调研，将传统村落禀赋条件概括为自然生态和历史文化两个方面（表5–5）。

传统村落自身禀赋构成表　　表5–5

| 禀赋构成 | 禀赋要素 | 禀赋内容 |
| --- | --- | --- |
| 自然生态禀赋 | 山水环境 | 完整度、知名度 |
| | 田园生态 | 规模、质量 |
| 历史文化禀赋 | 选址与格局 | 久远度、协调性、完整度、价值 |
| | 传统建筑 | 久远度、稀缺度、规模、比例、丰富度、完整度 |
| | 历史环境要素 | 重要度、丰富度、完整度 |
| | 非遗文化 | 稀缺度、丰富度、规模、活态性 |

（1）自然生态禀赋

传统村落通常位于山水环护的完整微观地理环境之中[217]。在长期的发展演变过程中，与山水、农田有机融合，共同构成了有机的自然生态系统。自然生态环境成为传统村落天然屏障和山水文化的自然基质。与此同时，传统村落广阔的腹地又通常承担着供应农业生产资料、改善生态环境的重要作用。因此，研究将传统村落的自然生态禀赋划分为山水环境和田园生态两部分。山水环境主要是对传统村落作为文化遗产的体现，而田园生态则主要是对其所具备的生产和生态效应的体现。

（2）历史文化禀赋

“五里不同风、十里不同俗”，乡村地理和乡土文化的迥异造就了传统村落独特的历史文化，也是传统村落的价值特色所在。在珠江三角洲传统村落调研中，村中保留的众多价值等级高、类型丰富、多样完整的历史环境要素，引起了笔者关注。我们常常提到一棵树、一座桥、一口井就是“乡愁”。它们是传统村落历史文化的空间载体，更是村民生活中不可或缺的文化要素（图5–12）。因此，笔者进一步细化评价内容，将历史文化要素与选址格局、传统建筑、非遗文化并列为历史文化禀赋构成要素。

基于《传统村落档案》，参照赋值表（表5–6）进行综合评分。结果显示，传统村落的

图 5-12 珠江三角洲传统村落的历史文化要素

自身禀赋条件均值为67.55分。其中，佛山市沙滘村评分最低，为46分；东莞市南社村分值最高，为85分。

**传统村落自身禀赋量化赋值表** 表5-6

| 要素构成 | 影响因素 | 赋值标准 | 分级赋值 | | |
|---|---|---|---|---|---|
| | | | 4 ~ 5分 | 2 ~ 3分 | 0 ~ 1分 |
| 山水环境 | 完整度 | 山水环境保护保存情况 | 没有人为干扰 | 有一定干扰 | 严重破坏 |
| | 知名度 | 在一定范围的知名度 | 全国以上知名 | 省内知名 | 地区知名 |
| 田园生态 | 规模 | 生态用地（1）规模；（2）集中度 | （1）较大；（2）成片 | （1）一般；（2）局部 | （1）极小；（2）分散 |
| | 质量 | 人为污染 | 无污染 | 较少污染 | 严重污染 |
| 选址格局 | 久远度 | 最早选址时间 | 明代及以前 | 清代至民国 | 中华人民共和国成立后 |
| | 协调性 | 与环境是否和谐相处 | 和谐 | 一定冲突 | 严重冲突 |
| | 完整度 | （1）保存情况；（2）集中状况 | （1）完好；（2）成片 | （1）一般；（2）局部 | （1）较差；（2）分散 |
| | 价值 | 体现当地文化特征 | 具有典型特征 | 具有一般特征 | 特征不明显 |
| 传统建筑 | 久远度 | （1）最早修建；（2）集中修建年代 | 明代及以前 | 清代全民国 | 中华人民共和国成立后 |
| | 稀缺度 | 文物保护单位等级 | 国家级 | 省级 | 县市级 |
| | 规模 | 传统建筑占地面积 | 5hm$^2$ 以上 | 3 ~ 5hm$^2$ | 0 ~ 3hm$^2$ |
| | 比例 | 建筑面积比总面积 | 50% 以上 | 20% ~ 50% | 20% 以下 |
| | 丰富度 | 建筑功能种类 | 10 种以上 | 5 ~ 10 种 | 5 种以下 |
| | 完整度 | 内部与外部保存状况 | 良好 | 一般 | 较差 |
| 历史环境要素 | 知名度 | 在一定范围的知名度 | 全国以上知名 | 省内知名 | 地区知名 |
| | 丰富度 | 历史环境要素种类 | 5 种以上 | 3 ~ 5 种 | 0 ~ 2 种 |
| | 完整度 | 保存状况 | 良好 | 一般 | 较差 |

续表

| 要素构成 | 影响因素 | 赋值标准 | 分级赋值 | | |
|---|---|---|---|---|---|
| | | | 4～5分 | 2～3分 | 0～1分 |
| 非遗文化 | 稀缺度 | 非物质文化遗产级别 | 国家级 | 省级 | 市县级 |
| | 丰富度 | 非物质文化遗产种类 | 国家级 | 省级 | 市县级 |
| | 规模 | 文化活动规模 | 全村参加 | 50人以上 | 0～50人 |
| | 活态性 | 在生活生产中的保持度 | 完整 | 一般 | 较差 |

（资料来源：参照国家相关评价、标准文件整理绘制）

综合珠江三角洲传统村落禀赋条件均值和赋值量化表，研究以综合评分65分、75分为界，将传统村落发展类型与自身禀赋条件进行叠加发现（图5-13），较高禀赋条件传统村落占比相对偏少；相应的，中等和较差禀赋条件传统村落占比较大。其中，融合保育型和僵化保护分布相对均衡，在各禀赋条件传统村落中均有出现；粗放发展型更多地出现在中等禀赋条件传统村落中；衰败萎缩型则更多出现在较低禀赋条件传统村落中。

### 5.3.2.2 区位条件

从空间地理角度来看，传统村落作为一个空间点，与周边村镇之间通过道路、水系有着不可分割的联系。传统村落与周边城镇的空间距离成为影响它们之间发生联系的重要因素[218]。综合珠江三角洲传统村落实际距离与已有研究成果，研究以25km、50km为界，将传统村落发展类型与区位条件进行叠加发现（图5-14），传统村落大多分布在与行政中心保持大于25km的区域内。其中，融合保育型和僵化保护型更多地分布在与城市保持50km以内地区；粗放发展型大多分布在大于25km的范围内，且随着与行政中心距离的增大而数量减少；衰败萎缩型虽在与行政中心距离小于50km的范围内仍有出现，但数量明显较少，相反，在远离行政中心地区却大量出现。

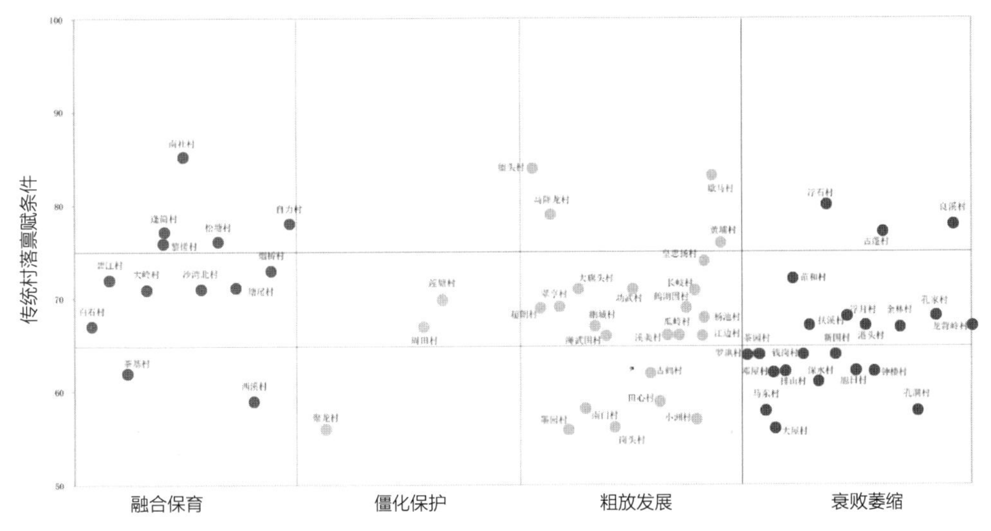


图5-13 传统村落资源禀赋属性分布

### 5.3.2.3 经济发展

随着珠江三角洲城乡一体化不断推进，传统村落产业转型普遍发生，经济发展明显，并为传统村落的保护与发展实施提供了重要支撑。2018年，珠江三角洲62个传统村落的集体总收入共计51388万元，均值为828.8万元，为细化传统村落的经济等级，笔者以400万元和800万元为界，将传统村落发展类型与村落集体收入进行叠加（图5-15），发现分别由38个、6个、18个不同发展水平，呈现明显两极分化。融合保育型和僵化保护型多集中于经济发展水平较高村落；粗放发展型和衰败萎缩型则相反。

### 5.3.2.4 人口密度

户籍制度的松动、城乡一体化的发展不断刺激着人在空间的流动，而传统村落的保护与发展更是离不开人这一主体。2018年，珠江三角洲62个传统村落的人口密度均值为2030人/km²，

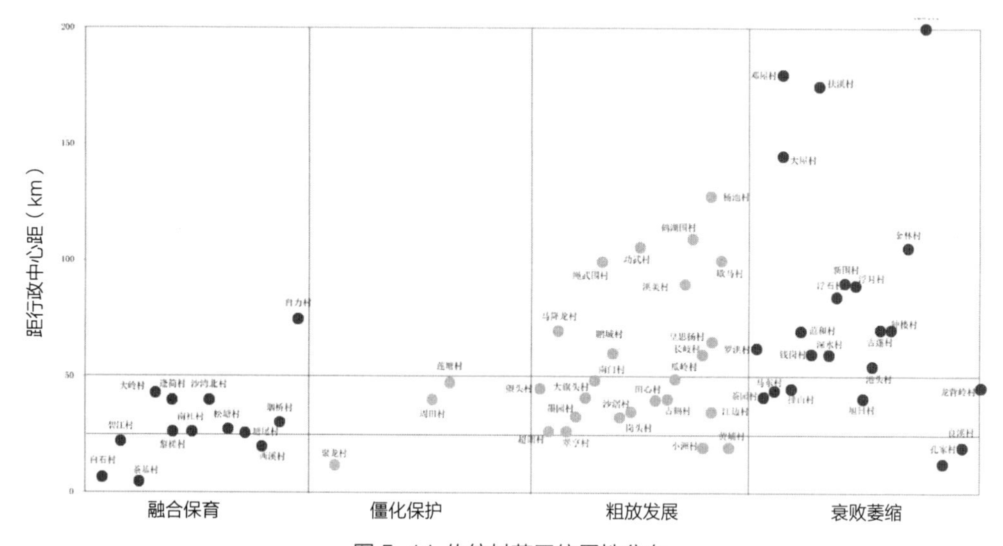


图5-14 传统村落区位属性分布

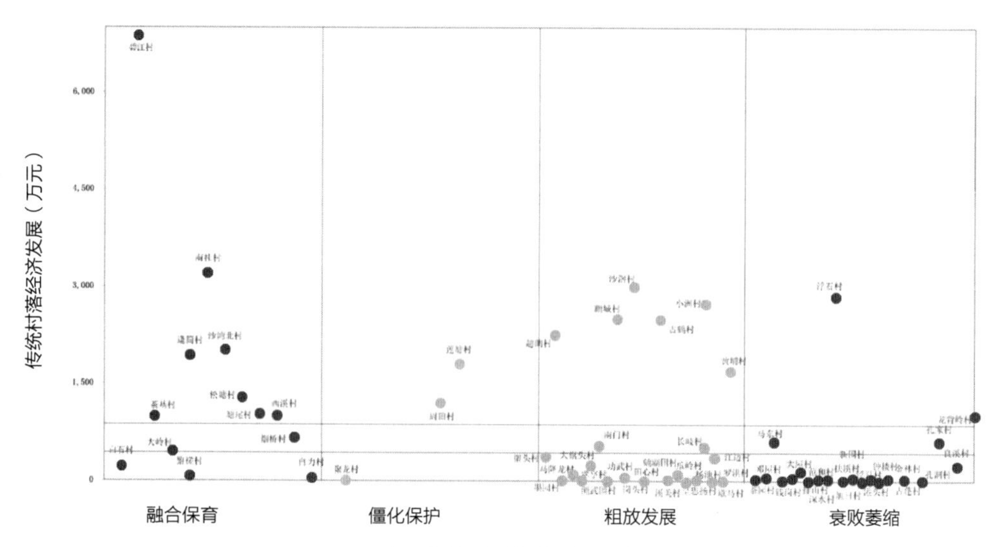


图5-15 传统村落经济发展属性分布

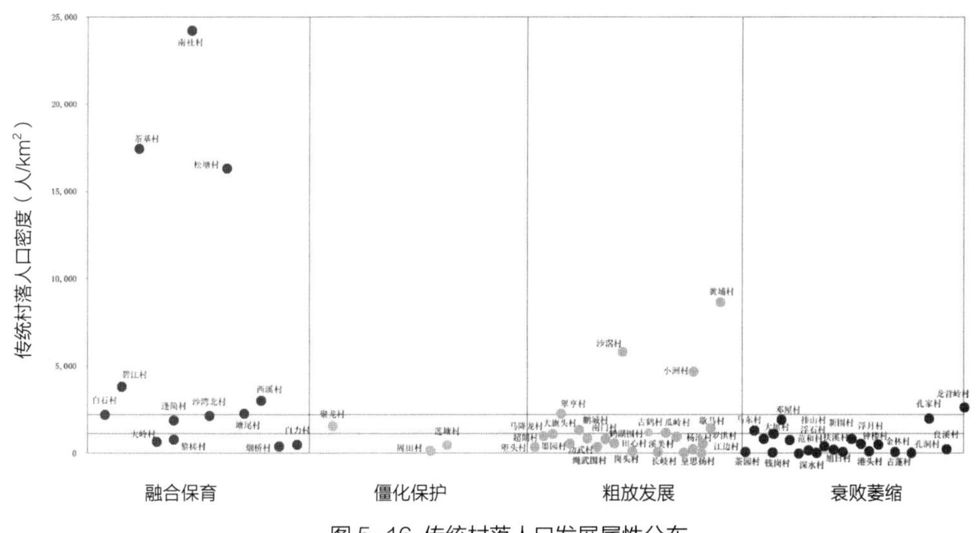


图 5-16 传统村落人口发展属性分布

结合区域人均密度，笔者以1150万元和2000人/km²为界，将传统村落发展类型与村落人口密度进行叠加（图5-16），发现分别有40个、8个、14个传统村落分布于不同村落发展水平，呈现明显两极分化。融合保育型更多出现在人口密度较大的传统村落中，其他3种类型则主要出现在人口密度偏小的传统村落中。

### 5.3.2.5 文化特征

文化是传统村落超越地理环境建立聚落间系统关系的纽带，对传统村落的产生、发展和变迁产生着重要影响[219]。将传统村落发展类型与文化特征进行叠加（表5-7），发现广府文化和客家文化是珠江三角洲传统村落的主要构成要素，其中广府文化占比明显。融合保育型和僵化保护型主要集中在广府文化村落和客家文化村落中；粗放发展型和衰败萎缩型传统村落虽分散于不同的文化村落，但仍以广府文化村落为主。

**传统村落文化属性分布** **表5-7**

| 类型 | 传统村落数量（个） | | | 共计（个） |
|---|---|---|---|---|
| | 广府文化 | 广客文化交融 | 客家文化 | |
| 融合保育 | 10 | — | 3 | 13 |
| 僵化保护 | 2 | — | 1 | 3 |
| 粗放发展 | 15 | 3 | 6 | 24 |
| 衰败萎缩 | 16 | 3 | 3 | 22 |
| 共计 | 43 | 6 | 13 | 62 |

### 5.3.2.6 保护时长

《中国传统村落保护名录》通常是传统村落展开保护与发展的重要标志，如国家财政补贴的划拨、保护发展规划的编制、传统建筑的修缮活化等。将传统村落发展类型与列入保护名录的顺序进行叠加（表5-8），发现融合保育型在前两批占比较高，高达81.25%；僵化保护型则分布于第二批传统村落中；粗放发展型和衰败萎缩型相对均衡地分布于各批次传统村落中，但第三批、第四批次的传统村落中粗放发展型和衰败萎缩型居多。

传统村落保护时长属性分布　　表5-8

| 类型 | 传统村落数量（个） | | | | 共计（个） |
|---|---|---|---|---|---|
| | 第一批 | 第二批 | 第三批 | 第四批 | |
| 融合保育 | 7 | 3 | — | 3 | 13 |
| 僵化保护 | — | 3 | — | — | 3 |
| 粗放发展 | 7 | 5 | 3 | 9 | 24 |
| 衰败萎缩 | 2 | 6 | 9 | 5 | 22 |
| 共计 | 16 | 17 | 12 | 17 | 62 |

### 5.3.3 传统村落可持续发展格局特征

归纳传统村落发展类型的单一属性因素分布特征，传统村落所在区域条件与村落条件各有不同，各要素对传统村落可持续发展影响也各有差别。各要素在相互关联、相互影响中有机地联系在一起，共同作用于传统村落保护与发展，使传统村落可持续发展在空间呈现明显分异特征。研究进一步借助SPSS技术，探寻传统村落可持续发展分异的主导要素，通过对2大类、11小类要素的双变量相关性分析（行政归属因难以量化，且前文已作分析，将其剔除），结果显示如表5-9所示。

与传统村落发展类型有着显著相关性的有城镇化率，第二、第三产业产值占比，旅游市场，区位条件，村落人口密度，村落经济发展，禀赋条件和保护时长等8个以上因素，其中传统村落所在县域的城镇化率，第二、第三产业产值占比，旅游市场，区位条件，村落人口密度，村落经济发展的显著级别为0.01，村落禀赋条件和保护时长的显著级别为0.05。从显著级别和相关系数绝对值来看，区域条件的城镇化率、第二、第三产业产值占比、旅游市场和村落条件的区位条件、人口密度、经济发展6个因素的显著性级别较高，且相关系数绝对值大于0.4，而村落禀赋条件和保护时长2个因素的显著级别较低，且相关系数绝对值偏小。可见，珠江三角洲传统村落可持续发展的差异与差距，主要受地区城镇化水平、地区产业构成、地区旅游发展水平、村落区位条件等因素影响。为探寻传统村落发展格局特征，通过对各因素的标准化处理（附录5），运用类型学分类方法作进一步对比分析。

#### 5.3.3.1 融合保育型

融合保育型传统村落从区域条件看，主要分布地区呈城镇化水平高，第二、第三产业高度发展，旅游市场高度发展的“三高”特征（图5-17）。从村落条件看，传统村落的经济发

表5-9

**珠江三角洲传统村落可持续发展格局相关性分析**

| | | 发展类型 | 城镇化率 | 人均 GDP | 人口密度 | 产业结构 | 旅游市场 | 禀赋条件 | 区位条件 | 村人口密度 | 村经济发展 | 文化特征 | 保护时长 |
|---|---|---|---|---|---|---|---|---|---|---|---|---|---|
| 发展类型 | 皮尔逊相关性 | 1 | .566** | -.170 | .209 | .450** | .449** | .259* | -514** | .524** | .470** | .109 | .279* |
| | 显著性（双尾） | | .000 | .187 | .103 | .005 | .005 | .042 | .001 | .000 | .003 | .397 | .028 |
| 城镇化率 | 皮尔逊相关性 | .566** | 1 | -.262* | .525** | .888** | .317 | -.062 | -.783** | .474** | .426** | -.003 | .024 |
| | 显著性（双尾） | .000 | | .040 | .000 | .000 | .012 | .631 | .000 | .003 | .001 | .938 | .854 |
| 人均 GDP | 皮尔逊相关性 | -.170 | -.262* | 1 | .141 | .438** | .454 | -.203 | .408** | -.124 | -.124 | .087 | .259* |
| | 显著性（双尾） | .187 | .040 | | .275 | .000 | .000 | .114 | .001 | .338 | .337 | .504 | .004 |
| 人口密度 | 皮尔逊相关性 | .209 | .525** | .141 | 1 | .392** | .110 | -.115 | -.423** | .281* | .284* | .084 | .127 |
| | 显著性（双尾） | .103 | .000 | .275 | | .002 | .396 | .374 | .001 | .025 | .027 | .516 | .327 |
| 产业结构 | 皮尔逊相关性 | .450** | 0888** | .438** | .392** | 1 | .297* | .022 | -.870** | .268* | .432** | -.108 | -.034 |
| | 显著性（双尾） | .005 | .000 | .000 | .002 | | .019 | .866 | .000 | .035 | .008 | .402 | .795 |
| 旅游市场 | 皮尔逊相关性 | .449** | .317* | .454** | .110 | .297* | 1 | .103 | -.231 | .116 | .161 | .095 | -.026 |
| | 显著性（双尾） | .005 | .012 | .000 | .396 | .019 | | .427 | .071 | .370 | .2120 | .463 | .843 |
| 资源禀赋 | 皮尔逊相关性 | .259* | -.062 | -.203 | -.115 | .022 | .103 | 1 | -.056 | .188 | .107 | .116 | .149 |
| | 显著性（双尾） | .042 | .631 | .114 | .374 | .866 | .427 | | .667 | .144 | .408 | .370 | .246 |
| 区位条件 | 皮尔逊相关性 | -.514** | -.783** | .408** | -.423** | -.870** | -.231 | -.056 | 1 | -.433** | -.287* | -.072 | .035 |
| | 显著性（双尾） | .001 | .000 | .001 | .001 | .000 | .071 | .667 | | .008 | .024 | .577 | .786 |
| 村人口密度 | 皮尔逊相关性 | .542** | .474** | -.124 | .281* | .268* | .116 | .188 | -.433** | 1 | .290* | .038 | .225 |
| | 显著性（双尾） | .000 | .003 | .338 | .025 | .035 | .370 | .144 | .008 | | .022 | .770 | .079 |
| 村经济发展 | 皮尔逊相关性 | .470** | .426** | -.124 | .284* | .432** | .161 | .107 | -.287* | .290* | 1 | .073 | .165 |
| | 显著性（双尾） | .003 | .001 | .337 | .027 | .008 | .212 | .408 | .024 | .022 | | .571 | .200 |
| 文化特征 | 皮尔逊相关性 | .109 | -.003 | .087 | .084 | -.108 | .095 | .116 | -.072 | .038 | .073 | 1 | -.187 |
| | 显著性（双尾） | .397 | .938 | .504 | .516 | .402 | .463 | .370 | .577 | .770 | .571 | | .146 |
| 保护时长 | 皮尔逊相关性 | .279* | .024 | .259* | .127 | -.034 | -.026 | .149 | .035 | .225 | .165 | -.187 | 1 |
| | 显著性（双尾） | .028 | .854 | .004 | .327 | .795 | .843 | .246 | .786 | .079 | .200 | .146 | |

注：** 在 0.01 级别（双尾），相关性显著；* 在 0.05 级别（双尾），相关性显著。
个案数 62 个。

展水平、村落人口聚集和区位条件，也基本属于发展相对良好的村落。

区域“三高”条件是传统村落经济和社会发展的必要支撑。与城市保持相对较近距离的传统村落，凭借与城市保持良好的互动关系更易受到政策辐射，在城镇化推进中逐步与城市接轨，并被动或者主动实现了传统农业向多元化产业转型，经济发展水平得到提升。村落经济发展的同时，人口的不断集聚又进一步引发了社会文化的多元化转型。传统村落的经济和社会水平在转型中得到综合提升。由此，一方面，区域“三高”条件为传统村落的保护与发展提供了人力、资金、技术等方面的保障；另一方面，经济社会发展水平的提升，也使传统村落具备了主动参与保护与发展的能力。传统村落的保护与发展在区域和村落的协调下，区域发展带动扶持传统村落保护与发展，传统村落保护与发展助力区域发展，形成了区域和传统村落的良性互动，保护与发展趋于融合保育。

#### 5.3.3.2 僵化保护型

僵化保护型传统村落从区域条件看，主要分布地区呈城镇化水平较高，第二、第三产业发展良好，旅游市场未成规模的特征（图5-17）。从村落条件看，村落经济发展薄弱、人口稀少，区位条件优越尤为明显。

僵化保护型传统村落地区条件虽不及融合保育传统村落所在地区，但地区城镇化发展水平，第二、第三产业也在珠江模式中得到提升，能为传统村落的保护与发展提供一定的资金、人力、技术支持。随着新型城镇化发展的推进，地区产业优化转型逐渐铺开，其中旅游发展的兴起以及地区旅游市场的薄弱，拓展旅游市场成为地区转型发展的重要选择。此时，与行政中心较近，拥有良好历史文化资源的传统村落，且村落自身发展相对较弱的传统村落成为地区发展旅游的重点扶持对象。在地区资源和政策帮扶下，传统村落修缮、提升工作相继展开。但村落主动参与保护与发展的能力仍有不足，在传统村落保护与发展中处于弱势地位，以服从配合为主要特征。因保护与发展所需资源庞大，尤其是资金需求巨大，也使得该类型传统村落即使在区域发展水平较高地区也少有出现。

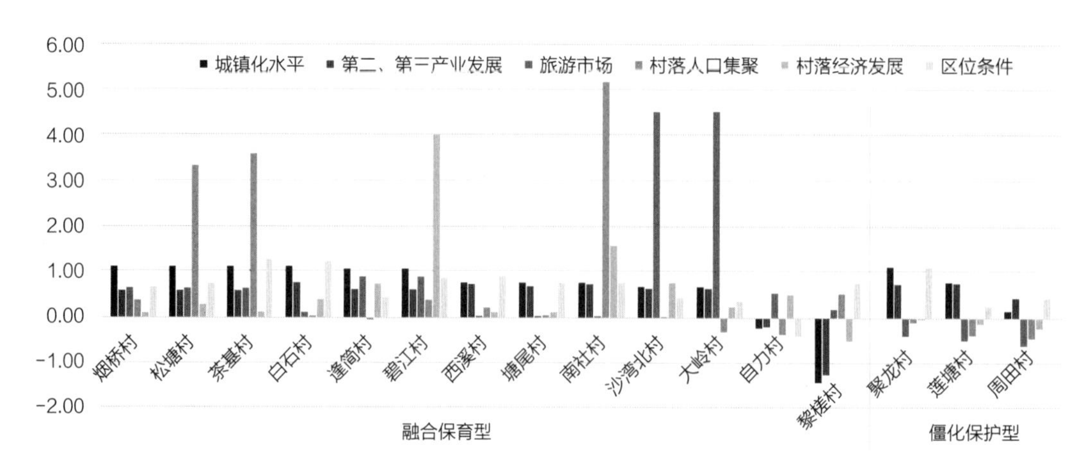


图 5-17 融合保育型和僵化保护型传统村落的要素对比（要素值标准化）

### 5.3.3.3 粗放发展型

粗放发展型是珠江三角洲传统村落中相较普遍的发展类型，从分布的区域特征看呈随机分散。但在分散中仍存在一定规律（图5-18），具体来看分两种情况：

其一，从区域条件看，主要分布地区呈城镇化水平保持中高水平，第二、第三产业发展良好的“二中高”特征。从村落条件看，与行政中心保持较近距离，村落的经济发展和村落人口集聚多处于较高水平。区域良好的发展条件为传统村落的经济社会发展提供了良好的平台，也为传统村落的保护与发展提供了一定支撑。传统村落也在地区政策影响和资源支持下，较早主动完成了产业和社会转型，村落经济社会发展水平较高，具备主动参与保护与发展的能力。但村落自发经济明显，自我发展意识强烈，即使村落发展对传统村落保护带来威胁，但过于强烈的村落自我发展意识和能力，使传统村落与地方政府形成明显对抗，导致传统村落的粗放发展。

其二，从区域条件看，主要分布地区呈城镇化水平偏低，第二、第三产业占比较低的“二中低”特征，相较前一种地区条件明显落后。从村落条件看，与城市相距较远，村落经济社会发展水平不高。因地区城镇化水平偏低，第二、第三产业发展程度不高，推动经济快速发展仍为地区发展的主要趋向。而位于区域发展条件欠佳，尤其是远离城市的传统村落，一方面，缺少区域支持，传统村落发展能力有限，大多保持原有较低的经济社会发展水平，主动参与保护与发展的能力不足；另一方面，随着城市发展重心向外扩张，传统村落面对发展机遇，追求快速经济发展意识明显，从农业向第二产业转型的增量发展持续。由此，轻保护重发展相较普遍，导致传统村落的粗放发展。

### 5.3.3.4 衰败萎缩型

衰败萎缩型传统村落从区域条件看（图5-19），总体上也存在两种情况：

其一，从区域条件看，主要分布地区呈城镇化水平保持中高水平，第二、第三产业发展良好的“二中高”特征，这点与粗放发展型传统村落相似。但从村落条件看，村落虽与行政

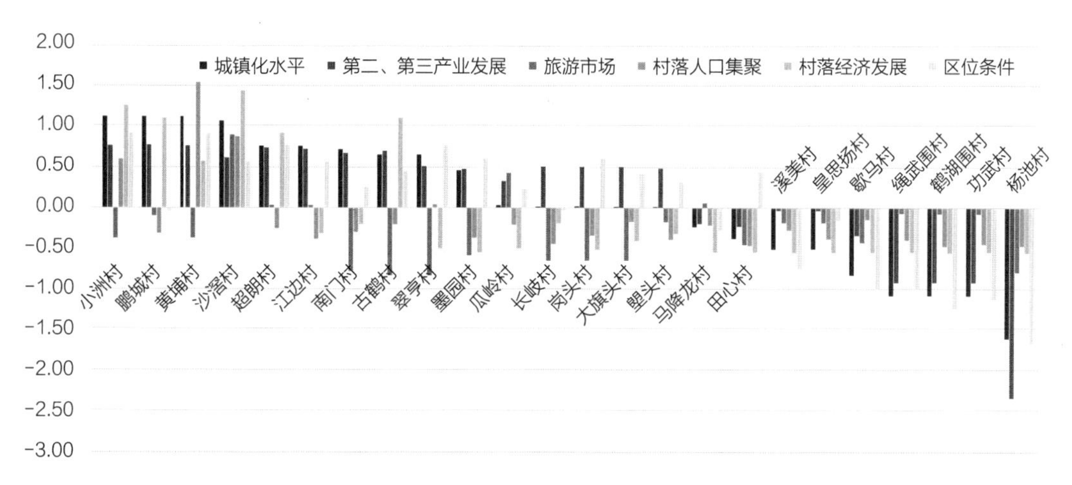


图5-18 粗放发展型传统村落的要素对比（要素值标准化）

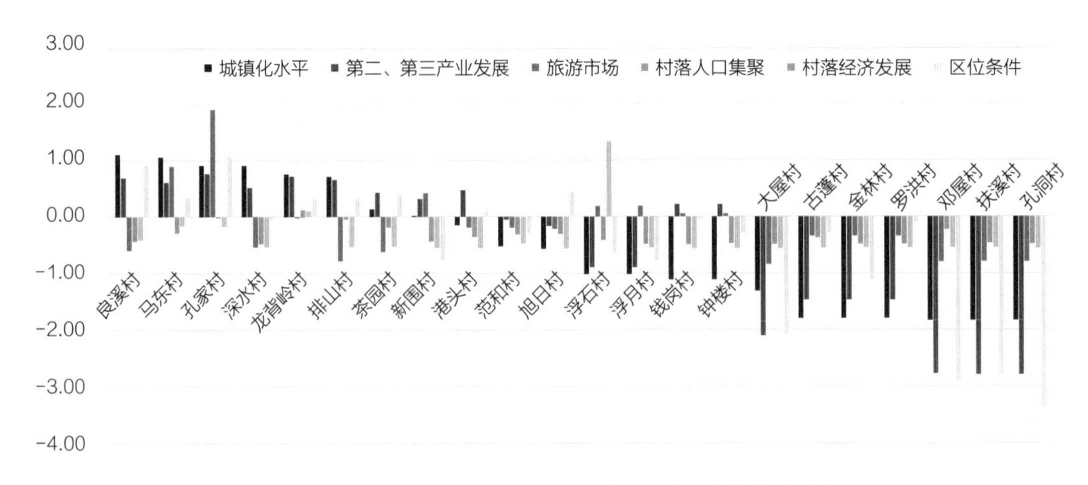


图 5-19 衰败萎缩型传统村落的要素对比（要素值标准化）

中心也保持较近距离，但因在早期没能获得经济社会提升，传统村落经济社会发展仍保持较低水平，传统村落主动参与保护与发展的能力不足。此种情况与僵化保护型传统村落有一定的相似性，均是传统村落自身条件不足，完全依赖地区帮扶，而两者不同之处在于区域条件的强弱之别。因此，当区域条件达到某种条件，能够实现单靠区域力量推进传统村落保护与发展的全面推进，传统村落就可能呈现僵化保护，而当区域条件相对不足，难以实现单靠区域力量对传统村落保护与发展的全面推进时，就有可能使传统村落趋向衰败萎缩。由此也可以看出，在保护与发展中区域和村落条件共同作用的必要性。当然，从区域条件占比看，此种情况的衰败萎缩相对较少。

另一种是，主要分布在城镇化水平较低，第二、第三产业产值占比低，旅游市场未成规模的“三低”地区，从村落条件看，与城市相距较远，且村落经济社会发展水平相对落后。此种情况是衰败萎缩型传统村落常态。地区发展水平有限，传统村落保护与发展的资源支持也相对匮乏。此时，地处偏远的传统村落，一方面，基本成为地方政府的行政触及末梢，大大减弱了地方政府对传统村落的行政管理约束力；另一方面，地区发展资源匮乏难以就地解决大量外溢的农业劳动力，村民外输式迁移逐渐增多。在传统村落资源流失前提下，经济社会发展逐渐倒退，传统村落主动参与保护与发展的能力明显不足。

综合以上分析，珠江三角洲传统村落可持续发展格局呈较强的空间聚集性特征，具体表现为：

（1）各类型空间聚集性显著。融合保育集中于珠江三角洲广佛莞城区，僵化保护集中于广惠城区，粗放发展集中于各市郊区，衰败萎缩则集中于珠江三角洲外围区及远郊区。总体来看，各类型在区域、市域两种尺度下，空间分布均呈现由内向外圈层式递变，其中融合保育的递减与衰败萎缩的递增特征突出（图5–20）。

（2）各单维度发展空间集聚趋势不同，如社会、文化单维度高值多在珠江三角洲核心区出现，经济发展高值则主要集中在城市近郊区、环境发展高值多集中在远离城镇地区等（图5–21）。

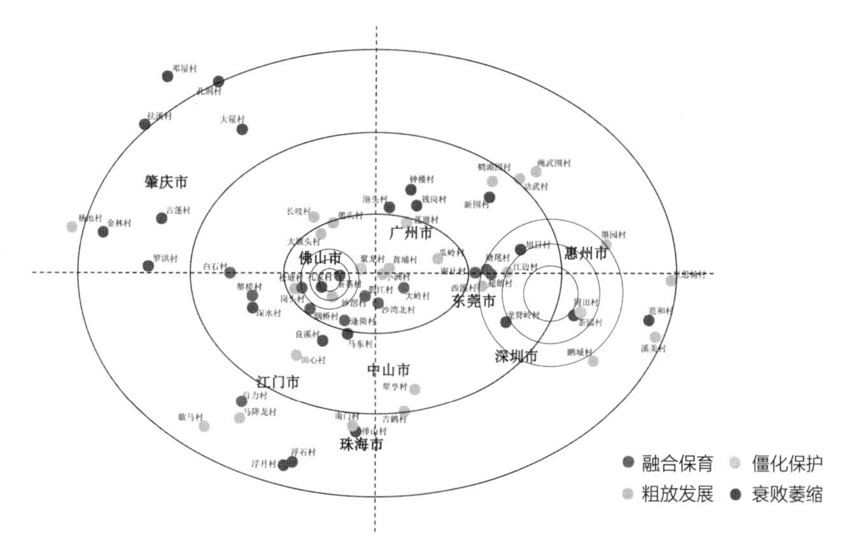


图 5-20 珠江三角洲传统村落可持续发展格局

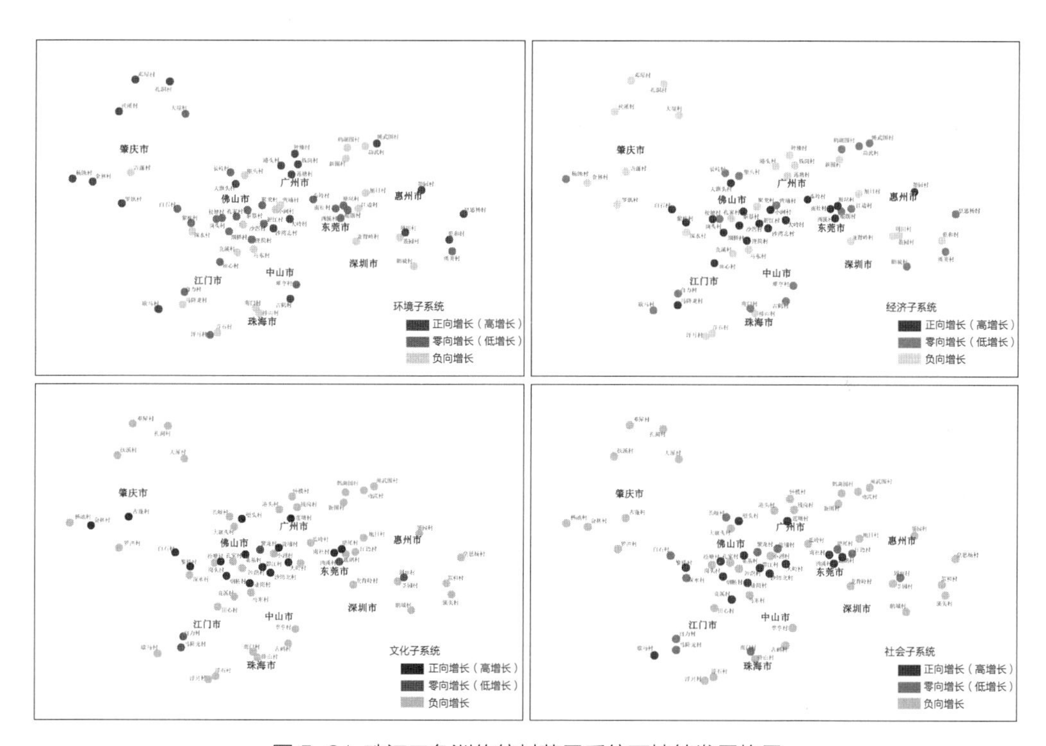


图 5-21 珠江三角洲传统村落子系统可持续发展格局

## 5.3.4 传统村落可持续发展驱动力分析

珠江三角洲传统村落呈现的某种特征，其原因是综合而复杂的。总体来看，早期传统村落发展受自然因素的影响应较为显著。近年来，尤其是在传统村落保护战略实施、乡村振兴，粤港澳大湾区建设、新型城镇化推进等社会经济因素的影响更为直接。在已有的研究成果中，学者们根据各自的研究重点对乡村发展的驱动力进行多种划分，包括根据驱动力主体划分为政府驱动、社会驱动、市场驱动、其他驱动[220]；根据驱动要素划分为政策驱动、人口驱动、产业驱动、消费驱动等[221]，也有的划分为资源驱动、人力驱动、市场驱动等[222]，研究成果丰硕。但无论从何种角度对乡村发展的驱动力分析，都离不开乡村本身，也离不开乡村地域之外的宏观背景。尤其在珠江三角洲地区，乡村积极主动地参与到地方社会经济发展中，对城镇化、乡村工业化推进的作用不可小觑。与此同时，传统村落保护与发展是否能有效实施更是离不开传统村落本身，以及传统村落以外的力量推动。因此，本书以传统村落为支点，根据来源将传统村落保护与发展的驱动力划分为两种：一种是政策制度变迁、地方政府干预、区域资源供给等因素对保护与发展的推动，属于外生驱动力；另一种则是村落产业结构调整、村落主体转型、村落精英变迁等因素对保护与发展的推动，属于内生驱动力（图5-22），其主要表现为传统村落所具备的主动参与保护与发展的能力。本书将重点从社会经济驱动（外生驱动力）、政策驱动（外生驱动力），以及村落的保护与发展能力驱动（内生驱动力）三个方面对驱动力进行分析。

#### 5.3.4.1 社会经济驱动（外生驱动力）

珠江三角洲社会经济发展引发传统村落人口、土地、资本等要素在空间上重新分配，从而成为推动传统村落保护与发展的直接驱动力。从广东省统计年鉴中选取1990～2019年珠江三角洲的三个产业占比做趋势分析，在三个产业结构变化中（图5-23），第一产业占比从1990年15.27%、2005年3.03%到2019年1.64%呈现持续下降趋势；第二产业占比从1990年43.56%、2005年50.89%到2019年41.26%呈现先增长后下降的转变；第三产业则从1990年40.86%、2005年46.07%到2019年57.10%持续保持上升趋势。从以上分析可以看出，珠江三角洲第一产业持续让位于第二、第三产业，并先后经历了第二产业领跑，再向第三产业转移的过程。产业结构变化既是对传统村落发展轨迹的解释，也是促使传统村落景观环境、社会文化、业态发生变化的直接驱动力。因为，第二、第三产业发展最为重要的支撑就是工矿和城镇建设规模的不断扩大，而为第二、第三产业获得发展的重要资源供给源就是包括传统村

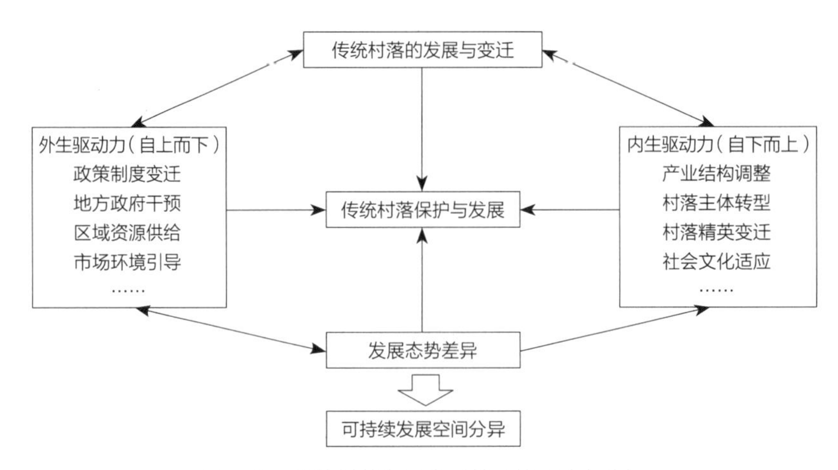


图5-22 传统村落发展类型差异的驱动力分析

落在内的广大乡村。

具体来看，随着第二、第三产业发展需求不断增大，城区生产要素成本上升、投资回报率下降，原本仅供给农产品资源的乡村逐渐作为降低发展成本、提高投资回报的目标，尤其是资源依赖深、环境容量需求大的产业向乡村转移。与此同时，大量乡镇企业在资本空间化的驱使下崛起，工业"去乡村化"快速向乡村推进，乡村业态、社会文化、景观环境随之发生改变，乡村非农转型由城市主城区向外圈层式蔓延。2010年后，第三产业持续发展，第二产业开始回落，城市生活空间由面上拓展开始向质上提升。此时，工业"去乡村化"也开始减缓，促动乡村发展方向进一步做出调整，也促使具有优势资源的传统村落开始向旅游产业转型，配套设施逐步建设。

人口城镇化率既是城市发展的重要标志，也是地区第二、第三产业发展的结果。而人口城镇化率增长的直接结果就是会推动城市住房需求的扩大。2000～2019年，珠江三角洲各市人口城镇化率除个别时段有波动外，整体呈增长趋势，特别是广州、深圳、珠海、佛山、东莞、中山等市人口城镇化率保持高水平（图5-24），促使城市住房需求持续快速增加。然而，一方面，城区建设成本高昂，加之不断出现的道路拥挤、环境污染等问题；另一方面，

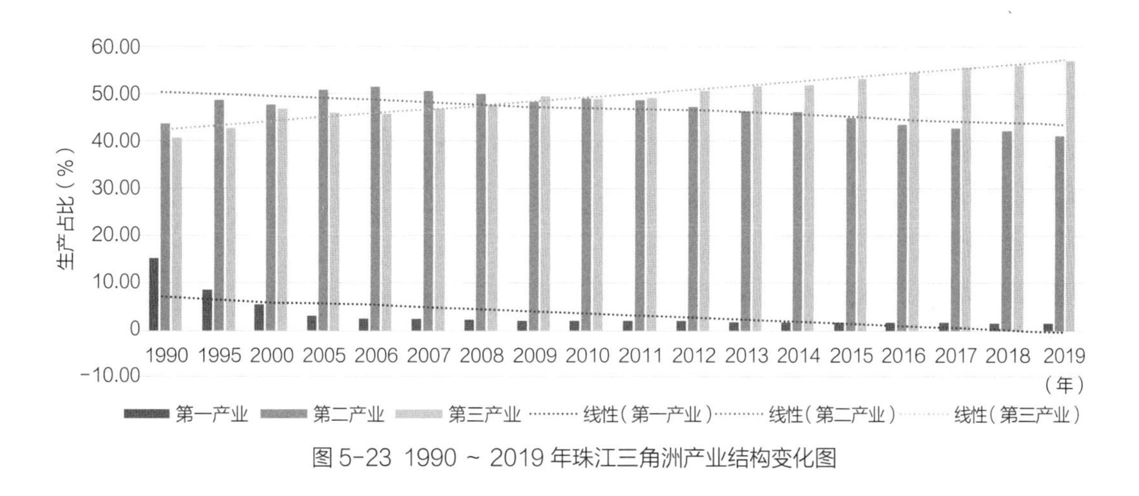


图5-23 1990～2019年珠江三角洲产业结构变化图

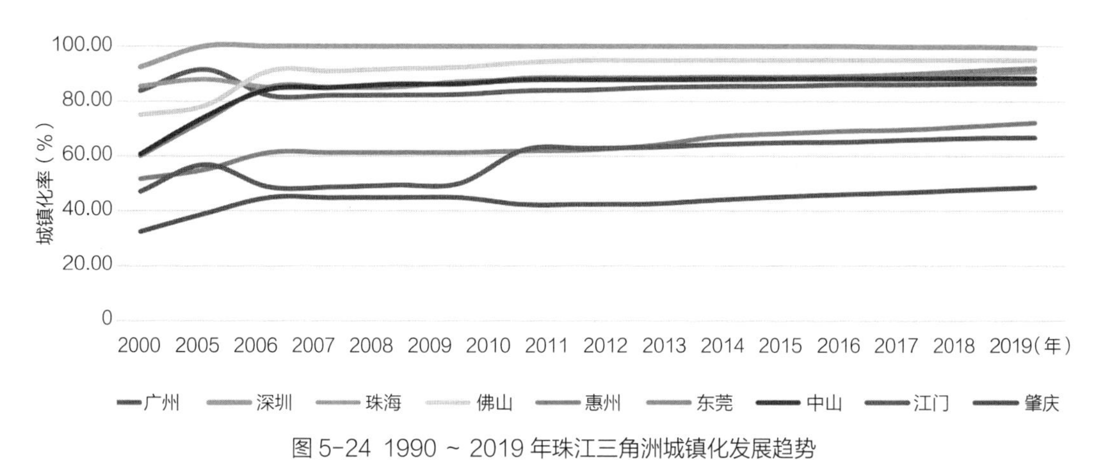


图5-24 1990～2019年珠江三角洲城镇化发展趋势

城区居住成本不断增高，这些都促使大型居住区建设项目向城市周边扩散，乡村成为缓解城区住房压力的理想地。伴随着大型居住项目的扩散，乡村商贸服务、零售、医疗文娱设施产业以及相关设施配套建设进一步推动，乡村产业类型趋于多元化。如1992年在碧江村东侧顺德碧桂园项目，既是碧桂园品牌的起源，也是碧江村业态发展的重要触动。此外，不断增长的人口规模也为农产品生产提供了巨大消费市场，为乡村农业规模化发展带来了机遇。

#### 5.3.4.2 政策驱动（外生驱动力）

政策（包含部分法规）在规制传统村落保护与发展方向的同时，也为保护与发展提供战略方向指引。自2012年国家提出传统村落保护战略，传统村落就作为特殊乡村类型被赋予了丰富内涵，也使得传统村落保护与发展更具战略意图，受政策影响更为明显。政策驱动成为推动传统村落保护与发展的根本驱动力，而与传统村落保护与发展关联性强的政策涉及文化遗产保护、乡村建设、生态保育等多方面。

（1）文化遗产保护政策

传统村落是文物保护单位、历史文化街区、历史建筑等多种文化遗产的集合。针对传统村落的保护政策虽然还不成熟，但与文物保护单位、历史文化名城名镇名村、历史街区等相关的政策都对传统村落保护产生影响。如根据文物整体保护政策要求，在条件允许情况下，珠江三角洲传统村落大多采取在古村周围另建新村的做法，以防止大拆大建对传统村落造成破坏；依据建筑类文化遗产的保护方法，造册登记，挂牌保护在传统村落也普遍存在。此外，国家、省、市各级对各类文化遗产的补助政策更是推进传统村落保护的主要资金来源，如中央财政对传统村落保护的资金支持、“一事一议”财政奖补、广州市地方财政对非国有历史建筑修缮进行分类补助等政策。

（2）乡村建设政策

近年来，新农村建设、美丽乡村建设、乡村振兴等乡村建设政策不断在珠江三角洲传统村落的保护与发展中发挥作用。如根据广东省《关于开展村庄整治工作的实施意见》中“五改、三清、五有”内容的明确，东莞市塘尾村通过清理全村巷道乱搭建、乱堆放、乱拉线；清除房前屋后杂草杂物、鱼塘漂浮物和障碍物；清拆古村落内非文物旧危房、旧残垣断壁；清拆古村落周边旧废弃猪牛栏、谷仓等行动，使村落综合环境得到极大提高。通过实地调查发现，东莞市的“美丽幸福村居”、广州市的“美丽乡村”、佛山市的“美丽宜居村村庄”、江门市的“生态宜居美丽乡村”等行动的推进，已成为传统村落环境提升的根本驱动力。此外，面对珠江三角洲乡村旅游巨大的消费市场，在《国务院关于进一步加快旅游业发展的通知》（国发〔2001〕9号）、广东省人民政府《关于加快旅游业发展的决定》《广州市关于促进和规范乡村民宿发展的意见》等政策文件指导下，珠江三角洲传统村落不断探索着旅游转型发展。

（3）生态保育政策

生态保育政策涉及退耕还林、自然保护区、水源地保护等多方面，是推动传统村落自然资源保护与生态修复的重要保障。1999 年国家开始实施退耕还林政策，以及配套的林补政策，就对减少传统村落林地在城镇化、工业化发展中的快速退缩产生了作用。此外，受国家对自然保护影响，自然保护区、水源保护地、生态园的保护也成为珠江三角洲生态保育的重点，如广州市小洲村万亩果园的保留，也得益于城市生态环境保护政策。而生态保育政策也会进一步影响村落的发展格局、发展模式，如东莞市龙背岭村就拥有牛眠埔水库、大钟岭水库、大屏障森林公园等多个自然资源。在自然保护政策影响下，龙背岭村确定了生态休闲旅游发展方向，优质自然资源得以完整保留。

#### 5.3.4.3 村落的保护与发展能力驱动（内生驱动力）

改革开放后，从中央到地方政府的“放权”极大地调动了珠江三角洲乡村参与发展的积极性[223]，加速自下而上发展。具体来看，一方面，基于横向经济联合的乡镇企业快速崛起，有力促进了乡村劳动力转移和非农化转型发展；另一方面，村集体利用自有资源招商引资发展地租经济，不断提高经济收入，使村落的保护与发展能力得到不断提升。与此同时，村集体和村民通过系列措施改善生产环境、提升生活质量，如佛山碧江村在2000年以后加大基础设施建设，通过拓建民乐公园、建设室内篮球场、组建村级护卫队等措施不断提升居住幸福指数。在政府区域调控和市场作用不断变化中，村民、外来人口、企业等也形成不同利益组织，共同参与村落日常生产生活管理。碧江村的保护与发展能力不断提升，进一步激发了村落与村民参与保护与发展的积极性与主动性。

总体来看，珠江三角洲传统村落保护与发展主要是对宏观政策响应，外生动力突出，内生动力薄弱：一方面，由于区位条件和资源禀赋各有不同，传统村落受到政策辐射、地区发展的影响程度存在差异，使得传统村落在不均衡发展中出现分化；另一方面，国家发展战略转移，包括新城镇化发展、传统村落保护、乡村振兴等战略的实施，都需要珠江三角洲传统村落对发展路径做出科学调整，但政策指引仍是瓶颈。与此同时，长期以来“重城轻乡”的发展战略造成了城乡发展不平衡、乡村发展不充分，导致了传统村落底子薄、能力差，制约着传统村落在保护与发展中的作用发挥。面对传统村落的复杂性和保护发展主体的博弈性，进行自下而上优化探讨显得非常重要。

当然，内生动力通常是在外生动力的作用下形成的。政策制度变迁、地方政府干预、区域资源供给、市场环境引导等作用，通常会推动、引导传统村落的产业发展，使传统村落形成适应市场需求的产业构成，传统村落经济获得发展。而在产业发展过程中，传统村落的社会、文化、精英阶层等又会发生变迁。传统村落在社会经济发展过程中保护与发展能力获得培育、提升，内生动力形成。

传统村落实现可持续发展需要内外生动力的同向同步作用。具体以不同发展类型的发生情景加以说明：①内生动力在外生动力的作用下形成，当与外生动力形成了合力共同作用于传统村落时，保护与发展顺利开展，传统村落趋向融合保育；当与外生动力形成了反向，阻碍保护与发展，粗放发展效果出现；②内生动力没能在外生动力的作用下形成，传统村落保护与发展依赖外生动力，当外生动力较弱时，过度化保护效果出现；而当外生动力较强时，倒退萎缩效果出现。

综上所述，外生动力是持续推进传统村落保护与发展的必要保障，外生动力越大，传统村落实现可持续发展的可能性越大；内生动力需在外部驱动力的作用下形成，是有效推进统村落保护与发展的必要条件，而内生动力与外生动力是否具有互补关系，决定了传统村落的发展类型。因此，提升外生动力的同时，促生内生动力并形成与外生动力的互补是珠江三角洲传统村落实现可持续发展的关键。

## 5.4 珠江三角洲传统村落可持续发展面临的现实困境

根据珠江三角洲传统村落可持续发展评价结果，僵化保护型、粗放发展型、倒退萎缩型传统村落的不可持续发展明显高于融合保育型传统村落。为此，研究对僵化保护型、粗放发展型、衰败萎缩型传统村落作进一步研究，归纳传统村落不可持续发展的主要问题，为针对性地提出保护与发展策略提供依据。

### 5.4.1 传统村落面临的主要问题

聚类融合保育型、僵化保护型、粗放发展型、衰败萎缩型传统村落不可持续发展问题，主要为生态环境遭受侵蚀、地域文化特色渐弱、产业内生动力不足、社会治理能力下降。

#### 5.4.1.1 生态环境遭到侵蚀，加大生态保护难度，生态空间支撑不足

从生态用地变化指数来看，传统村落生态用地呈减量发展。49个传统村落中，34个村落生态用地趋于减少，13个村落生态用地维持不变，2个村落生态用地小幅增多，生态用地变化指数具体为最小值0.702，最大值1.024，均值0.980。生态用地减量发展主要源于两种情况。其一，服务类建设用地对生态用地的侵蚀。受地区高速城镇化与工业化发展，珠江三角洲传统村落多元化发展需求明显，但囿于珠江三角洲以冻结为目标的保护模式，促使村落居住与设施用地向外蔓延，如新村建设、基础设施扩建、服务设施增设等。其二，生产用地对生态用地的侵蚀。城市外延扩张以及村落工业转型发展的强烈冲击，加速传统村落土地利用结构发生变化，生态空间趋于破碎化，如厂房建设、工业园延伸、城市基建扩张等。传统村落生态安全紧张导致环境保护难度提升、特色发展空间支撑力不足，降低传统村落保护可持续性。

#### 5.4.1.2 地域文化特色减弱，影响传统村落的特色可持续与社会稳定

传统建筑既是传统村落地域文化特色的集中体现，也是传统村落保护的工作重心。融合保育型、僵化保护型、粗放发展型、衰败萎缩型传统村落的传统建筑仍呈衰减趋势。从传统建筑数量变化指数来看，49个传统村落中，31个村落的传统建筑数量持续减少，传统建筑数量变化指数具体为最小值0.582，最大值1.000，均值0.932；从传统建筑破损率变化指数来看，49个传统村落中，38个村落的传统建筑良好率在减少，5个村落的传统建筑良好率保持不变，6个村落的传统建筑良好率有所增长，传统建筑良好率变化指数具体为最小值0.301，最大值1.875，均值0.868。地域特色式微将导致传统村落特色可持续的土壤被破坏、社会精神凝聚降低，进一步影响传统村落的特色发展与社会发展稳定。

#### 5.4.1.3 产业内生动力不足，缺乏竞争力，保护与发展的经济能力不足

产业内生动力不足是珠江三角洲融合保育、过度发展、衰败萎缩型传统村落存在的普遍问题。从产业构成来看，49个传统村落中，46个村落产业结构单一，或保持传统农业生产，或依赖土地租赁；从产业变化指数来看，49个传统村落中，48个村落产业结构保持不断；从特色产业数量来看，49个传统村落中，38个村落还未形成特色产业。传统村落产业内生动力不足、特色产业形成滞缓，将进一步降低村落产业的市场竞争力，加大传统村落保护的外部资源依赖性，降低保护与发展的可持续。

#### 5.4.1.4 社会治理能力下降，可持续保护与发展的人力、组织、行动等基础不足

珠江三角洲传统村落区域一体化发展推进下快速转型发展，社会经济发展水平较其他地区，尤其是西北地区有明显提升，村落发展趋于复杂化与多元化，村民个人发展意识也更为浓烈。然而，一方面，城市对乡村的外部植入以及外来人口涌入，造成传统村落原有社群趋于瓦解；另一方面，部分传统村落自身吸引力不足，使得劳动力外流、人口结构失衡。两种趋势下传统村落的社会自治体系建设的人力基础均受破坏，加之珠江三角洲传统村落保护重物质空间轻社会治理，导致社会治理能力下降。从社会活动参与度变化指数来看，49个传统村落中，35个村落的参与度呈减少趋势，8个村落的参与度保持不变，6个村落的参与度有小幅提高，社会活动参与度变化指数具体为最小值0.800，最大值1.079，均值0.969。从自组织活力度变化指数来看，49个传统村落中，29个村落的自组织活力度在降低，11个村落的自组织活力度保持不变，9个村落的自组织活力度有小幅增长，自组织活力度变化指数具体为最小值0.094，最大值1.267，均值0.971。社会治理能力不足将导致保护可持续的人力、组织、行动的基础不足，在一定程度上加大保护实施难度。

### 5.4.2 传统村落面临的问题差异

进一步解析僵化保护型、粗放发展型、衰败萎缩型传统村落的经济发展、生态环境与社会文化，各类型传统村落面临不可持续发展问题特征差异显著，问题构成受发展类型主导（表5-10）。具体来看：

传统村落的问题聚类特征 表5-10

| 类型 | | 保护与发展特征 | 现实问题 | 典型风险构成 |
|---|---|---|---|---|
| 僵化保护 | | 遗产保护和产业发展的“一刀切” | 人文资源价值认知单一，创新产业发展意识弱；保护可持续低 | 文化系统：传统文化活力渐失<br>经济系统：内生经济体系瓦解 |
| 粗放发展 | 内嵌式 | 典型性遗产的静态保存与房屋租赁 | 社会结构复杂；村落主体保护意识弱；保护依赖政府帮扶；人文资源利用的利益导向明显 | 环境系统：人居环境恶化加剧<br>文化系统：人文资源过度利用<br>经济系统：资源耗损高转型难<br>社会系统：人员复杂流动大 |
| | 外拓式 | 典型性遗产的静态保存与厂房租赁 | 工业发展路径依赖明显；保护依赖政府帮扶；生产用地侵蚀 | 环境系统：生态用地持续减少<br>文化系统：自然性破坏增多<br>经济系统：产业创新滞后 |
| 衰败萎缩 | | 遗产就地留存和固有农业发展 | 地处偏远，缺少外部资源支撑；村落内生发展能力弱 | 文化系统：现代文化侵入<br>经济系统：产业单一低效<br>社会系统：人口流失设施不全 |

### 5.4.2.1 僵化保护型

根据评价结果，僵化保护型传统村落主要分布在广惠地区，多发生在闹市区（图5–25），以遗产保护和产业发展的“一刀切”为主要特征。通过对比分析传统村落的经济发展、生态环境与社会文化，该类传统村落环境与文化保护良好，一定程度上为村落文化延续、乡土社会稳定奠定了基础，但通过严格管控虽换取了传统村落遗产本体的整体保存，但也导致了传统村落内生经济体系瓦解，传统文化在“去生活化”中渐失活力。具体表现在以下几方面：

（1）内生经济体系瓦解，经济增长停滞

僵化保护型传统村落大多位于地区经济发展水平较高地区，且村落本身区位优势明显。可以说，无论是区域发展条件，还是村落资源条件都属优质。然而，从传统村落的经济年均增长水平来看（表5–11），经济年均增长率最小值–7.62%，最大值0.76%，均值–2.23%，标准差0.0467，传统村落经济增长与其拥有优质资源脱钩。据实地排查，该类传统村落保护与发展受到

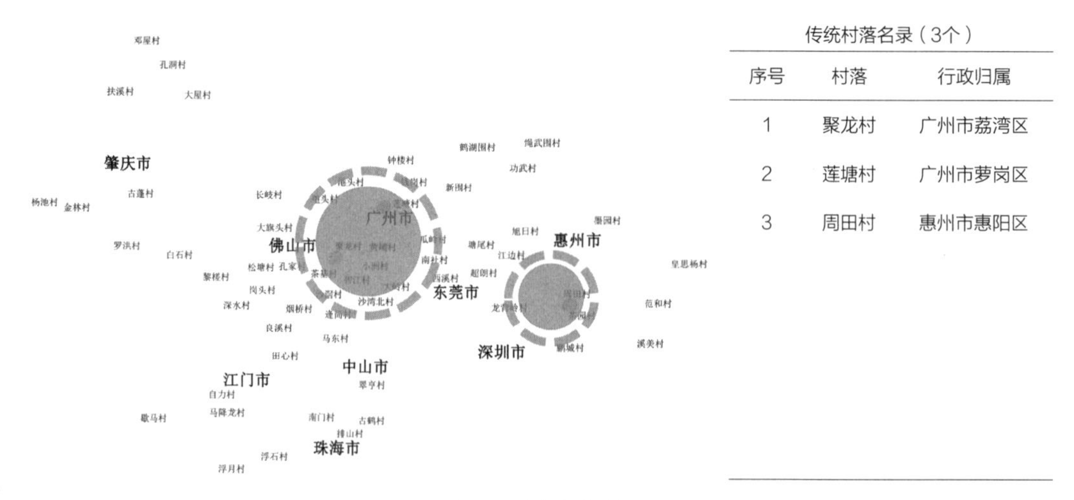


传统村落名录（3个）

| 序号 | 村落 | 行政归属 |
|---|---|---|
| 1 | 聚龙村 | 广州市荔湾区 |
| 2 | 莲塘村 | 广州市萝岗区 |
| 3 | 周田村 | 惠州市惠阳区 |

图5–25 僵化保护型传统村落分布与名录

地方政府严格管控，使得原有地租经济规模化发展受限，且逐渐萎缩，与此同时，以遗产资源为依托的新型产业发展却相对滞后，导致产业结构调整出现空窗期，经济增长几近停滞。

僵化保护型传统村落分维度可持续发展　　表5-11

| 分维度 | Min（%） | Max（%） | Mean（%） | Std.Dev |
|---|---|---|---|---|
| 环境维度 | 0.00 | 1.46 | 0.55 | 0.0079 |
| 文化维度 | 0.00 | 0.40 | 1.36 | 0.0233 |
| 经济维度 | -7.62 | 0.76 | -2.23 | 0.0467 |
| 社会维度 | 0.00 | 3.27 | 1.11 | 0.0187 |

（2）传统文化活力渐失，可持续发展受限

该类传统村落基本采取了文物保护模式，保护资源主要源于政府。传统村落在政府严格管控下文化要素保存良好。从文化维度年均增长率来看，传统村落文化系统整体水平在保护中得到提升，呈现出一定的复苏趋势。然而，传统文化在“去生活化”中的活力流失问题逐渐显现，传统村落可持续发展受限。具体来看：

其一，古村“空壳化”导致文化可持续发展有限。古村在“空壳化”中获得整体保护是该类传统村落的典型特征。为完整保存遗产要素，该类型传统村落基本采取了建新村保护古村的方法，通过边界清晰的古村与新村划分，将村民日常生活空间和非日常生活空间完全分离，新村为村民与外来人员的主要活动场所，成为村落日常生活空间；古村为本地村民举行祭祀、民俗等特殊活动的场所，成为村落非日常生活空间。由此，传统建筑仅承担单一的非日常活动功能，保护度整体呈上升趋势，但传统文化传承与物质空间利用却呈下降趋势（表5-12），文化可持续发展有限。

僵化保护型传统村落文化可持续发展评价要素变化　　表5-12

| 传统村落 | 年均增长率 *b*（%） | 变化指数 | | | | | | |
|---|---|---|---|---|---|---|---|---|
| | | *b*1 | *b*2 | *b*3 | *b*4 | *b*5 | *b*6 | *b*7 |
| 聚龙村 | 0.00 | 1.000 | 0.811 | 0.829 | 1.109 | 1.103 | 1.102 | 0.913 |
| 莲塘村 | 3.53 | 1.593 | 0.981 | 1.020 | 1.122 | 1.000 | 2.326 | 0.984 |
| 周田村 | 0.02 | 1.149 | 0.933 | 0.986 | 1.001 | 1.010 | 1.000 | 0.765 |

注：变化指数为评价年份与基准年份比值。

其二，新村外拓导致生态可持续发展受限。为满足村民必要的生存需求，新村建设成为必然，村落向外拓展，生态用地被侵占。从环境可持续发展评价结果看，环境改善虽在传统村落中相较普遍，但仍有小幅波动。考虑到污水处理和生态用地分别表征传统村落的居住环境和生态环境两方面，进一步对环境维度构成要素做详细解析（表5-13），结果显示僵化保护的传统村落垃圾集中处理率与污水集中处理率基本能保持良好，且有不同程度增长，而生态用地却不同程度地存在降低。指标显示结果与笔者实地调查结果基本吻合，说明传统村落虽在环境可持续发展方面呈现出小幅增长趋势，但在城镇化扩张和村落发展的双重影响下，生态用地减少的问题依然存在。从生态用地减少发生情况看，用地流向的主要方面就是为改善生存环境的新民居建设，占生态用地减少的86.3%。可见，为保护古村外迁村民而催生的新民居建设正威胁着传统村落的生态环境。

过度保护型传统村落环境可持续发展评价要素变化　　表5-13

| 传统村落 | 年均增长率 *a*（%） | 变化指数 | | | | | | |
|---|---|---|---|---|---|---|---|---|
| | | *a*1 | *a*2 | *a*3 | *a*4 | *a*5 | *a*6 | *a*7 |
| 聚龙村 | 0.00 | 1.000 | 1.000 | 1.000 | 1.000 | 1.000 | 1.000 | 1.000 |
| 莲塘村 | 1.46 | 0.989 | 1.014 | 1.000 | 1.000 | 1.250 | 1.000 | 1.000 |
| 周田村 | 0.19 | 0.986 | 1.000 | 1.000 | 1.042 | 1.000 | 1.000 | 1.000 |

其三，村民外迁导致社会可持续发展受限。新村与古村有着截然不同的生活场景。囿于村民基本在新村生活，促使村民逐渐脱离了传统生活习惯，即使部分传统民俗活动还在举行，但传统文化对村民的影响已从生活处处可见转变成为一种仪式。村民的社会关系也开始发生着微妙转变，原有互帮互助的集体协作关系，成为当下友好又存在竞争的邻里关系，致使社会可持续发展受限（表5-14）。

僵化保护型传统村落社会可持续发展评价要素变化　　表5-14

| 传统村落 | 年均增长率 *d*（%） | 变化指数 | | | | | |
|---|---|---|---|---|---|---|---|
| | | *d*1 | *d*2 | *d*3 | *d*4 | *d*5 | *d*6 |
| 聚龙村 | 0.00 | 1.000 | 1.003 | 1.000 | 1.000 | 1.101 | 0.908 |
| 莲塘村 | 3.27 | 0.131 | 1.120 | 1.250 | 1.111 | 1.000 | 1.100 |
| 周田村 | 0.08 | 0.826 | 1.000 | 1.067 | 1.063 | 1.000 | 1.000 |

#### 5.4.2.2 粗放发展型

粗放发展型传统村落主要分布在城乡共存区域（图5-26），也称之为城市边缘区、城市蔓延区、城乡接合部等，以自主利用资源优势、典型性遗产的静态保存与地租产业扩张为主要特征。通过对比分析传统村落的经济发展、生态环境与社会文化发现，该类传统村落的经济快速提升，一定程度上为村落文化延续、乡村社会稳定发展奠定了基础，但粗放建设也导

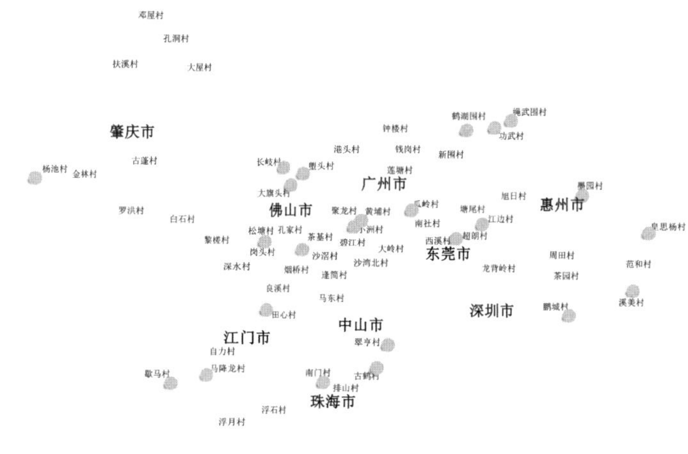


传统村落名录（24个）

| 村落 | 行政归属 | 村落 | 行政归属 |
|---|---|---|---|
| 黄埔村 | 广州市海珠区 | 超朗村 | 东莞市茶山镇 |
| 小洲村 | 广州市海珠区 | 江边村 | 东莞市企石镇 |
| 瓜岭村 | 广州市增城区 | 南门村 | 珠海市斗门区 |
| 塱头村 | 广州市花都区 | 田心村 | 江门市鹤山市 |
| 沙滘村 | 佛山市顺德区 | 歇马村 | 江门市恩平市 |
| 长岐村 | 佛山市三水区 | 马降龙村 | 江门市开平市 |
| 岗头村 | 佛山市三水区 | 墨园村 | 惠州市惠城区 |
| 大旗头村 | 佛山市三水区 | 溪美村 | 惠州市惠东县 |
| 翠亨村 | 中山市南朗镇 | 皇思扬村 | 惠州市惠东县 |
| 古鹤村 | 中山市三乡镇 | 绳武围村 | 惠州市龙门县 |
| 鹏城村 | 深圳市龙岗区 | 功武村 | 惠州市龙门县 |
| 杨池村 | 肇庆市封开县 | 鹤湖围村 | 惠州市龙门县 |

图 5-26 粗放发展型传统村落空间分布示意

致了非典型性遗产资源超负荷利用、村落外围生态用地持续减少、创新产业发展滞后等问题相对明显。具体表现在以下几方面：

（1）经济快速增长，资源消耗明显

粗放发展型传统村落经济整体水平保持较高增长趋势，经济发展差异明显。从经济年均增长率最小值0.51%，最大值85.88%，均值11.64%，标准差0.2059，可以看出，传统村落经济增长显著，正处于经济加速增长阶段，村落间的增长差异也更明显。具体来看，粗放发展型传统村落在发展过程中凭借毗邻城市的区位优势，第二、第三产业发展潜力巨大，村落顺利实现产业调整，形成了第一、第二、第三产业并存的多元化产业发展，经济效益普遍较好，村民也更易实现“离土不离乡”的职业转型。结合实地调查，村民基本脱离了社会低收入阶层，村落大多形成了以第二、第三产业为主，第一产业为辅的产业结构，当然也存在完全脱离第一产业的村落。如佛山市沙滘村形成了以家私零售、批发为主，以家私仓储、物流为辅的产业链，仅2018年村集体（沙滘社区）收入就高达11736万元。粗放发展型传统村落经济发展正是第5章中经济发展依赖的集中体现。

然而，粗放发展型传统村落经济整体水平增长与环境、文化、社会的整体水平下降形成鲜明对比（表5–15），环境维度年均增长率最小值–0.57%，最大值0.41%，均值–0.02%，标准差0.0022；社会维度年均增长率最小值–4.01%，最大值3.73%，均值–0.10%，标准差0.0331；文化维度年均增长率最小值为–9.05%，最大值为4.87%，均值为–0.84%，标准差为0.0348，说明环境、社会、文化发展虽有部分复兴，但整体水平仍趋向衰败。概括来说，以资源损耗换取经济发展是该类传统村落的典型特征。

以小洲村、黄埔村、沙滘村为代表的内嵌式粗放发展型传统村落，环境不可持续发展的问题主要来源于人居环境恶化。该类传统村落的居住环境虽在整治行动中不断得到完善与提升，但与满足持续增长的需求仍有一定差距，大量不能及时处理或没有能力处理的废弃物成为污染居住环境的主要来源（图5–27）。此外，该类传统村落外来人员数量多、构成复杂、

粗放发展型传统村落分维度可持续发展　　表5-15

| 分维度 | Min | Max | Mean | Std.Dev |
|---|---|---|---|---|
| 环境维度 | -0.57% | 0.41% | -0.02% | 0.0022 |
| 社会维度 | -4.01% | 3.73% | -0.10% | 0.0331 |
| 文化维度 | -9.05% | 4.87% | -0.84% | 0.0348 |
| 经济维度 | 0.51% | 85.88% | 11.64% | 0.2059 |

粗放发展型传统村落环境可持续发展评价要素变化　　表5-16

| 传统村落 | 年均增长率 $a$（%） | 变化指数 | | | | | | |
|---|---|---|---|---|---|---|---|---|
| | | $a1$ | $a2$ | $a3$ | $a4$ | $a5$ | $a6$ | $a7$ |
| 黄埔村 | -0.74 | 0.804 | 1.000 | 1.165 | 1.000 | 1.000 | 1.000 | 1.000 |
| 小洲村 | -0.13 | 0.971 | 1.000 | 1.098 | 1.000 | 1.000 | 0.986 | 1.000 |
| 瓜岭村 | 0.00 | 1.000 | 1.000 | 1.002 | 1.000 | 1.000 | 1.000 | 1.000 |
| 塱头村 | -0.21 | 1.001 | 0.891 | 1.000 | 1.000 | 1.000 | 1.000 | 1.000 |
| 沙滘村 | -0.01 | 0.946 | 1.000 | 1.090 | 1.000 | 1.000 | 0.877 | 1.000 |
| 长岐村 | 0.00 | 1.000 | 1.000 | 1.000 | 1.000 | 1.000 | 1.000 | 1.000 |
| 岗头村 | 0.00 | 1.000 | 1.000 | 1.320 | 1.000 | 1.000 | 1.000 | 1.000 |
| 大旗头村 | 2.58 | 1.054 | 0.839 | 1.067 | 1.000 | 1.667 | 1.000 | 1.000 |
| 翠亨村 | 0.00 | 1.000 | 1.000 | 1.000 | 1.000 | 1.000 | 1.000 | 1.000 |
| 古鹤村 | 0.41 | 1.000 | 1.000 | 1.000 | 1.000 | 1.042 | 1.000 | 1.000 |
| 鹏城村 | -0.12 | 0.965 | 1.000 | 1.007 | 1.000 | 1.000 | 1.000 | 1.000 |
| 杨池村 | -0.03 | 0.994 | 1.000 | 1.000 | 1.000 | 1.000 | 1.000 | 1.000 |
| 超朗村 | 0.17 | 1.120 | 0.844 | 1.031 | 1.000 | 1.020 | 1.000 | 0.900 |
| 江边村 | -0.05 | 0.983 | 1.000 | 1.000 | 1.000 | 1.000 | 1.000 | 1.000 |
| 南门村 | -0.28 | 0.971 | 1.000 | 1.010 | 1.000 | 1.000 | 1.000 | 1.000 |
| 田心村 | 0.00 | 1.000 | 1.000 | 1.000 | 1.000 | 1.000 | 1.000 | 1.000 |
| 歇马村 | -0.02 | 0.989 | 1.000 | 1.000 | 1.000 | 1.000 | 1.000 | 1.000 |
| 马降龙村 | -0.25 | 0.979 | 1.000 | 1.000 | 1.000 | 1.000 | 1.000 | 1.000 |
| 墨园村 | 2.54 | 0.989 | 1.000 | 1.000 | 1.250 | 1.250 | 1.000 | 1.000 |
| 溪美村 | 0.00 | 1.000 | 1.000 | 1.000 | 1.000 | 1.000 | 1.000 | 1.000 |
| 皇思扬村 | 3.65 | 0.940 | 1.000 | 1.000 | 1.667 | 1.000 | 1.000 | 1.000 |
| 绳武围村 | 4.95 | 1.000 | 1.000 | 1.000 | 1.667 | 1.250 | 1.000 | 1.000 |
| 功武村 | -0.09 | 0.990 | 1.000 | 1.000 | 1.000 | 1.000 | 1.000 | 1.000 |
| 鹤湖围村 | -0.17 | 0.982 | 1.000 | 1.000 | 1.000 | 1.000 | 1.000 | 1.000 |

图 5-27 内嵌式粗放发展型传统村落人居环境恶化

流动性大，村民（居民）集体意识与环境保护意识薄弱，导致该类传统村落中垃圾随意堆放、废弃物直排河道、污水漫溢路面等现象并未彻底消除，造成人居环境的恶化。

以瓜岭村、长岐村、岗头村为代表的外拓式粗放发展型传统村落，环境不可持续发展问题主要来源于外围粗放建设。一方面，村落因区位优势吸引了大量人流进入，村落服务设施使用压力相应增高，配套旅游发展和生活生产的停车压力最为明显。而受制于保护政策以及村内用地相对饱和，村落外围非生产的绿地成为突破口。另一方面，依赖工业化发展路径，利用村落外围绿地、鱼塘等生态用地的增量式开发仍是其获得经济增长的主要途径，成片建设的工业厂房、服务设施不仅造成了自然资源总量减少，也埋下了生态环境的隐患。

（2）遗产资源利用失当，历史风貌遭受破坏

典型性遗产保存是该类型传统村落保护的主要特点，祠堂、寺庙、书塾等公共性质的传统建筑基本能获得一定程度的保护。然而，普遍存在的私有性质的传统建筑保护情况却堪忧。在粗放发展型传统村落中，以沙滘村、小洲村为典型代表的内嵌式传统村落，私有性质的传统建筑通常会被视为获取经济增长的重要资源，利用被充分重视，但在重发展轻保护的保护思想作用下，过度利用、不当利用现象发生。当外来需求不断刺激着村民对利益的最大化追求，拆旧建新、违章搭建和改建等现象普遍发生，传统建筑利用率和良好率表现出明显反向关系。传统建筑的过度利用、不当利用成为传统村落历史风貌遭受破坏的主要原因（图5-28）。

以瓜岭村、超朗村、江边村为典型代表的外拓式传统村落则在保护政策要求下，对传统村落采取一定保护措施。但因村落更重视经济发展，并依赖工业化发展，除在政府财政补贴下被动修缮祠堂等公共建筑，大量古民居在缺少相应保护修缮中被空置、废弃，逐渐自然损坏，甚至损毁。

（3）人员复杂流动大，加大社会秩序冲击

在传统农耕时期，村民虽以个体存在，但对外却显示出强有力的凝聚力，有着明显的集

图 5-28 现代民居挤迫下的传统建筑

体特征，村民“归属感”明显。然而，在以上分析中，废弃物任意倾倒、抢建、不主动参与保护等行为都显示出村民（居民）“归属感”的缺失。乡村社会发展的历史证明，村民组织化程度与农村社会秩序高度关联[224]。通过对社会维度相关性分析，村民社会活动参与度、自组织活力度的相关性显著，村民社会活动参与度和自组织活力度下降明显，导致社会可持续发展水平下降。

从表5-17也可看出，沙滘村和小洲村的自组织活力明显下降。结合实际，当村民从传统农业脱离时，村民间原有互帮互助的协作关系已经开始松动，甚至转变，并在一定程度上产生了竞争关系，这种竞争关系也激发了村民的抢建行为。更为重要的是，该类传统村落具有外来人员数量多、构成复杂、流动性大的特征。外来人口的涌入、传统秩序文化的衰微都加剧了社会凝聚的消解。而此时，当村落缺少对村民（居民）的有效组织化，势必会导致村民（居民）“归属感”缺失，引发村民（居民）专注自身利益追求而忽略对集体利益的关照。

**粗放发展型传统村落社会可持续发展评价要素变化** 表5-17

| 传统村落 | 年均增长率 $d$（%） | 变化指数 | | | | | |
|---|---|---|---|---|---|---|---|
| | | $d1$ | $d2$ | $d3$ | $d4$ | $d5$ | $d6$ |
| 黄埔村 | 0.90 | 0.961 | 1.307 | 1.000 | 1.143 | 1.030 | 1.000 |
| 小洲村 | −5.76 | 1.008 | 1.120 | 0.800 | 0.882 | 0.900 | 1.000 |
| 瓜岭村 | −3.63 | 0.375 | 0.967 | 0.941 | 0.938 | 1.000 | 1.000 |
| 塱头村 | 3.55 | 1.746 | 0.864 | 1.125 | 1.235 | 1.009 | 1.0100 |
| 沙滘村 | −5.14 | 0.766 | 1.324 | 0.889 | 0.938 | 1.000 | 1.000 |
| 长岐村 | 3.04 | 0.840 | 0.900 | 1.059 | 1.111 | 1.000 | 1.000 |
| 岗头村 | −4.01 | 0.347 | 1.000 | 0.938 | 0.938 | 1.000 | 1.000 |
| 大旗头村 | −1.17 | 0.014 | 0.988 | 0.933 | 1.000 | 1.000 | 1.009 |
| 翠亨村 | −2.10 | 0.532 | 1.000 | 0.882 | 0.882 | 1.000 | 1.100 |
| 古鹤村 | −1.50 | 0.869 | 1.000 | 0.889 | 1.000 | 1.000 | 1.000 |

续表

| 传统村落 | 年均增长率 $d$（%） | 变化指数 | | | | | |
|---|---|---|---|---|---|---|---|
| | | $d1$ | $d2$ | $d3$ | $d4$ | $d5$ | $d6$ |
| 鹏城村 | -1.35 | 0.774 | 1.101 | 0.933 | 0.933 | 0.861 | 1.000 |
| 杨池村 | -0.29 | 1.000 | 1.000 | 0.970 | 0.970 | 1.000 | 1.000 |
| 超朗村 | 2.00 | 0.045 | 1.100 | 1.000 | 1.267 | 0.980 | 1.000 |
| 江边村 | 0.92 | 0.507 | 1.000 | 1.079 | 1.063 | 0.760 | 1.360 |
| 南门村 | 3.68 | 0.918 | 1.000 | 1.143 | 1.125 | 1.000 | 1.000 |
| 田心村 | -2.99 | 0.855 | 0.890 | 0.938 | 1.000 | 1.000 | 1.000 |
| 歇马村 | -0.47 | 0.984 | 1.000 | 0.970 | 0.970 | 1.000 | 1.000 |
| 马降龙村 | -0.87 | 1.000 | 1.000 | 0.970 | 0.970 | 1.000 | 1.000 |
| 墨园村 | -0.81 | 0.570 | 1.000 | 0.941 | 0.970 | 1.000 | 1.000 |
| 溪美村 | -1.12 | 0.997 | 1.003 | 0.938 | 1.000 | 1.000 | 1.000 |
| 皇思扬村 | -1.43 | 0.922 | 1.020 | 0.970 | 0.941 | 1.000 | 1.000 |
| 绳武围村 | -0.63 | 0.968 | 1.000 | 0.969 | 0.969 | 1.000 | 1.000 |
| 功武村 | -1.26 | 0.983 | 0.900 | 0.970 | 0.941 | 1.000 | 1.000 |
| 鹤湖围村 | -1.16 | 0.917 | 0.933 | 0.985 | 1.000 | 0.890 | 1.000 |

#### 5.4.2.3 衰败萎缩型

衰败萎缩型基本分散于远离城市的区域（图5-29），大多保持着原有的自然演进轨迹，以遗产就地留存和固有农业发展为主要特征。通过对比分析传统村落的经济发展、生态环境与社会文化发现，该类传统村落环境可持续发展普遍呈上升趋势，与经济、文化、社会多维下降形成鲜明对比，村落劳动力流失、产业规模化发展不足、服务设施不全等问题相对明显。具体表现在以下几方面：

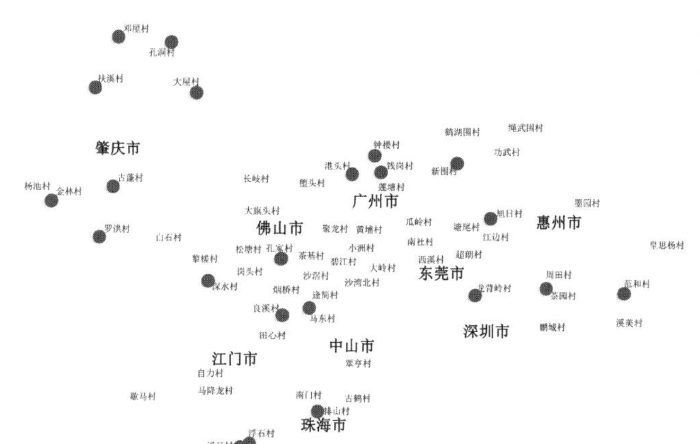


传统村落名录（22个）

| 村落 | 行政归属 | 村落 | 行政归属 |
|---|---|---|---|
| 港头村 | 广州市花都区 | 良溪村 | 江门市蓬江区 |
| 钟楼村 | 广州市从化区 | 浮石村 | 江门市台山市 |
| 钱岗村 | 广州市从化区 | 浮月村 | 江门市台山市 |
| 新围村 | 广州市增城区 | 大屋村 | 肇庆市广宁县 |
| 孔家村 | 佛山市禅城区 | 邓屋村 | 肇庆市怀集县 |
| 深水村 | 佛山市高明区 | 扶溪村 | 肇庆市怀集县 |
| 马东村 | 佛山市顺德区 | 孔洞村 | 肇庆市怀集县 |
| 范和村 | 惠州市惠东县 | 古蓬村 | 肇庆市德庆县 |
| 旭日村 | 惠州市博罗县 | 罗洪村 | 肇庆市德庆县 |
| 茶园村 | 惠州市惠阳区 | 金林村 | 肇庆市德庆县 |
| 排山村 | 珠海市斗门区 | 龙背岭村 | 东莞市塘厦镇 |

图 5-29 衰败萎缩型传统村落空间分布示意

（1）产业单一低效，村落经济衰退明显

经济落后是衰败萎缩型传统村落的显著特征之一。通过对经济维度要素变化情况分析发现（表5–18），村民增收整体虽有一定程度增长，但集体增收明显整体下降是经济负向增长的主要致因。究其原因，衰败萎缩型传统村落大多远离城市，传统村落基本保持自然演进的发展状态，以农业生产为主要经济来源，产业单一低效。值得注意的是，农业生产虽仍居主要地位，经济获取方式却已发生改变。以广州市港头村为例，村内水塘、林地以及农地约666m$^2$。据村委介绍，因村落中青年基本外出务工，村内仅居有老人和小孩，村落农业土地基本由外乡人经营，加之而港头村缺少区位优势，土地租赁价格较低，村落经济以年均–4.46%的增长率下滑，村落发展举步维艰。据统计，衰败萎缩型传统村落中有84.38%的村落与港头村发展相似。

衰败萎缩型传统村落经济可持续发展评价要素变化　　表5–18

| 传统村落 | 年均增长率 c（%） | 变化指数 | | | |
|---|---|---|---|---|---|
| | | c1 | c2 | c3 | c4 |
| 港头村 | -1.43 | -4.46 | 22.03 | 1.000 | 1.000 |
| 钟楼村 | -16.32 | -22.60 | 31.95 | 1.000 | 1.000 |
| 钱岗村 | -30.76 | -43.77 | -1.71 | 1.000 | 1.000 |
| 新围村 | -9.45 | -11.18 | 9.79 | 1.000 | 1.000 |
| 孔家村 | 0.58 | 0.51 | 22.89 | 1.000 | 1.000 |
| 深水村 | -15.49 | -16.33 | -4.99 | 1.000 | 1.000 |
| 马东村 | 0.63 | 0.29 | 137.69 | 1.000 | 1.000 |
| 范和村 | 0.14 | 0.07 | 9.51 | 1.000 | 1.000 |
| 旭日村 | 1.69 | 1.16 | 7.47 | 1.000 | 1.000 |
| 茶园村 | 1.30 | 1.20 | 7.15 | 1.000 | 1.000 |
| 排山村 | 2.44 | 2.47 | 3.14 | 1.000 | 1.000 |
| 良溪村 | 0.93 | 0.91 | 4.33 | 1.000 | 1.000 |
| 浮石村 | 0.03 | 0.03 | 22.09 | 1.000 | 1.000 |
| 浮月村 | 0.78 | 0.00 | 30.50 | 1.000 | 1.000 |
| 大屋村 | 0.75 | 0.00 | 3.55 | 1.000 | 1.000 |
| 邓屋村 | 2.49 | 1.92 | 5.79 | 1.000 | 1.000 |
| 扶溪村 | 1.22 | 0.00 | 9.87 | 1.000 | 1.000 |
| 孔洞村 | 2.38 | 0.73 | 12.01 | 1.000 | 1.000 |
| 古蓬村 | 1.81 | 1.63 | 8.17 | 1.000 | 1.000 |
| 罗洪村 | 0.30 | 0.00 | 10.05 | 1.000 | 1.000 |
| 金林村 | 1.78 | 1.63 | 11.64 | 1.000 | 1.000 |
| 龙背岭村 | 0.51 | 0.51 | 1.85 | 1.000 | 1.000 |

（2）人口流失严重，加剧乡土社会涣散

人口流失是衰败萎缩型传统村落的普遍现象。从社会维度呈下降趋势（社会维度年均增长率最小值-12.40%，最大值10.18%，平均值-0.72%，标准差为0.0322），以及社会维度变化要素分析，传统村落村民参加社会活动的积极性与村落自组织活力均呈现整体水平下降趋势，是乡土社会衰败的主要影响因素。村民自组织是否具备服务、凝聚村民的能力通常是衡量村民组织化程度的重要标尺。而当大量村民外迁，村内人口减少时，尤其是大量村落精英流失，对村民自组织产生影响和冲击。此外，经济落后、传统文化衰败、小农经济意识的增长又会进一步限制村民自组织发展，进而使村民自组织的服务和凝聚能力下降，村民对参与村务的积极性下降。

（3）现代文化侵入，加速传统文化流失

从衰败萎缩型传统村落文化维度数据来看（文化维度年均增长率最小值-8.47%，最大值4.05%，平均值-2.02%，标准差为0.0272），文化维度呈下降趋势。进一步对文化维度变化要素进行分析（表5-19），文化维度呈下降趋势是与传统建筑保护度、传统村落的利用度，以及非遗保护度下降有关，其中利用度的波动规律并不明显，但非遗保护度却基本呈下降趋势，说明非遗保护度是文化维度的负向增长的主要影响因素。

**衰败萎缩型传统村落文化可持续发展评价要素变化** 表5-19

| 传统村落 | 年均增长率 $b$（%） | 变化指数 | | | | | | |
|---|---|---|---|---|---|---|---|---|
| | | $b1$ | $b2$ | $b3$ | $b4$ | $b5$ | $b6$ | $b7$ |
| 港头村 | -4.81 | 1.277 | 0.889 | 0.912 | 1.109 | 1.103 | 0.587 | 1.447 |
| 钟楼村 | -4.34 | 1.347 | 0.857 | 0.900 | 1.122 | 1.000 | 0.625 | 1.000 |
| 钱岗村 | -6.81 | 1.514 | 0.867 | 0.720 | 0.931 | 0.634 | 0.301 | 0.204 |
| 新围村 | -4.91 | 1.120 | 0.667 | 0.960 | 1.240 | 1.000 | 1.000 | 1.000 |
| 孔家村 | -7.20 | 0.838 | 0.933 | 1.000 | 1.035 | 0.763 | 0.674 | 0.746 |
| 深水村 | -0.48 | 1.069 | 1.000 | 1.000 | 1.320 | 1.000 | 1.000 | 1.000 |
| 马东村 | -2.55 | 1.567 | 0.882 | 1.003 | 1.100 | 1.000 | 0.966 | 0.488 |
| 范和村 | -2.15 | 1.037 | 0.921 | 1.000 | 1.000 | 1.000 | 0.831 | 1.048 |
| 旭日村 | -0.44 | 1.095 | 1.000 | 1.000 | 1.000 | 1.000 | 0.964 | 0.955 |
| 茶园村 | -0.20 | 1.149 | 1.000 | 1.000 | 1.000 | 1.000 | 0.838 | 1.074 |
| 排山村 | -9.05 | 1.047 | 0.700 | 0.979 | 1.000 | 1.000 | 0.872 | 0.987 |
| 良溪村 | -0.50 | 1.000 | 1.000 | 1.000 | 1.000 | 1.000 | 0.907 | 0.931 |
| 浮石村 | -2.98 | 1.000 | 0.857 | 1.000 | 1.000 | 1.000 | 0.829 | 0.981 |
| 浮月村 | -2.02 | 1.000 | 0.921 | 1.000 | 1.000 | 1.000 | 0.878 | 1.038 |
| 大屋村 | -1.36 | 1.003 | 0.927 | 0.903 | 0.901 | 1.000 | 0.691 | 1.097 |
| 邓屋村 | -3.57 | 1.073 | 0.789 | 0.861 | 0.879 | 1.000 | 0.912 | 0.860 |

续表

| 传统村落 | 年均增长率 $b$（%） | 变化指数 | | | | | | |
|---|---|---|---|---|---|---|---|---|
| | | $b1$ | $b2$ | $b3$ | $b4$ | $b5$ | $b6$ | $b7$ |
| 扶溪村 | -1.56 | 1.070 | 0.921 | 1.000 | 0.890 | 1.000 | 0.899 | 0.960 |
| 孔洞村 | -3.40 | 1.062 | 0.882 | 0.901 | 1.000 | 1.000 | 0.524 | 1.071 |
| 古蓬村 | 0.37 | 0.942 | 1.000 | 1.000 | 1.000 | 1.000 | 0.997 | 1.054 |
| 罗洪村 | -8.47 | 0.950 | 0.649 | 0.765 | 1.000 | 1.000 | 0.696 | 0.876 |
| 金林村 | 0.78 | 0.946 | 1.067 | 1.000 | 1.000 | 1.000 | 0.870 | 1.015 |
| 龙背岭村 | -5.78 | 0.950 | 0.750 | 0.800 | 1.001 | 1.000 | 0.667 | 1.000 |

快速城镇化在加强偏远地区传统村落与外界联系的同时，现代文化对传统村落的入侵也潜移默化地发生着。如对现代城市的向往，村落人口大量输出，民俗活动、生活习俗、地方技艺等传统文化在主体缺失中逐渐流失。再如，对现代建筑的青睐，新建筑呈增量发展，而传统建筑呈减量发展。从生态用地减少的发生情景来看，在22个传统村落中有19个传统村落出现了不同程度的减少，生态用地的流向主要是厂房和民居的增量建设，其中为满足生存需求的民居建设占比高达90.91%。从生态用地减少的位置来看，主要是在村落内部以点状嵌入式侵占、在村落周边以由内向外圈层式侵占，以及沿对外交通道路以线状侵占。而从传统建筑保护和利用率看，传统建筑良好率和利用率的双降现象普遍存在，22个衰败萎缩型传统村落中，20个村落的传统建筑良好率呈不同程度下降，更有11个村落的传统建筑总量趋于减少，10个村落的传统建筑利用率趋于下降。

# 本章小结

本章是对传统村落可持续发展目标研究的延续，是可持续发展理论在珠江三角洲传统村落保护与发展的实践应用。通过量化评价珠江三角洲传统村落的可持续发展水平，解析可持续发展分布格局及困境特征，为保护与发展策略提供依据。

（1）基于传统村落可持续发展目标体系，建立指标体系、确定评价方法，完善传统村落可持续发展评价技术

根据传统村落可持续发展目标，研究基于系统稳定性、效用性、可持续性特征做进一步分解，并结合珠江三角洲传统村落实地调研，依据数据可获取且具有较强代表性原则，选取植被覆盖率、工业用地侵蚀率等反映传统村落保护的制度环境、观念认知、社会经济等可持续的保护与发展能力的24项具体指标，建构传统村落可持续发展评价指标体系。进一步地，

基于可持续发展评价方法对比分析，根据我国经济发展仍处于EKC假说前期阶段，环境压力巨大，以及传统村落仍面临灭失威胁，研究采取在单维总量评价基础上，叠加多维总量对比的综合评价方法，在反映子系统发展态势的同时，有效消除系统总量评价方法中潜在的指标数值均化弊端，避免因经济单维高数值对生态、文化单维低数值的数值抵消，造成系统总量保持较高数值，隐匿经济高增长对文化或生态资源过度消耗的问题。

（2）归类传统村落为融合保育、僵化保护、粗放发展、衰败萎缩四种类型

量化评价珠江三角洲传统村落研究样本，并借助系统聚类，归类传统村落为融合保育、僵化保护、粗放发展、衰败萎缩四种类型。其中，融合保育型传统村落以多维指标正向增长，显示出明显的可持续发展特征，预示传统村落基本步入了可持续发展轨道。僵化保护型、粗放发展型、衰败萎缩型传统村落因多维指标部分负向增长，可持续发展特征不明显。其中，僵化保护以环境和文化维指标的正向增长、经济或社会维指标的负向增长，预示着传统村落的生态环境以及传统文化已在保护中获益，自然与人文资源保持良好，但并未转化成为经济社会的发展动力，实现可持续发展仍有一定的距离；粗放发展以经济维指标的正向增长，其他维度指标部分负向增长，预示着传统村落正以自然或人文资源的损耗换取经济增长，而随着自然或人文资源的持续减少，传统村落将与可持续发展目标渐行渐远，应引起高度警惕；衰败萎缩以多维指标负向增长，预示着传统村落正面临逐渐消亡的威胁。

（3）揭示珠江三角洲传统村落空间聚集强、成因差异大的可持续发展格局特征

筛选取涉及区域与村落的12个要素，对传统村落单要素属性分布进行对比分析，揭示珠江三角洲传统村落“空间聚集递变强+成因差异大”的可持续发展格局特征。具体表现：①各类型空间聚集性与递变性显著。融合保育集中于珠江三角洲广佛莞城区，僵化保护集中于广惠城区，粗放发展集中于各市郊区，衰败萎缩则集中于珠江三角洲外围区及远郊区。总体来看，各类型在区域、市域两种尺度下，空间分布均呈现由内向外圈层式递变，其中融合保育的递减与衰败萎缩的递增特征突出。②各单维发展空间集聚趋势不同，如经济发展高值主要集中在城市近郊区，环境发展高值多集中在远离城镇地区等。进一步对传统村落可持续发展驱动力进行分析，得出珠江三角洲传统村落保护与发展主要是对宏观政策响应，以及地方社会经济发展推动的结果，保护外生动力作用突出，内生动力薄弱。

（4）聚类融合保育型、僵化保护型、粗放发展型、衰败萎缩型传统村落的不可持续发展问题特征，揭示问题构成受保护与发展特征主导

根据传统村落可持续发展评价结果，僵化保护、粗放发展、衰败萎缩型传统村落的不可持续发展明显高于融合保育型传统村落。聚类融合保育型、僵化保护型、粗放发展型、衰败萎缩型传统村落的不可持续发展问题特征，主要为生态环境遭受侵蚀、地域文化特色渐弱、产业内生动力不足、社会治理能力下降等，各类型传统村落不可持续发展问题特征差异显著，问题构成受保护与发展特征主导。其中，僵化保护型以遗产保护和产业发展的“一刀切”为主要特征，通过严格管控换取传统村落遗产本体的整体保存，导致传统村落内生经济

体系瓦解，传统文化在“去生活化”中渐失活力；粗放发展型以典型性遗产的静态保存与地租产业扩张为主要特征，导致非典型性遗产资源超负荷利用、村落外围生态用地持续减少、创新产业发展滞后；衰败萎缩型以遗产就地留存和固有农业发展为主要特征，引发村落劳动力流失、产业规模化发展不足、服务设施不全。

可以说，在国家政策引导下，珠江三角洲地区积极开展传统村落的保护与发展，通过制定相关政策制度、编制保护发展规划、倡导多方合作参与等动作，使部分传统村落实现了环境文化与经济社会的同步发展，但仍有较高比例传统村落与可持续发展目标有所差距，亟待对珠江三角洲传统村落的保护与发展进行优化。

# 第 6 章 珠江三角洲传统村落可持续发展模式与策略

在国家传统村落保护战略实施背景下，珠江三角洲各地相继开展保护与发展工作，传统村落整体衰败局面得到一定遏制。但总体来看，传统村落可持续发展水平依然不高，生态环境遭受侵蚀、地域文化特色减弱、产业内生动力不足、社会治理能力下降等问题尚未得到有效解决。针对珠江三角洲传统村落现存问题，本章提出传统村落“系统联动治理”模式，期望通过保护与发展的思路转变和路径创新，推进珠江三角洲传统村落的可持续发展，并为乡村振兴背景下我国传统村落保护工作提供参考借鉴。

# 6.1 从“单一要素管控”走向“系统联动治理”

## 6.1.1 传统村落“单一要素管控”特征与问题

### 6.1.1.1 传统村落“单一要素管控”典型特征

传统村落是由庞大而复杂的要素共同组成的有机系统，这些要素的任何变动都会对传统村落及其可持续发展产生诸多影响。而在区域一体化的快速推进下，珠江三角洲文化、经济、社会、生态等要素的变化日趋加快，强烈作用于传统村落。但在经济短视或忽视社会效益理念影响下，珠江三角洲在响应国家传统村落保护战略中，多采取“单一要素管控”方式，以独立的传统村落为对象，通过自上而下的单一要素管控，或者说按照“要素—类别”[225]的方式对特定遗产要素进行自上而下的管控。

考虑到地方政府结合地方特点和发展条件先后出台了有关政策文件，是传统村落实施保护的主要依据。研究结合相关政策文件，通过总结珠江三角洲传统村落在保护对象、保护强度，以及保护权能分配上的一般方法，对当下珠江三角洲传统村落的保护方式及特征加以说明（表6-1）。

珠江三角洲部分省市传统村落保护相关政策文件　表6-1

| 编制省市 | 文件名称 | 发布部门 | 发布时间 |
|---|---|---|---|
| 珠海市斗门区 | 《斗门区传统村落保护发展管理办法》 | 斗门区文化广电新闻出版局 | 2015年 |
| 惠州市 | 《惠州市传统村落保护利用办法》 | 惠州市人民政府 | 2016年 |
| 东莞市 | 《东莞市历史建筑保护管理办法》 | 东莞市市自然资源局 | 2019年 |
| 广州市 | 《广州市历史建筑和历史风貌区保护办法》 | 广州市人民政府 | 2013年 |

（资料来源：笔者根据各地政策文件汇总）

（1）按历史文化价值区别保护要素

保护对象的筛选与识别通常是传统村落保护的首要任务。首先，珠江三角洲传统村落的保护基本以独立的自然村或行政村为单位确定保护对象。其次，沿用传统文化遗产评定规制进一步确定保护要素。如斗门区传统村落是以名录内和名录外村落的遗产要素数量、地域文化特色及完整度来认定，惠州市传统村落则以区级以上名录内村落为主要参考，遗产稀缺度、久远度、丰富度等成决定因素；广州市和东莞市历史建筑是按照建筑建成时长、地域文化特色、历史文化特点、历史文化意义等方面综合认定。总体来看，目前保护对象呈现村落独立保护特征，保护要素则呈现历史文化价值的决定论，缺少对传统村落与区域关系的考量，缺乏对要素生态、社会、生产，以及地区服务等价值的综合评估。

（2）按遗产类型区分管控强度

根据遗产要素的价值评估，构成了传统村落复杂而多样的遗产类型，包括文物保护单位、历史文化街区、历史建筑等遗产会以不同组合方式共存于传统村落中。为兼顾各类遗产保护要求，珠江三角洲普遍沿用以文物保护单位为主体的圈层式控制模式。为保证“保护圈”的完整，将周边“体制”外要素一并入圈。圈内外实施分级分类管控，管控强度由内向外依次降低。事实证明，按照遗产类型区分管控强度对于抢救快速灭失中的传统村落是管用的，能有效阻止传统村落在快速发展中的大规模建设性破坏行为。而其局限其一是对圈内村落的发展与利用考虑不足，限制了圈内生产生活功能延续，加大村落发展负担；其二是采取相似的保护技术路线，难以适应不同传统村落发展的需求差异。

（3）按行政层级分配权能

珠江三角洲基本延续传统文化遗产保护规制，政府在传统村落保护中拥有绝对话语权，如斗门区详细规定了各级地方政府在传统村落保护专项资金的管理、支配权，以及在传统村落保护与发展利用中的组织、实施、审批等权力，对村落主体参与保护与发展的权利说明仅有3条提及；惠州市则对村落主体在传统村落保护利用中的权责内容更少，且以鼓励参与和可以参与为主（表6–2）。

地方政策中各方主体的权能对比　　表6–2

| 地方政策 | 各级政府部门 | 社会主体 | 村落主体 |
| --- | --- | --- | --- |
| 斗门区 | 专项资金管理权，与保护发展利用相关行为的组织、实施、审批、监督、奖励等权力 | 发展利用参与权 | 发展利用参与权、保护的社会监督权，享有利用收益权 |
| 惠州市 | 专项资金管理权，与保护利用相关行为的组织、实施、审批、监督、奖励等权力 | 鼓励参与保护利用 | 可以参与利用 |

（资料来源：笔者根据各地政策文件汇总）

有效的政府和公共政策引导是推动传统村落保护的关键。从对保护对象、保护强度以及保护权能分配上的政策分析，可窥珠江三角洲传统村落“单一要素管控”的单一性、被动性、外部依赖性、应急性等特征。诚然，随着城乡关系日益紧密，传统村落已然成为珠江三角洲一体化发展不可分割的组成部分，正以人口、土地、产业等收缩方式参与其中。与此同时，传统村落保护需要大量资源投入，其实施受成本收益机制影响，而当村落保护脱离区域发展环境，缺少对产业融入、社区重构与文化再造等发展因素的考量时，一方面，极易导致村落受益群体缩小，保护边际成本提升，进而难以形成主动性保护，在加剧保护的外部依赖性的同时，也使村落始终处于被动应对各类问题中；另一方面，也会对资源匮乏的村落设置过高的成本门槛，使其难以承担较高的保护投入而持续实施，加大了珠江三角洲传统村落的不可持续发展几率（图6–1）。

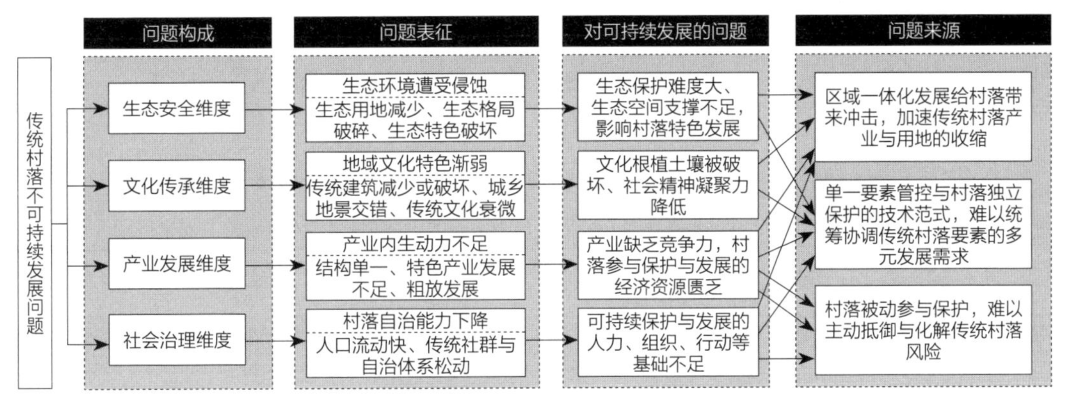


图 6-1 珠江三角洲传统村落困境构成与困境来源

### 6.1.1.2 传统村落“单一要素管控”问题构成

当下，珠江三角洲文化、经济、社会、生态等要素的变化及相互作用日趋加强，深刻影响着传统村落。过于依赖“单一要素管控”，难以统筹协调传统村落要素的多元发展需求，易导致传统村落的不可持续发展（图6–2）。

（1）传统村落不可持续发展的文化因素

在区域一体化发展中，现代文化对传统文化的冲击日渐强烈，造成传统文化衰微，表现为传统村落的历史风貌破坏，传统建筑减少或破坏、城乡地景交错、传统习俗流失等。而传统文化不仅是传统村落遗产价值的集中体现，更是区别于其他城乡发展的特色价值所在。特色文化资源匮乏将进一步引发传统村落特色产业竞争力降低，社会凝聚基础不足。

（2）传统村落不可持续发展的生态因素

在城市外延扩张的强烈冲击中，传统村落自然演替、渐进生长的内生发展秩序受到影响，土地利用格局随着传统村落的不确定与不稳定发展发生变化，生态环境遭受侵蚀，表现为生态用地持续减少、生态空间破碎化等。而生态格局及景观资源既是传统村落遗产价值的

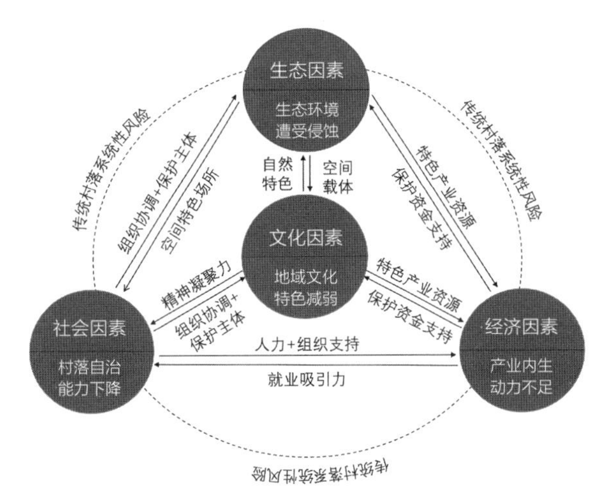


图 6-2 传统村落不可持续发展的因素作用关系

重要体现，也是村落特色发展的重要资源。生态环境遭到侵蚀，生态支撑能力下降，将在降低传统村落的遗产价值同时，限制村落产业发展的可持续性、特色性以及多样性。

（3）传统村落不可持续发展的经济因素

在文化遗产保护技术范式影响下，珠江三角洲传统村落的地租经济扩张受到相应约束，原有内生经济体系瓦解，致使经济增长停滞。与此同时，在缺少现代技术、经营管理、基础设施及相关制度支持的情况下，传统村落创新发展滞后，产业内生发展动力不足，经济逐渐衰退。产业凋敝进一步衍生出就业吸引力不足、主体保护能力降低、社会发展不稳定等问题，增大不可持续发展几率。

（4）传统村落不可持续发展的社会因素

传统村落社会不稳定发展呈现两种趋势。其一，伴随部分传统村落内生产业瓦解，村民就业不确定性和不稳定性增加，加速劳动力流失，极大地削弱了传统村落产业发展人力基础，加剧社会发展不稳定：其二，部分传统村落外来人口涌入，造成传统社会群体与自治体系的松动，加之传统文化流失，社会精神凝聚基础薄弱，加速社会发展不稳定。两种趋势下传统村落社会自治体系建设的人力基础均被破坏，社会自治能力下降。传统村落的自治能力不足又进一步削弱可持续保护与发展的人力、组织、行动等基础，影响可持续的保护与发展能力。

### 6.1.2 传统村落“系统联动治理”要点与优势

可持续发展模式是推动传统村落高质量发展的重要手段。传统村落身份的特殊性决定其可持续发展模式应兼具一般性和特殊性内涵。可持续发展概念自提出以来，虽历经思想博弈，但追求人类经济、社会、环境复合系统的可持续发展始终是其理论核心基础，使可持续发展与复杂系统研究密不可分。从复杂系统视角来看，传统村落是文化遗产主体与其他主体相互作用形成的，与外界环境交互的复杂系统[226]。可持续发展模式的一般内涵应至少发挥两方面作用，有助于传统村落系统的可持续，也有助于建立传统村落与外界环境的交互关系。

除了一般性内涵，在文化遗产保护与乡村发展的双重作用下，可持续发展模式还有一些特殊的内涵，具体表现为以下几点：

首先，从来源维度看，可持续发展模式具有非输入性，依靠村落的主动力量。为缓解保护主体间的矛盾，珠江三角洲传统村落保护选择了以政府拨款予以支持，但在该制度下滋生了村落的等、靠、要现象。面对巨额资金需求，政府很快无法承担。即使政府通过资金输入解决了当下传统村落物质空间衰败问题，但村落依然要面对产业转型、人口流失、社会结构重构等问题。传统村落的可持续发展模式并非输入型，而是通过鼓励村落主动参与，发挥村落主动力量，为传统村落创造持续的保护动力。

其次，从实践路径看，可持续发展模式具有非同一性，承认村落及主体的差异性。由于传统村落的地理位置、资源禀赋等外在条件，以及不同主体的能力禀赋、意识形态等内在条件都存在差异，无法确保所有传统村落、所有主体都能采取统一的、步调一致的方式实现可持续发展。换言之，可持续发展模式不是“标准化齐步走”，历史经验教训表明，如果一味地追求统一化，文化的多样性也将被抹杀。

最后，从实施手段看，可持续发展模式具有非外部强制执行性，需要协同推进。传统村落的可持续发展模式并非强制执行的。事实上，在珠江三角洲深厚的宗族文化为村民保持一致行动提供了强大的意识形态，根据复杂适应系统理论，传统村落主体与其他适应性主体的和谐共生，才更有利于提高村落主体的学习、反馈、适应能力，演化创造新的动力源[227]。传统村落的可持续发展模式应促进村落与区域的互动，在内外协同中提高传统村落的适应性。

从珠江三角洲传统村落保护现实来看，传统村落保护依然是独立于区域社会经济发展之外的事件。在经济短视或忽视社会效益理念的影响制约下，传统村落保护就被贴上了行政任务的标签，“单一要素管控”随之形成。因此，结合可持续发展模式剖析，研究提出珠江三角洲传统村落优化路径，实现保护从“单一要素管控”向“系统联动治理”的转向。

#### 6.1.2.1 传统村落“系统联动治理”内涵诠释

系统联动治理需要理解两个概念。其一是系统的指向。传统村落是一个复杂的有机系统，也是城乡系统的重要构成部分。传统村落的文化、绿地、建筑、道路等多元要素更是相应文化、生态、建筑、道路等系统的组成要素。概言之，系统包含了“宏观—中观—微观”三个层面，宏观层面系统主要是由传统村落与城镇、其他村落共构形成；中观层面系统主要由传统村落生态、文化、产业、社会等要素共构形成；微观层面主要是构成城乡系统的各子系统，如祠堂、民居、街巷、广场等组成的建成环境系统，政府、社会、村民等组成的参与保护与发展的主体系统等。

传统村落系统是系统联动治理的核心动力来源，因此，研究进一步对传统村落系统加以说明。党的十九大报告中提出了乡村振兴战略，要求乡村在做到产业兴旺、生态宜居的同时，保护乡村文化，继而实现农民真正的生活富裕。传统村落保护作为乡村振兴战略实施的重要举措，其本质就是要注重文化传承、生态建设、农业经济、社会治理等要素的系统开发，是围绕传统村落“人—村—产”系统的要素保护。因此，传统村落系统主要是由“人—村—产”系统要素共构形成（图6-3）。其中，“人”是村落产业发展的主体支撑，也是保护实施主体。这里的“人”主要指由本地居民、长期居住的居民，以及基于社会交往的组织关系共同构成的社会系统。珠江三角洲传统村落在一体化发展推进下，已改变了早期基于血缘或地缘缔结而成的传统聚落。受新地缘与业缘影响，人口结构日益复杂，新老外来人与本地居民共同组成了传统村落主体。他们基于血缘、地缘、业缘的组织化形式成为传统村落实施保护的主要组织者和领导者；“村”即“人”展开生产生活的空间载体，是各类物质要素构成的物质环境系统，其是村落产业发展的资源支撑，也是保护主要实施客体；“产”即由传

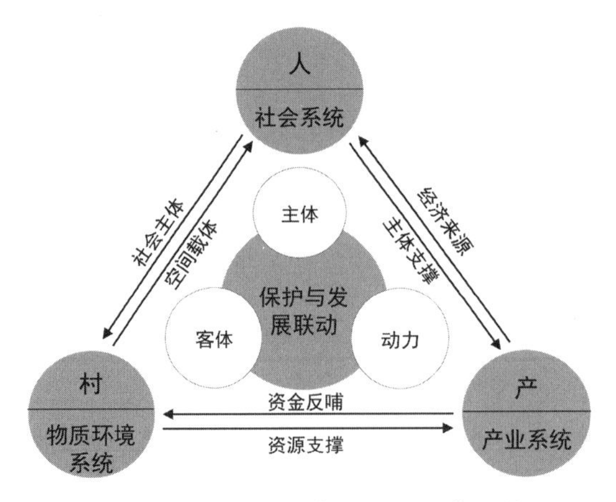


图6-3 传统村落的“人—村—产”系统

统农业与现代产业共同组成的传统村落产业系统，是“村”有序运行的资金保障，也是“人”生产生活的经济来源，是保护持续实施的动力支撑之一。

治理作为公共管理学概念，其本质是通过多元主体的权力和利益协调实现对公共事务的共同管理。研究对治理的强调，旨在改变以往保护中依赖政府的单一管控手段弊端，通过村落主体参与，借助参加、协商、完善社会网络、激励等途径，使保护回归人本化，形成保护内在力量，推动传统村落保护的有效实施。

概言之，系统联动治理主张将传统村落保护纳入区域社会经济发展范畴，通过推进传统村落系统与其他系统广泛的相互作用，在促进多元要素的聚集中提高传统村落的适应性，从而提升保护内生动力，形成与外生动力的互补，进而形成传统村落可持续发展的长效机制。传统村落的适应性提高优势主要体现在三个方面，通过提升传统村落自适应性，使其主动适应系统内外变化、主动预防系统潜在隐患、主动提升内生发展能力，改变现有传统村落保护的应急性、被动性和单向性；通过提升传统村落的自协调性与自组织性，使其在多元主体广泛参与和多维目标长效发展中，自主协调与其他适应性主体的协同发展与要素互动，形成系统间协同管理与资源协调配置，改变现有传统村落保护的单一性、外部依赖性、不稳定性。

### 6.1.2.2 传统村落“系统联动治理”技术要点

传统村落系统联动治理，应是建立以“村落系统内生动能”驱动为核心、以“区域系统协同共生”与“多元要素整合优化”为支撑的发展模式（图6-4），采取遗产+特色为导向的分类实施路径。

（1）建立区域系统共生的发展格局

区域系统共生发展格局是传统村落内生发展培育的系统保障，有赖于系统多元要素的协同优化。通过“村落—区域”发展协同平台建设与“村落—村落”网络组织体系培育，引导传统村落发展成为区域资源要素的“汇集点”，在促动传统村落的内生发展能力提升同时，

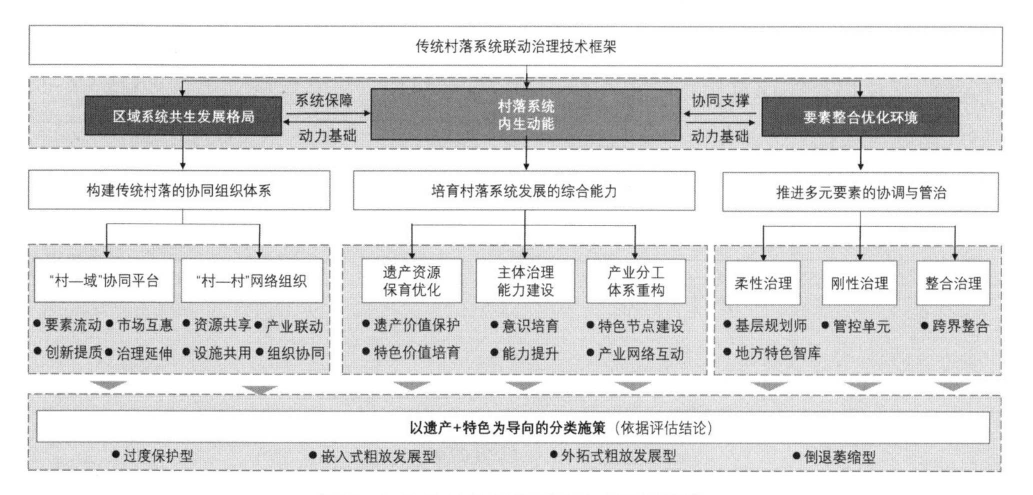


图6-4 传统村落系统联动治理格局重构

发挥桥梁作用，带动乡村地区发展，并在区域一体化基础上逐步实现城乡融合。

（2）形成村落系统内生发展能力

传统村落系统内生发展能力培育是实现传统村落保护可持续、乡村振兴的重要基础。基于珠江三角洲发达的地区经济、文化同源以及成熟的一体化优势，以产业发展为触媒，即以传统村落遗产价值与特色产业的叠加融合激活保护与发展的联动，是珠江三角洲传统村落可持续发展的可行之路。因此，通过遗产价值保护与特色价值培育、意识与行为双驱的治理能力提升，以及特色节点—网络互动的产业分工体系建设，促进传统村落遗产$^{+}$特色产业发展中提高村落“人—村—产”系统联动，形成传统村落内生发展能力，具备主动参与保护的动力，并以遗产$^{+}$特色产业为支点，推进传统村落保护与城乡融合发展的互动。

（3）营建能促进多元要素整合优化的环境

多元要素整合优化的环境是实现村落系统内生动能培育与区域系统共生发展格局形成的协同支撑。通过基层规划师制度与地方特色智库的组合建设、基本管理单元的管控单位形成，以及跨界整合的合作互动模式运用，保障多元主体与要素的统筹协调。

（4）差异化实施：形成以遗产＋特色为导向的分类实施路径

在可持续发展理论内涵、目标构成、实现手段的深化探索中，围绕自然资本在本质上是否是可替代问题，形成了弱可持续与强可持续两种研究范式，展开了可持续发展核心是经济可持续还是生态可持续的思潮争论[228, 229]。从可持续发展演进历程看，弱可持续先于强可持续[230]。进入21世纪后，随着地球生态环境恶化问题日益严重，人们对经济快速增长降温的呼声越来越高。2012年“里约+20”中绿色经济新理念的提出，标志着弱可持续向强可持续的过渡[231]。与此同时，在《我们希望的未来》中强调对人类实现可持续发展需要有全球性意识、地方性行动，在《世界文化多样性宣言》《保护和促进文化表达形式多样性公约》中对世界文化趋同发展的反思，均体现出可持续发展实践是适地的、多样的，而非标准的、同质的，预示着可持续发展实践需建立在特色可持续基础之上。

反观我国乡村建设，经历了从对经济可持续的追求，到生态可持续的重视，再到基于生态可持续的特色可持续探索历程（表6-3）。2017年乡村振兴战略实施，更是乡村特色可持续发展的拓展与深化。传统村落是乡村特殊类型，其建设发展目标也伴随着社会经济发展和城乡关系演变不断发生变化，从承担生产生活，到实现生态与文化保育，再到休闲、养老、文化宣传等功能的不断叠加，保护已不是传统村落唯一的核心目标，培育具有特色的复合功能成为传统村落建设发展的重要目标。

1949年以来中国乡村发展与可持续发展实践　　表6-3

| 乡村发展阶段 | 实践核心目标 | 重要政策 | 可持续发展实践 |
|---|---|---|---|
| 管控发展 1949～1978年 | 实现乡村经济集中统一；文化政治一元发展 | 1950年《中华人民共和国土地改革法》农民无偿获得土地和其他生产资料；<br>1953～1956年《中国共产党中央委员会关于发展农业生产合作社的决议》《关于整顿和巩固农业生产合作社的通知》《高级农业生产合作社示范章程》实行计划经济体制，乡村全面进入国家政权管理范围 | — |
| 粗放发展 1978～1996年 | 实现乡村经济恢复并快速增长 | 1979年《中华人民共和国刑法》《中华人民共和国宪法》（1982年版）增加环境保护条目，将环境保护纳入国家发展战略；<br>1982～1991年《全国农村工作会议纪要》《中共中央关于进一步加强农业和农村工作的决定》总结家庭联产承包责任制、土地改革等乡村改革措施，强调农业生产及其制度革新；<br>1984年《中共中央关于经济体制改革的决定》明确提出要加快以城市为重点的整个经济体制改革的总体方向 | 突出对经济可持续的追求 |
| 集约发展 1996～2010年 | 实现乡村经济快速发展；乡村基础环境整治 | 1998年《中共中央关于农业和农村工作若干重大问题的决定》总结农村改革经验，明确农村发展社会主义市场经济，提出乡村产业向现代农业、集约经营转变；<br>2003年中共十六届三中全会确立统筹城乡发展基本方略；<br>2002～2005年《中华人民共和国农村土地承包法》《中共中央关于完善社会主义市场经济体制若干问题的决定》《国务院关于深化改革严格土地管理的决定》等为推动乡村经济的多元化、规模化发展提供了政策依据；<br>2005年中共十六届五中全会提出建设社会主义新农村的历史任务；<br>2006年《中华人民共和国农业税条例》废止；<br>2008年《中共中央关于农村改革发展若干重大问题的决定》提出始终坚持工业反哺农业、城市支持农村和多予少取放活方针 | 重视生态可持续 |
| 特色发展 2010～2021年 | 实现乡村特色发展 | 2010年“十二五”规划主基调“加快经济发展方式转变”；<br>2010年《关于公布全国特色景观旅游名镇（村）示范名单的通知》；<br>2012年《关于公布第一批列入中国传统村落名录的村落名单的通知》；<br>2013年《中共中央关于全面深化改革若干重大问题的决定》；<br>2013年《关于开展美丽宜居小镇、美丽宜居村庄示范工作的通知》；<br>2014年《关于命名首批中国少数民族特色村寨的通知》；<br>2017年《关于规范推进特色小镇和特色小城镇建设的若干意见》；<br>2018年《中共中央 国务院关于实施乡村振兴战略的意见》；<br>2019年《关于加强村庄规划促进乡村振兴的通知》；<br>2021年《中华人民共和国乡村振兴促进法》 | 强化基于生态可持续的特色可持续 |

基于以上认知，结合珠江三角洲传统村落前期保护工作中可持续发展水平、困境，以及保护与发展需求的差异，传统村落系统联动治理应采取以遗产+特色为导向的分类实施路径。

#### 6.1.2.3 传统村落“系统联动治理”优势

从“单一要素管控”向“系统联动治理”的转向，是从依赖政府帮扶与管控，侧重于对单一要素保护与村落独立保护的保护方式，局限于冻结保存的物质空间保护路径，到传统村落主动保护、产业触媒、要素联动、多元共治的系统性思维与差异化路径转换，有利于保护理念从“价值保护”走向“价值重生”，激活保护与发展的互促关系；有利于保护主体从“单一化”走向“多元化”，提升村落主体的适应性，降低依赖外部主体的不确定性；有利于保护动力从“被动参与”走向“主动实施”，主动及时化解传统村落潜在隐患；有利于保护过程从“层级传导”走向“网络协作”，提升传统村落保护实施的灵活性和适应性；有利于保护目标从“单维度”走向“多尺度”，建立传统村落可持续发展的长效机制。

## 6.2 区域层面：营建传统村落的协同组织体系

珠江三角洲区域一体化发展在给传统村落带来冲击，加速传统村落产业与用地收缩的同时，也为传统村落保护带来了机遇，为传统村落借助道路交通、基础设施、服务设施等一体化基础，发展成为区域资源要素的“汇集点”奠定了物质基础。为此，本节将从“村落—区域”发展协同平台建设与“村落—村落”网络组织体系培育两方面提出传统村落协同组织体系营建策略，以此形成区域系统共生发展格局，为传统村落内生培育提供系统保障。

### 6.2.1 “村落—区域”发展协同平台建设

历史实践证明，分割城乡关系的发展是不可持续的，只有在城乡之间建立各种联系，并积极创造各种关联途径和模式，才有可能寻求城乡共同发展[232]。珠江三角洲主要采取的是“城市为主导，以城带乡”的发展模式[233]，通过城市扩张或“飞地”，诸如在乡村地区建设工业园、开发区、新城等带动乡村发展。但城市的“虹吸效应”在加快城市扩张的同时，也带来了城乡差距拉大、乡村要素禀赋浪费等问题。而以“飞地”带动的模式虽在表象上呈现出城乡融合的景象，实则也易使乡村始终处于被动地位，没有形成真正意义上的城乡融合发展、等值发展[234, 235]。

基于以上分析，研究提出以传统村落的高质量发展带动乡村地区发展的思路，即以传统村落为园区的发展导向，通过建设传统村落特色节点来带动乡村发展。相比工业园、产业园、开发区等城市“飞地”带动乡村发展的模式，该模式应是一种内生式带动发展模式，是对城市“飞地”的一种升级或超越。

珠江三角洲传统村落可以通过特色资源要素的升级和产业结构打造，在城市与乡村之间进行产业交叉和要素禀赋组合，最终为促进区域融合发展提供可能。原因有二：其一，传统村落拥有独特的资源禀赋，且在政策支持、资源吸引、市场辐射等方面具有明显优势，易吸引资金、技术、人才等要素投入，使其具备建设高质量发展的生产要素基础；其二，传统村落是广大乡村的重要构成，地理区位上更加接近乡村地区，能避免城市扩散效应大小与地域和制度空间的负相关关系弊端（随着地域和制度与核心区的距离增加，扩散效应减小），从而易实现转向型动能机制。所谓转向型动能机制，就是根据区域内部或外部需要，在较短时期内向某区域一次性或多次性地输送、移植生产力要素或其组合，从而达到建立全新的生产体系或产业结构，或者形成新的经济增长点的目的[236]。通常情况下，当转向型动能机制运行时，会改变注入要素地区的生产体系和产业结构；会以注入要素为纽带，提高区域间的融合程度；会发挥注入要素的“转化器”作用，转变区域经济增长方式，由孤立的区域经济增长点转化为点与点的连线增长，提高经济增长效率[237]。那么，将传统村落作为承接城市高端资源要素注入的载体，融合传统村落自身独特的特色要素禀赋，将有利于在区域发展中形成新的经济增长点；有利于在城市与乡村之间搭建区域要素流动的渠道和桥梁；有利于特定空间内各类要素的重新整合和高效利用；更利于形成打破城乡二元结构的新的突破口。

为形成以传统村落为交叉点的城乡融合互动，建设“村落—区域”发展协同平台，保障城乡要素有效流通与优化尤为重要（图6–5）。

#### 6.2.1.1 要素流动：建设要素自由流通设施与环境

珠江三角洲传统村落身处我国沿海经济发达地区，在区域一体化发展推动下，已经改变了人口、资金、土地、技术等多种要素由乡村向城市的单向流动，转向多种要素的双向流动。但由于长期以来形成的以城市为核心的发展特征，以及文化遗产保护的固化思维，多元要素的限制性流动并没有使传统村落获得应有的经济发展机会。因此，消除城乡发展壁垒，

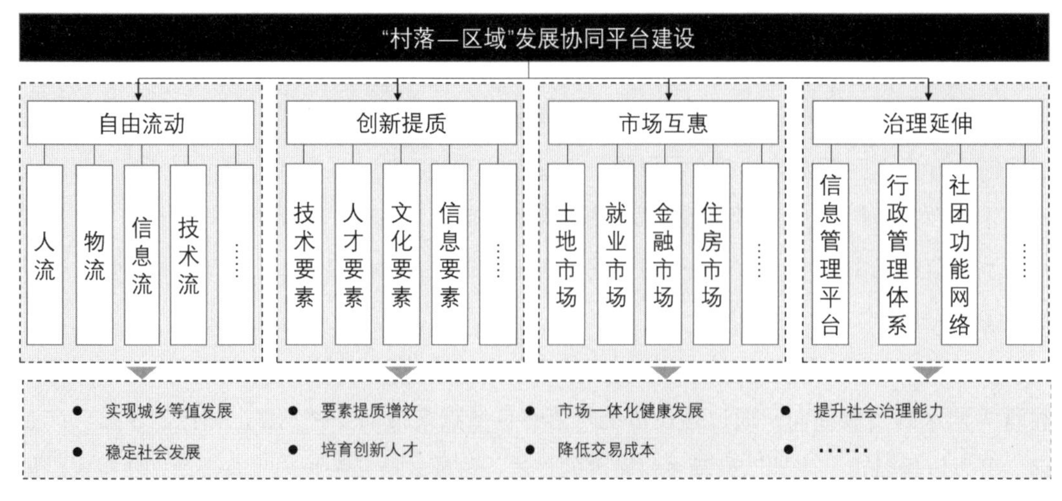


图6-5 “村落—区域”发展协同平台建设

实现多元要素互动应是形塑传统村落特色节点的首要任务。所谓互动，应是指发生在区域内或区域间的要素有序流动，它以各种交通、通信联络为工具，以对流、传导、辐射为主要形式，以提高生产要素的使用效率为目的。为此，通过改革政策制度、形成城乡等值发展观、疏通城乡通道等措施，推动要素流通设施与环境建设，为人口、资金、土地、技术等生产要素的自由流动提供保障，为形成新的资源要素优化组合创造机会。

#### 6.2.1.2 创新提质：建立创新主体协作机制

珠江三角洲在社会发展、文化创新、经济增长等方面均位列前茅，相较其他地区，尤其是中西部地区，可供给传统村落保护与发展的地区资源优势明显。然而，受经济短视或忽视社会效益理念影响，创新资源向城市聚集、向高回报产业集中突出，传统村落创新资源匮乏。因此，在多元要素自由流动基础上，应加强多元主体双向协作机制，通过传统村落与政府、企业、高校、科研等机构建立合作关系，引导创新资源输入，推动创新要素与传统村落特色要素融合，加速传统村落特色节点的高质量培育，从而建立多种资源互惠格局。如通过传统村落与高校建立协作关系，引导高校人才、技术、资金等资源向传统村落输入的同时，通过高校资源与传统村落特色资源的融合，将有利于高校的人才培育、技术提升、理论创新，使传统村落与高校形成资源互动的良性循环。当然，通过高端资源、创新资源向传统村落的输入，实现传统村落的高质量发展，也利于实现要素的提质增效。

#### 6.2.1.3 市场互惠：搭建城乡平等交易平台

市场经济条件下，区域要素的优化配置是通过市场来实现的。然而，城乡市场分割环境却增大了交易成本，成为阻隔要素自由流动、阻碍优化配置的壁垒。珠江三角洲虽在乡村市场方面做出探索，如村集体推行土地股份合作经营、流转农村承包土地经营权、打通农村商品市场流通、建设“12221”农产品市场体系等，对促进城乡要素流通有一定的推动作用，但相较对外贸易市场一体化的建设，城乡要素市场一体化建设仍有待提高，使得乡村人口、土地、资金等要素仍以向城市流出为主，城乡要素的互惠流动也并未形成。因此，应通过建设城乡土地市场一体化、城乡金融市场统一化、城乡住房市场适度接轨等措施，打破城乡二元结构带来的发展结构桎梏，降低交易成本，促进城乡要素基于平等原则的互惠流动，进而发挥市场对资源要素的优化配置作用。

#### 6.2.1.4 治理协同：推进城市治理体系向乡村地区延伸

培育城乡一体的协同治理体系，就是通过信息管理平台、行政管理体系、市场协作机制等城市治理体系向传统村落延伸，来提升传统村落的社会治理水平，解决传统村落应对风险能力不足、科技支撑较弱、市场辐射范围较小等问题。如通过城市信息管理平台向传统村落的延伸，将有利于提高传统村落日常管理的科技支撑与信息服务水平；通过城市行政管理体系向传统村落的延伸，将有利于为传统村落提供更高水平的行政服务与应急帮助；通过将城市的社团功能网络向传统村落的延伸，将扩大传统村落与城市的社会交往，促进城乡社会文化的共同繁荣。

根据融合保育型、僵化保护型、粗放发展型、衰败萎缩型传统村落特征，城市治理体系的延伸应有差异，如僵化保护型和嵌入式粗放发展型传统村落，其设施、环境、功能很大程度上已具备城市社区特征，应尽快完善城乡行政管理体系一体化建设，使其能顺利融入城市治理体系；外拓式粗放发展型传统村落，仍处于快速的非农转型中，村落自身发展诉求明显，产业发展活跃，应侧重加强对日常管理服务与应急处理一体化建设；衰败萎缩型传统村落在治理能力、产业发展、信息化支撑等多方面都相对较弱，应侧重强化信息服务平台、市场协作机制的建设等。

### 6.2.2 “村落—村落”网络组织体系培育

传统村落虽具有资源要素“汇集点”的优势条件，但经济规模明显小于城市，虹吸效应弱。为使传统村落能快速形成城乡融合的交叉点，扩大传统村落经济规模成必要途径。因此，除加强“纵向”协同联系同时，还应培育传统村落与其他村落间的“横向”网络组织体系，通过促进村落间的资源共享、设施共用、产业协同、组织联动，提升资源要素“汇集点”的经济体量与功能，发挥其涓滴效应与扩散效应（图6-6），更有效地带动乡村地区发展。“村落—村落”组织网络体系培育主要包括：

#### 6.2.2.1 资源共享：建立资源互补共享机制

Bernardi et al. 和Tappeiner et al. 从空间经济学对要素聚集与地理聚集的关系研究发现，地理空间的聚集更易带动、吸引要素的聚集。因此，以传统村落为中心，连接周边村落形成村落群，则是扩大传统村落主体规模的首要工作。而在此基础上，要形成传统村落的主体优势，还应建立传统村落与其他村落的资源优势互补共享机制，通过自然与人文资源共享，提

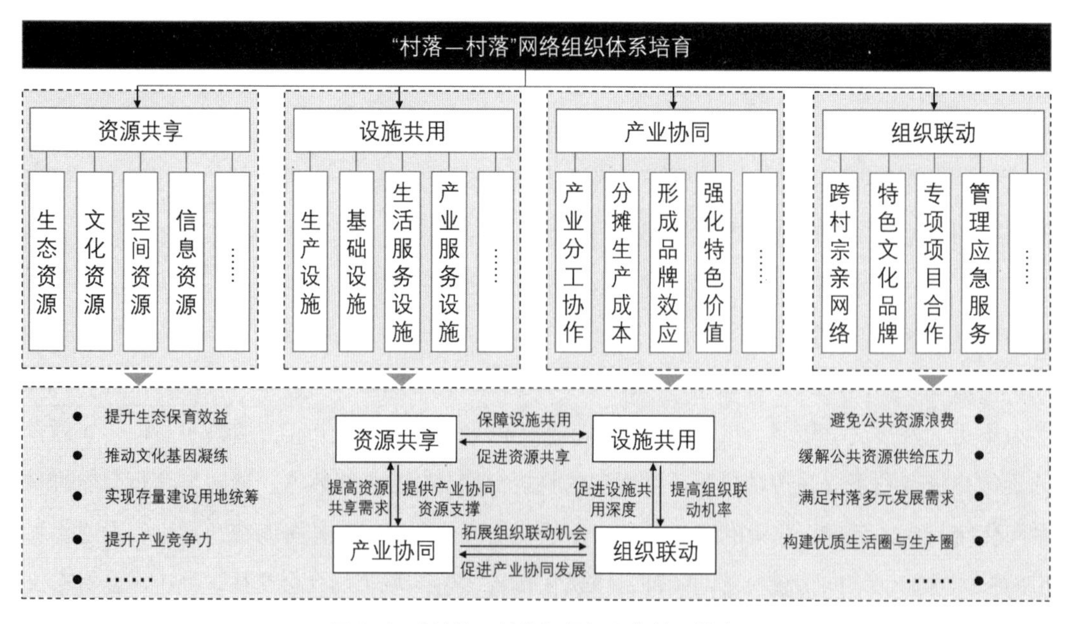




图6-6 “村落—村落”组织网络体系培育

高产业规模、丰富产业类型；通过空间资源共享，弥补发展所需空间资源短缺；通过市场、技术、经验等信息分享，缩短生产向效益转化的时间成本，提高发展速度。

#### 6.2.2.2 设施公用：倡导乡村服务按需定制

便捷高效的公共服务是乡村留住人口、培育产业内生动力的重要保障。通常情况下，公共设施配置采取的是自上而下地按等级配置原则，村落级别决定了设施类型与规模，且同级别村落的公共设施均等化配置。与此同时，公共设施运营采取的是村落独立承运模式。然而，村落发展程度与需求存在差异，由此也导致了现有设施配置规则难以满足村落差异化需求。因此，传统村落特色节点建设应打破现有设施配置框架，以传统村落为中心划定“生活圈”单元，根据各村真实需求配置公共设施，并在合理的设施服务半径范围内，整合设施资源，优化设施资源配置[238]。通过“生活圈”建设，既能避免公共资源浪费，满足村民生产、生活多元化需求，也有利于传统村落设施能级的提升与设施运营的可持续。

#### 6.2.2.3 产业协同：建立跨村产业协同发展体系

建立跨村的产业协同发展组织，有利于乡村特色产业集群培育，如成立跨村经济合作社或合作社之间跨村联盟，有利于降低生产成本、细化分工协作、强化特色产业价值。因此，应通过产业分工协作、生产成本分摊、产业规模发展、产业品牌打造等途径，推动“村落—村落”产业协同，提升特色产业集群产业竞争力。此外，在产业协同发展体系建设中，应充分结合村落差异，形成“大同小异”的产业结构，加强村落间的产业合作或互补关系，有效减少产业群内部竞争，提升村落产业对市场波动的应对能力。

#### 6.2.2.4 组织联动：建立跨村组织整合机制

组织联动是实现“村落—村落”资源优势互补、产业协同发展、设施统筹协调的基础平台。在新型城镇化背景下，各类村落组织不断涌现，建立跨村组织整合机制，有利于传统村落与其他村落内生性组织，以及与外生性组织之间的良性互补，为传统村落与其他村落的治理提供支持。因此，应充分借助珠江三角洲传统村落的宗族文化与遗产身份优势，通过跨村宗亲网络连接、特色文化品牌创建、专项项目合作等形式，探索跨村组织整合机制，保障传统村落生活圈、生产圈的良性运转。

融合保育型、僵化保护型、粗放发展型、衰败萎缩型传统村落“村落—村落”协同治理建设的重要性与侧重点应有差异。其中，相对于僵化保护型与嵌入式粗放发展型传统村落，外拓式粗放发展型和衰败萎缩型传统村落实现“村落—村落”协同治理培育更为重要与迫切。而在“村落—村落”协同治理培育重点方面，僵化保护型应以提升景观品质为重点，突出日常维护、形象宣传、市场运营等方面建设；嵌入式粗放发展型应以提升生活品质为重点，突出对生活服务设施的多元化、开放化，以及生产设施低碳化等方面建设；外拓式粗放发展型应以形成与发展特色产业为重点，突出对产业体系搭建、服务设施支撑、一体化运营等方面的建设；衰败萎缩型则应以保育山水田园资源藏库，分摊日常生产生活运营成本为重点，突出日常生产生活保障方面建设。

# 6.3 村落层面：培育村落系统发展的综合能力

长期以来的独特文化心理积淀，都直接、间接地影响着居住在地域内的人们，并形成相对稳定的传统习俗、风土人情、性格特色和心理特征[239]。珠江三角洲地域文化，从先秦以来对域外文化的吸纳与东西方文化的兼容[240]，到近代对西方文明的学习吸收与兼容并蓄[241，242]，再到新时代在各级政府政策引导下建立起兼容创新的文化形态，始终体现出“义利兼顾、自主开放、生猛鲜活”的地域文化性格[243]，并以一种强大的精神力量形塑了珠江三角洲人开拓包容的品质特征，使珠江三角洲成为改革开放的前沿阵地，成为中国经济最活跃的地区，也为传统村落内生能力的提升奠定了基础。为此，本节通过意识—行为双驱的村民自治能力提升、基底保护—特色培育的资源保育优化、特色节点—网络互动的产业分工体系建设，以及分类施策四个方面提出传统村落系统发展的综合能力培育策略，为传统村落特色、稳定、可持续发展奠定基础。

## 6.3.1 意识—行为双驱的村民自治能力提升

改革开放以来，为提升乡村环境珠江三角洲各地相继展开的新农村建设、美丽乡村建设、宜居村居建设等行动，对传统村落的生活环境提升做出了巨大贡献。集中化的垃圾处理、便捷化的饮水供给、多元化的服务设施等都体现出珠江三角洲传统村落的物质空间迎来了前所未有的增长，为村民实现幸福生活奠定了物质基础。然而，村民的物质生活提升却不能替代对村民精神生活需求的满足。

斐迪南·滕尼斯（Ferdinand Tönnies）认为，与社会发展相伴的是个体都向着自主性、独立性和理性成长。从珠江三角洲传统村落失地后村民迅速转变职业，并借助村落优势寻找商机可以看出，村民的意识与行为自主性和独立性相对明显。然而，村民的意识以及经济至上价值观却加剧了村民的非理性成长，提升了珠江三角洲传统村落治理难度。因此，研究从意识—行为两个层面考量传统村落治理能力提升，提出通过建立学习与奖励机制、鼓励多元组织建设、加强组织横向协作等措施，提升传统村落主体治理能力，奠定传统村落保护实施与长效发展的人力及组织基础。

### 6.3.1.1 个体能力提升：建立学习与奖励互补机制

在传统村落社会发展过程中，家族观念、亲孝礼仪、俭约自守等传统文化既是人心涣散的“凝结剂”，也是增进社会团结的“软实力”[244]。珠江三角洲具有的开拓、包容的文化特质本身就具有一种强大的精神力量，使村民能成为具有健全的经济理性和道德约束的人。经过对地域文化的挖掘、整合、归纳成型，并通过宣传被认可而深入民心后，地域文化就会成为一种粘合剂，将人们团结起来，成为村落社会经济发展强大的精神动力。

（1）应通过增加村民学习机会，从农业生产、技术传承、产业经营等多方面，运用专家讲座、政府宣讲、能手交流、实地参观等手段，开阔村民眼界，提升村民思想意识、知识水平、技术技能；通过思想教育与技能提升的深度融合，加强村落与培育机构、学校等多方位合作，提升村民心理要素和知识储备。伴随着村民整体能力的提升，本土精英也将逐渐成长，成为传统村落内源治理的中坚力量。

（2）应通过建立经济、社会、文化等利益的奖励与互补机制，使村民有能力、有意愿成为传统村落治理主体。利益是驱动村民积极参与公共事务，尤其是传统村落保护的根本动力。当村民通过经营农家乐、接待服务、分红等方式获得一定的经济提升时，村民自愿参与的意愿通常会被激发。但传统村落遗产属性的特殊性决定了经济利益提升相对有限，此时，村民文化素养、社会地位、职业能力等多方面的提升就是对经济利益的有益补充。如给予在保护与发展中作出贡献的村民一定的优先权或称号，将会极大地调动村民参与积极性和主动性。

（3）文化是乡村治理中的柔性资源，会对村民产生潜移默化和深远持久的影响。传统村落应借助丰富的文化资源，通过培育人本亲善的道德理念、凭借礼法结合的治理方式来确保精英群体参与治理，进而教育和感化村民，协调社会关系，规范村民行为。此外，还可通过以保护为基础营建传统文化生存环境来提升村民对传统文化的感性认识。如当我们进入古村和进入都市有着明显的感受差异，传统村落的一砖一瓦都体现了村落的地域文化，对村民文化自觉、文化自信具有唤醒与培养作用；通过完善传统文化利用环境来推动村民感性认识向理性反思上升。如松塘村利用“汇川家塾”打造西樵镇图书馆、松塘阅览室以及村内孩童学习书法室等（图6–7），传统文化及其空间载体在合理的利用中被赋予新生命同时，也使村民在参与过程中重塑了村落归属感和精神凝聚，使村民对地方乡土社会的融入感和认同感提升，从而扩大传统文化受众群体的广度和深度，发挥传统文化对村落治理的有益影响。

### 6.3.1.2 组织能力提升：强化组织建设与横向协作

村民自治制度要求国家行政权力退出乡村社会，乡村社会通过自治、法治、德治的融合

图 6–7 松塘村传统建筑利用现状

运用，实行“自我管理、自我教育、自我服务”。而乡村治理有效的关键在于实现乡村治理体系和治理能力现代化[245]。随着《村民委员会组织法》的逐渐完善，村民通过正式途径参与村民自治得到法律承认，村民参与协商自治的渠道也出现了新的形式和变化。村民委员会、乡贤参事会、互助会等组织化形式成为精英群体参与治理的重要渠道，也是乡村治理能力现代化的重要体现。从本质上看，乡村精英参与乡村治理仍属“人治”。“人治”势必会受到不同思想等影响，使治理的科学性降低，削弱普通村民参与公共事务的意愿，引发治理不稳定。那么，除了要将乡村精英行为纳入现有法律法规体系内监督以外，对乡村精英参与乡村治理的组织化形式的规范化、制度化、民主化将是规避乡村精英“人治”弊端，实现治理现代化的重要表征。通过明确乡村组织工作中心和重点，厘清乡村组织的权责划分，形成透明、公开、规范的正式的规章制度、行为准则、工作章程等利于村民监督，能有效增加村民信任度，保证治理体系的有效运行。

除村民委员会正式的组织形式以外，还需通过拓展多种组织形式来保障传统村落社会和谐稳定。珠江三角洲传统村落随着大量外来企业和务工人员的进入，村委会（社区居委会）所服务的对象已不仅仅限于本地居民。应通过鼓励本土精英与外来精英的协作，通过建设议事监理会、社区参理会等，发挥精英群体对本地主体与外来主体的协调作用。以烟桥村的社区参理事会为例，该组织主要是在保持村落自治组织架构基础上，负责社区建设、管理和发展等重大事项的议事、协调机构。该组织成员不仅由村落基层组织领导代表，还由基层政府行政人员、群众代表、企业代表、村民代表、外来务工人员代表、行业精英等多方利益主体构成，为村落聚集资源、决策咨询、民主议事、参政议政等起到了重要作用。

通过鼓励互助会、慈善会、老人会等组织建设，并通过人员关联、项目协作、资金共筹等方式，深化正式与非正式组织协作，发挥村落组织适应性强、组织方式灵活的特征，完善传统村落保护与发展的组织基础。传统村落与其他一般村落，尤其是社会主义新农村组织形态的最大区别，就是还保留着类型丰富的民间组织，也就是因村民共同的诉求而形成的非正式组织。如茶基村的协作互进会、江边村的慈善会、塱头村的灯笼会等，这些民间组织伴随着传统村落的演进而不断发展，随着改革开放后，国家对村民自治的肯定，这些民间组织焕发了活力，成为村民心目中真正为他们服务和谋福的组织形式。从民间组织顽强的生命力也可以看出其深厚的群众基础。此外，民间组织是伴随着村落演进发展逐渐形成的，通常会成为传统文化的重要载体，尤其是非物质文化遗产，以茶基村的互助协进会为例，茶基村的互助协进会原是为维持村落治安而组建的民间组织联胜会，在1984年更名为互助协进会，成为服务村民日常生活、休闲娱乐、节日喜庆的组织，互助协进会不仅是村落非物质文化遗产的重要载体，互助协进会所在场所还成为村落重要的物质文化遗产构成。笔者在调研中也发现，民间组织也多是传统村落保护工作的重要补充力量，包括对传统村落的文化整理、对保护资金的筹措、对村民意见的搜集等，民间组织成为传统村落保护与发展不可缺失的必要组成。

此外，还应通过不断丰富组织服务内容，并通过与现代新技术挂钩，来满足珠江三角洲传统村落村民的多元化、复杂化需求，提升村落治理的现代化水平。如碧江村针对治理服务对象既包括村民（居民）的个人对象，又包括在村企业，借助网络技术建立了现代化的服务平台，细分服务类型，包括城建类、计生类、民政类、企业类等，既可为村民的特殊津贴申领、福利享受、健康知识宣传等提供服务渠道，又可为企业项目报批、工程招标投标、公益活动举行等提供便利。

## 6.3.2 基底保护——特色培育的资源保育优化

### 6.3.2.1 遗产资源保育：建立“目标—实施—管理”三位一体底线体系

传统村落是由庞大而复杂的要素共同组成的有机系统，这些要素是否正常稳定地运转对传统村落系统的可持续发展有着至关重要的决定作用。因此，将各要素变动对传统村落系统的影响程度尽可能降低，应是提升系统内生发展能力首先解决的问题。也就是说，系统内生发展能力提升应是在最大程度地保证传统村落正常运转的前提下展开。而对传统村落系统内生发展能力提升存在约束和限制的原因有以下几方面：

其一，活态性是传统村落正常运行的前提。单霁翔认为所谓活态遗产，就是最初的基本功能仍在现代社会生活持续发挥作用的遗产[246]。传统村落正是典型的活态遗产。它不仅承载和传承着中华农耕文明，具有极高的遗产价值，还保持着最原始、最基本的聚居功能，是广大乡民生产生活的主要场所。活态性是传统村落区别于文物、遗址等文化遗产的最典型和基本特征，也是衡量传统村落是否正常运转的标准。其二，传统村落构成要素的特殊性。传统村落的构成要素，尤其是自然资源要素和传统文化要素，不但稀缺而且十分脆弱，极易受到破坏。而自然资源要素和传统文化要素又是传统村落遗产价值的集中体现，是传统村落保持活态特征的基础。

通过以上分析，在传统村落运转活态性与构成要素特殊性的条件约束下，系统内生发展能力的提升前提，应是在维持传统村落遗产基底安全的基础上展开，即保持传统村落构成要素，尤其是生态要素与传统文化要素的安全稳定。为此，研究依据保护时序，提出珠江三角洲应建立保护“目标—行动—风险管理”三位一体的底线体系，维持传统村落的正常运转，确保系统内生发展能力提升的可控性、稳定性及可持续性。

（1）保护前设立以人为本的多目标底线

从传统村落的形成与演进历程看，传统村落是村民在适应、改造以及利用自然的过程中所形成的有机体，是人与自然和谐共生的产物，是集生产、生活、服务等多种功能为一体的社会空间。然而，珠江三角洲在效仿文化遗产保护范式过程中，为便于实现以文物保护单位为主体的圈层式控制，通常选择腾笼方式来抽离包括村民在内的多种不稳定因素，将传统村落原本的社会空间保护问题单一化为物质空间保护问题，致使村民权益遭到忽视，保护结果差强人意。对于传统村落保护，不应是冰冷的物质空间保存与没有“人情味”的管控，而应是充满温度的人本、技术、空间三轮驱动，不仅包括遗产本体的保护问题，还需解决民生发展问题。因此，在保护之前就需建立以人为本的保护思维，将尊重村民权益、重视提高村民生活质量、利于村民开展生产生活等作为目标底线的核心基础。

如果我们从以人为本的视角来审视传统村落保护对象时，就会发现与村民和谐共生的生态环境，村民间宗亲友爱、互帮互助的社会文化，村民获得安全舒适的生活环境都应是传统村落的保护要素，即传统村落的保护底线应是以生态、文化、生活为主的多元综合性底线。生态底线包括承担传统村落生产生态功能的农田、山林、鱼塘等要素。文化底线涉及村民生活交往、精神寄托、行为约束等方面，包括物质文化、精神文化和制度文化三种类型。物质文化主要包括传统村落中传统街巷、传统建筑、石桥、古井等；精神文化主要包括能满足村民情感、心理、认同等方面需求的民俗节庆、祭祀活动、宗教信仰、地方戏曲等；制度文化则主要包括能对村民社会维稳产生作用的伦理道德、村规民约、家族制度等。物质文化、精神文化和制度文化共同构成了传统村落的文化底线，也是传统村落富有活态特征的主要来源。生活底线则包括能满足村民正当生活需求的室内外要素。生态、文化、生活底线共同交织形成传统村落保护的目标底线。

各类底线保护的目标既复杂又具差异。如生态底线的保护目标有着宏观和微观两个层面，宏观层面是追求对山、水、林、田、村所共同形成的自然环境的整体保护，保护重点是环境的完整性；微观层面是追求对自然生态环境构成要素——地形地貌、植被、水系等保护，保护重点是要素的多样性、地域性。根据人类的任何行为都会在生态环境中留有足迹的理论，生态底线保护目标应具有在生态保量基础上提质的内涵。而生活底线则是在保证村民正常生活基础上，通过环境的持续完善来满足村民对美好生活的增长需求，生活底线保护目标又具有物质要素增量的提质内涵。各类目标底线叠加与协调共构形成了传统村落保护的目标底线，因此，在传统村落的保护前设立的目标底线，应是以人为本的多目标底线。

（2）保护中制定差异化实施底线

保护不仅限于目标底线的设定，更重要的应是基于目标底线提出适宜性的、可供操作的管控要求与制度，推动目标底线的落实，此时，就需要在保护中设立实施底线。珠江三角洲传统村落间在遗产规模、类型、价值等方面具有差异，即使是传统村落内的遗产要素在价值等级、保存度、权属等方面也存在差异，决定了保护实施底线应是针对性的、差异化的。以传统建筑为例，现有保护制度惯以保护等级对应传统建筑的保护要求，如各级文物保护单位、历史建筑有着明确的保护要求。然而，在保护体制外仍有大量传统建筑亦是传统村落遗产基底的要素构成，珠江三角洲尤以古民居为典型。这里笔者将从古民居建设行为的实际操作流程做以说明。对被列入保护范围但没有被列入各类保护名录的古民居，若已经难以满足安全居住要求，成为危房时，村民要进行维修仍需经过繁琐的审批程序。首先要由村民向村里提出申请，再经由镇、区、市级相关部门对于建设行为进行审核，最后由省级相关部门组织专家进行论证，若经专家论证同意后，村民才可进一步聘请具有一定资质的设计单位进行相应规划设计，再提交经由村、镇（区）、市进行规划报建流程。烦琐的程序，无论从时间还是金钱方面都已超出村民的能力范围。也正因此，大量村民或选择不修等待其倒塌，或选择偷偷拆除造成既成事实，两种行为都成为珠江三角洲传统村落古民居破坏严重的重要致因。因此，制定差异化的实施底线更利于实现目标底线。

东莞市南社村在保护中基于“片区+要素”考量制定的差异化实施底线值得借鉴（图6-8）。片区差异化体现在划分保护区为重点保护区和空间建设区。重点保护区根据“保护为主，抢救第一”的原则，对现存传统建筑和空地采取严格保护，提出除必要的基础设施外一切新房都不再允许建设的底线要求。对控制建设区根据“干扰最小化”原则，对传统建筑采取适度保护，提出不改变外观的内部升级的底线要求。要素差异化体现在，将不同片区内物质要素按类型划分，如划分为宗祠建筑、重要居住建筑、主要街巷、水塘、其他等。根据类型底线的侧重点有所区别，如对宗祠建筑主要针对材料、形制、屋面、墙体、地面等方面提出底线要求；重要居住建筑主要对产权回收、环境清理、功能提升等方面提出底线要求。南社村在保护中的差异化实施底线为其提升整体保护水平奠定了基础。

（3）保护后设定多形式风险管理底线

2020年8月8日，西安市一场连续大雨造成明秦王府城墙部分坍塌。经文保专家检查，正是在保护过程中忽略了风险管理，未对墙体反复出现的损坏信号源，以及对可能存在的灾害环境的重视，未能及时采取更为有效的防范措施，导致了这场灾难的发生。明秦王府城墙案例暴露了遗产保护后的风险管理短板问题。笔者在珠江三角洲传统村落的实地调研中也发现，各级政府的工作人员以及传统村落的基层工作人员对传统村落风险管理的意识及能力明显不足，缺乏对巡查、监测、预警、应急以及传统村落存在的灾害与潜在威胁的重视。如工作人员随调查组进入村落后，特别是长期空置的古村后，才会认识到“这里也塌了?”的现实。因此，在珠江三角洲传统村落保护后，甚至在整个过程中亟须形成行之有效的风险管理底线。

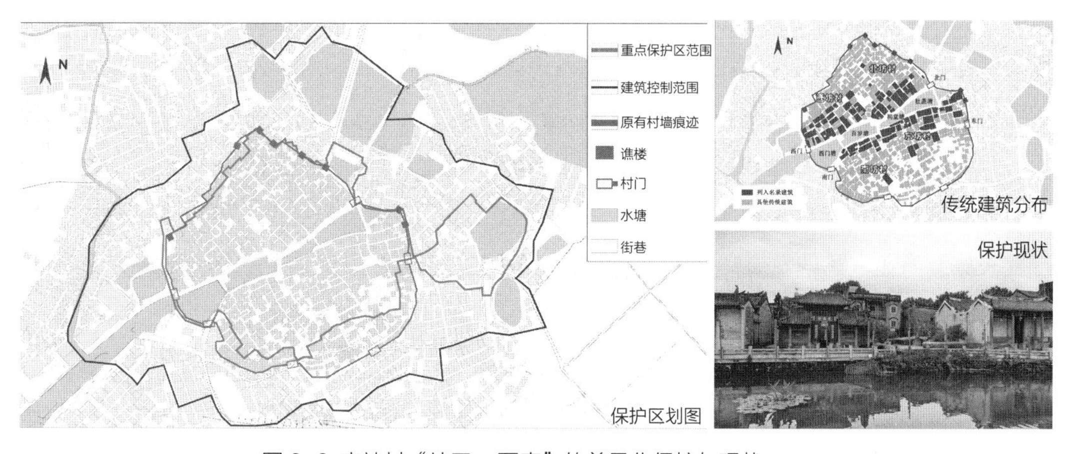

图6-8 南社村“片区+要素”的差异化保护与现状

早在历史文化名村保护的研究过程中，赵勇[247]就提出历史文化名村预警系统的重要性，在传统村落保护战略提出后，国家又公布了《中国传统村落警示和退出暂行规定（试行）》，提出对保护不力的传统村落要予以警示和退出；2022年国家文物局下发的《全面加强历史文化遗产保护的通知》中明确要加强世界文化遗产保护管理检测。然而，因缺少行之有效的风险管理标准与方法，包括传统村落在内的遗产风险管理推进仍相对滞后，如《中国传统村落警示和退出暂行规定（试行）》（简称《警示和退出规定》）。《警示和退出规定》的提出是对传统村落风险管理重视的重要开拓性文件，但《警示和退出规定》的推行相对滞后。个中缘由不外乎缺少可供操作的具体标准，如《警示和退出规定》中对传统村落予以的具体情况做出了一一列举，但在说明中多采取"严重破坏""大幅下降""重大影响"等定性用词，界定标准相对模糊，加大了实际操作难度。因此，风险管理底线的定量化对传统村落的日常管理尤为重要。风险管理底线的定量化可从遗产要素类型、数量、质量、材料等方面着手。此外，风险管理底线还可采用制度建设、平台搭建、技术交流与学习等形式来提升其实施性。如东莞市南社村制定《文物安全巡查月报》"塘长日志"等巡查与责任制度，建设专家智囊库、搭建技术交流平台等，对风险管理起到了良好的促进作用。

#### 6.3.2.2 遗产资源优化：培育传统村落"遗产＋"特色价值

这里提及的传统村落特色价值有着两层内涵。其一，是传统村落历经历史演化形成的、有别于城市与其他村落，尤其是现代乡村的特色价值，其是由传统村落独特景观环境、生产生活方式、传统文化、历史风貌等要素共同构成的传统村落遗产特色价值。这个特色价值体现在文化、历史、艺术等多方面，如珠江三角洲传统村落独特的广府文化、桑基鱼塘的耕种方式等，决定了传统村落保护的等级、内容、方式等。其二，是传统村落在社会发展中因发展与需求条件差异而形成的特殊价值，或者说是服务现代社会生产生活的特色价值，如景观价值、新社区价值、新经济价值、田园价值等。传统村落是动态发展的，珠江三角洲传统村落更是在区域一体化发展中，发生了不同程度的转型，使其服务条件、社会功能、社会需求等都产生了差异，形成了现代特色价值。这个特色价值决定了传统村落发展的定位、重点、模式等。如位于广州市石楼镇的大岭村，因与莲花山、海鸥岛临近，拥有了与周边资源联合形成休闲旅游网络的条件和潜力。加之广州旅游需求市场的不断增长，都为大岭村旅游服务功能的形成奠定了基础。因此，大岭村通过与莲花山、海鸥岛等资源整合开发，并与传统村落遗产保护叠加融合，通过利用建筑类遗产开展参观游、旧集市发展旅游商业、民俗发展文化教育培训等，拓展旅游+历史、旅游+文化、旅游+传习等品牌（图6-9），实现了大岭村"遗产+旅游"的价值提升。大岭村的特色价值培育，既加强了遗产保护与优化，也顺应了传统村落的发展与需求条件。反观位于佛山市的沙滘村，在历经改革开放后的产业转型，家具市场的不断壮大，形成了以家私零售、批发为主，以家私仓储、物流为辅的产业链，打造了从国际家具城、顺联、团亿以及东恒、南华等闻名中外

图 6-9 大岭村现状
（资料来源：村委会提供 / 笔者自摄）

的家具是市场品牌，这是沙滘村的发展特色，为村落谋得了广阔的租住市场竞争力。若仅强调遗产价值而忽略现代特色价值，或违背其发展与需求条件，显然是难以实现可持续发展的。

根据以上分析，传统村落的特色价值培育应借助“遗产特色+现代特色”的叠加融合，通过传统村落遗产价值的深入挖掘与凝练，统筹协调传统村落的发展与需求条件，培育传统村落的“遗产$^{+}$”特色价值。

### 6.3.3 特色节点——网络互动的产业分工体系建设

随着移动互联与智能化的快速发展，区位条件对产业发展的影响作用明显减小；而今，人们对健康的生活和生活方式的需求加速增长，为传统村落的保护与发展提供了契机[248]，使其有更多机会融入城乡产业体系格局。珠江三角洲传统村落应通过主动输出自身特色价值成为城乡产业网络的特色节点，提升内生发展的竞争力、稳定性和可持续。

传统村落产业要成为城乡产业网络中的特色节点应具备三个层次的内涵与特点。其一，传统村落产业应是具有特色的高质量发展，即传统村落产业具有优质的、极具市场吸引力的特色资源和产品；具有设施良好、环境优美、社会和谐的发展条件和环境支撑。其二，传统村落产业与城市产业体系在紧密的互动中形成网络化、链条化发展，并构成具有网络化、公平化、非层级特征的城乡产业格局，实现从城市“单向单核聚集”走向城乡“多节点网络互动”（图6–10）。其三，传统村落产业具有充分的活力、较强的创新力和显著的竞争力，具有较强的技术应用和转化能力，具有可持续发展的品牌力。为此，研究提出建立政府引领、产业主导的传统村落特色高质量发展机制；推行全域联动、多元协同的设施与环境建设机制；围绕遗产+特色主题，实施融合发展、创新为基的传统村落发展路径。

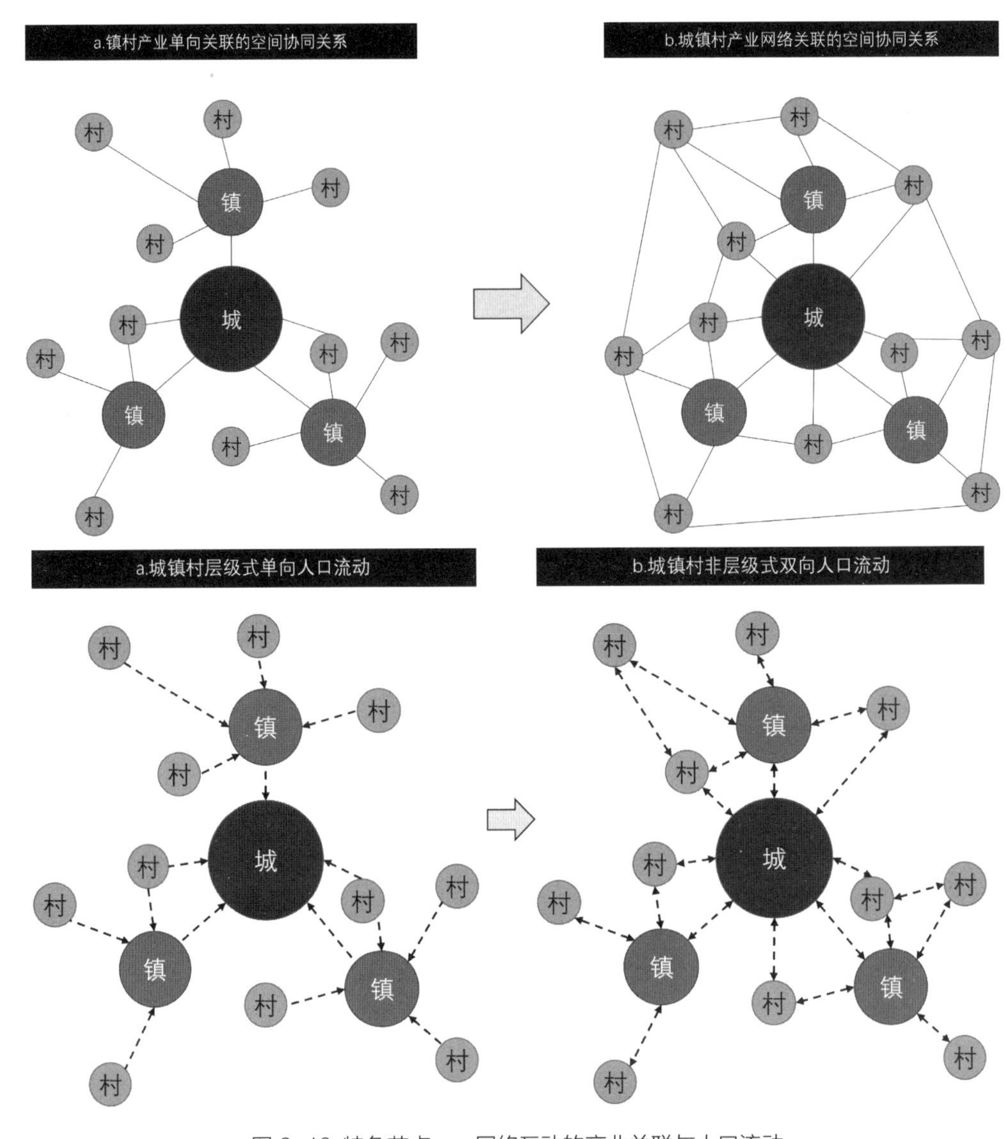


图 6-10 特色节点——网络互动的产业关联与人口流动

### 6.3.3.1 政策导向：完善传统村落特色产业发展机制

政府的科学引领和政策指导是传统村落特色发展的重要动力因素。对特色的挖掘与凝练在前文已经展开说明，这里主要从传统村落产业的高质量发展着手讨论。党的十九大报告中提出："我国经济已由高速增长阶段转向高质量发展阶段，正处在转变发展方式、优化经济结构、转换增长动力的攻关期。"全面推动经济的高质量发展已成我国新时代的国家战略。为推动经济高质量发展，珠江三角洲在国家层面产业引领政策的指导下，颁布了大量政府文件，如《广东省关于促进高新技术产业开发区高质量发展的意见》《广东省关于深化改革加快推动"三旧"改造促进高质量发展的指导意见》《广东省推动技工教育高质量发展若干政策措施》《佛山市关于促进民营经济高质量发展的若干意见》等，涵盖了行动计划、工作要点、实施方案等多个方面。然而，面向乡村经济，根植于传统村落发展特点和需求、面向传统村落特色建构的高质量发展专项政策仍是空白。传统村落特色产业高质量发展涉及设施、环境、村民等基础条件，也涉及资源、组织等产业条件，更涉及创新与竞争力等动态因素。因此，传统村落特色产业高质量发展需要更为全面的引领性政策作为支撑，积极引导传统村落转型发展，提高内生韧性，并积极创造条件为传统村落特色产业健康与高质量发展打下基础。

#### 6.3.3.2 设施支撑：建设传统村落“园区”设施与环境

传统村落特色产业高质量发展既根植于有价值的特色资源，也需要依托优质的基础设施、环境条件和人居活动。因此，通过全域联动来提升传统村落的基础条件，通过多元协同来丰富传统村落的保护与发展力量，应是传统村落基础设施与环境建设的重要路径机制。鉴于此，珠江三角洲传统村落应依托地区发展优势基础，加强全域条件下的传统村落设施与环境建设，建立传统村落即园区的发展导向。其一，实现全域要素和传统村落要素的融合与联动发展，通过建立要素融合、要素共享的联动发展机制，使传统村落要素既可以是本地村民的生产生活要素，也可是全域居民的服务要素。其二，提高传统村落公共设施和特色资源的产业转化率，实现传统村落生态、生产、生活空间的平衡发展，推进产村融合的深入发展。其三，围绕特色主题培育产业集群与链条，扩大与延长传统村落产业面与产业链，提升特色产业的品牌力与市场竞争力，促进城乡产业格局的网络化、公平化、非层级发展。此外，传统村落产业发展应根植于村民主体和多方利益相关者，发挥政府、企业、社会和村民的协同功能，建立多元协同的传统村落特色产业高质量发展体制机制。

#### 6.3.3.3 产业融合：创新遗产＋特色主题的融合式发展方式

当下，国内国际双循环的加快构建、粤港澳大湾区的一体化快速建设，使珠江三角洲传统村落的产业发展环境发生着巨大变化。要提升传统村落特色产业经济的活力、创新力与竞争力，就需要其直面粤港澳大湾区一体化建设挑战、适应国内国际双循环发展格局、适应新科技发展方向。因此，传统村落应形成创新为基础的发展战略和政策导向，围绕遗产资源，推动更广泛意义上的“遗产+”发展，让传统村落产业与城市文化、健康生活、生态涵养、科技智慧、体育娱乐等实施更紧密的融合协同，创新产业业态和经营运作方式。如推动传统村落产业与居民生活需求深入融合，驱动村落产业向城市度假、文化休闲、社区生活等要市场，由此形成新的市场和业务体系，增加传统村落产业发展韧性。再如，加速传统村落产业与元宇宙技术的融合发展，打破传统村落产业发展的空间与时间限制，运用虚实融合、虚实联动的发展方式，打造传统村落新业态形式。

### 6.3.4 分类施策：能力培育策略分类定制

#### 6.3.4.1 发展定位：形成遗产＋特色的发展导向

根据珠江三角洲传统村可持续发展评价结论，不可持续发展问题主要集中于僵化保护型、粗放发展型和衰败萎缩型，且问题差异明显。问题差异决定了传统村落实现系统联动治理应采取分类实施路径。针对问题成因，研究分类制定传统村落的遗产+特色培育策略，以此提升策略的适应性（表6-4）。

传统村落遗产+特色的分类定制策略　　表6-4

| 类型 | | 问题成因 | 强化遗产 + 特色价值 |
|---|---|---|---|
| 僵化保护 | | “一刀切”遗产资源管控手段；遗产资源的资产转化意识薄弱 | + 景观价值：强化生态文化景观特色 |
| 粗放发展 | 内嵌式 | 遗产资源管控的个别化，空间的高强度利用依赖性强，社区服务能力低下 | + 社区价值：营建新文化社区，提供现代综合服务 |
| | 外拓式 | 工业经济依赖性强，特色资源破坏明显 | + 经济价值：利用文化资源重建村落产业结构，推动文化资源向文化资本转化 |
| 衰败萎缩 | | 农业效益低、非农产业滞后，经济组织不发达 | + 田园价值：提升农产品附加值，拓展文化休闲产业 |

僵化保护型传统村落不可持续发展问题主要集中在传统文化活力流失与内生经济体系瓦解两方面。通过分析发现，问题形成主要源于遗产保护和产业发展的“一刀切”，忽视了遗产资源的资产转化，使遗产资源利用处于空窗期。与此同时，为严格保护遗产资源，对村落产业发展严格控制，致使原有地租经济发展受限，而在创新产业发展滞后情况下，传统村落的内生经济体系瓦解，经济增长滞缓，加剧村落经济的外部依赖。但总体来看，僵化保护型传统村落在经过前期严格管控，遗产资源普遍质优，加之区位优势明显，设施、环境、功能很大程度上已与城市接轨，发展物质基础良好；村落经济增长虽已停滞，但早期发展使村落经济基础良好；村落保护意识成熟，社会基础良好。至此，僵化保护型传统村落在物质、经济、社会基础的优势，为突出景观特色奠定了基础。由此，僵化保护型传统村落应通过强化遗产+景观特色，发展成为以文化休闲为核心的复合型特色村落。

内嵌式粗放发展型传统村落不可持续发展问题主要集中在人居环境恶化加剧、人文资源过度利用、资源耗损高转型难、人员复杂流动大四个方面。通过分析发现，问题形成主要源于在以村落为主的“粗放”式发展中，同样效仿了文化遗产保护技术范式，但与僵化保护型传统村落有所不同，体现在对整体格局与典型性遗产要素采取相对严格管控手段。除此之外，在村落强烈发展意愿以及对空间资源的高强度利用依赖下，其他遗产资源遭到严重的建设性破坏、村落人居环境恶化、社区服务能力低下。但总体来看，嵌入式粗放发展型传统村落整体格局以及典型性遗产资源保存良好，且村落经济基础雄厚。加之良好区位条件，使其拥有广阔的人力市场，在稳定社会秩序、营造和谐社会环境方面具有较大潜力。由此，内嵌式粗放发展型传统村落应通过强化遗产+社区特色，发展成为以品质服务为核心的复合型特色村落。

外拓式粗放发展型传统村落不可持续发展问题主要集中在生态用地持续减少、遗产资源自然性破坏增多、经济发展迟缓等三方面。通过分析发现，问题形成主要源于在以村落为主的“粗放”式发展中，因村落拥有相对充裕的土地资源，普遍采取了腾空古村的整体保存方式。与此同时，村落经济基础薄弱，创新产业发展滞后，导致村落依赖工业化扩张发展，自然资源减少持续。但总体来看，在早期保护工作中，传统村落遗产资源基本获得了整体性保留，使其生态与人文资源丰富，资源基础良好；区位条件适中，发展市场潜力大。因此，外拓式粗放发展型传统村落应通过强化遗产+经济特色，发展成为以创新经济为核心的复合型特色村落。

衰败萎缩型传统村落不可持续发展问题主要集中在现代文化侵入、产业单一低效，以及劳动力流失设施不全等三方面。通过分析发现，问题形成主要源于在村落“自然”式发展中，基本采取了与外拓式粗放发展传统村落相同的保护模式，同样的，遗产资源在自然性破坏中持续减少。不同的是，村落发展基础更为薄弱，在缺少工业化发展机会的前提下，经济组织单一且不发达，只能延续固有农业生产维持，由此也加速了劳动力流失，村落设施建设滞后。但总体来看，倒退萎缩型传统村落的生态资源质优，遗产资源丰富，资源基础优势明显；村落保持原生态发展，农业生产特色突出、田园生活底蕴浓厚。因此，衰败萎缩型传统村落应通过强化遗产+田园特色，使其发展成为以田园体验为核心的复合型特色村落。

#### 6.3.4.2 功能重塑：乡镇统筹培育特色的复合功能

传统村落建设发展目标伴随着社会经济发展和城乡关系演变不断发生变化[249]，从承担生产生活，到实现生态与文化保育，再到休闲、养老、文化宣传等功能的不断叠加，保护已不是传统村落唯一的核心目标，培育具有特色的复合功能成为传统村落建设发展的重要目标。其中，特色应是地域的、共性的、规模化的特色，而非传统村落孤立的、个性的、单一化的特色。因此，研究倡议应以乡镇地域为基础统筹单元，通过传统村落差异化的特色的复合功能培育（表6-5），实现传统村落的特色可持续，并成为推动乡镇发展的新动力源。

不同类型传统村落特色的复合功能培育　　表6-5

| 类型 | | 特色的复合功能 | 建设发展重点 | 主体治理能力建设 |
|---|---|---|---|---|
| 僵化保护 | | 遗产+景观特色：地方文化展示、城乡休闲娱乐、精品生活承载 | 丰富文化阐释与展示环境、完善休闲服务设施，提高传统村落的景观特色服务水平 | 提升特色资源保护技术，基于组织合作，提高村民参与度与决策权 |
| 粗放发展 | 内嵌式 | 遗产+社区特色：多样生活承载、地方服务供给节点、城市社会压力疏散 | 完善生活设施服务多样化、提升社区服务质量，满足社区服务的多元化发展需求，推动传统村落的包容发展 | 强化空间管控技术，提升组织管理与服务能力，保障村民收益，提升生活品质 |
| | 外拓式 | 遗产+产业特色：多样生活承载、非农产业创新、非农就业供给 | 提供日常人居服务，搭建产业创新孵化平台、提供人才就业保障，推动传统村落非农产业创新发展 | 提升文化资源利用技术，提升文化产业经营能力 |
| 衰败萎缩 | | 遗产+田园特色：生态涵养、农田保护、地方文化保育、田园生活体验、精品化与示范化农业探索 | 加强生态与文化保育，完善日常生活设施建设，疏通要素流通通道，完善农业设施建设、加快创新要素储备，促进传统村落稳步绿色发展 | 提升种植技术，培育特色农业，提升经济组织能力，保障村民收益 |

#### 6.3.4.3 底线管控：运用刚弹结合的遗产基底管控

传统村落遗产+特色的分类实施路径，决定了传统村落遗产基底保护的差异性（表6-6）。而在全域资源统筹、空间规划体系重构的语境下[250]，传统村落作为遗产资源和村镇建设用地的复合空间载体，亟待改变“一刀切”的、模糊的管控方式。因此，研究基于传统村落现有管控方式与破坏类型，进一步提出不同类型传统村落的遗产基底管控模式，促进“遗产+”的包容发展。在具体管控模式选择上，可相应采取弱管控模式、强管控模式与适度管控模式。

传统村落遗产基底分类管控　　表6-6

| 类型 | 管控方式与破坏类型 | 空间管控 | |
|---|---|---|---|
| | | 管控模式 | 管控特征 |
| 僵化保护 | “一刀切”管控；<br>以保护性破坏为主 | 弱管控 | 以活化为导向，弹性管控为主 |
| 粗放发展<br>（嵌入式、外拓式） | “抓典型”管控；<br>以建设性破坏为主 | 强管控 | 以低效利用的减量为导向，刚性管控为主 |
| 衰败萎缩 | “自然行”管控；<br>以自然性破坏为主 | 适度管控 | 以保育为导向，刚弹结合管控 |

僵化保护型传统村落的遗产要素破坏主要源于“一刀切”管控方式造成的保护性破坏。“一刀切”管控方式的特点是，对遗产全要素制定高标准同方式的管控要求，致使遗产要素利用受限，活力流失。因此，应在满足遗产核心价值要素的精准化保护的同时，按照遗产+景观特色发展的空间需求植入景观要素，并以活化为导向，采取以弹性为主的管控模式，将遗产要素精准保护与功能提升有机融合，提升遗产资源活力与品质。

粗放发展型传统村落的遗产要素破坏主要源于“抓典型”管控方式造成的建设性破坏。“抓典型”管控方式的特点是，按照价值等级分类遗产要素，对价值等级高的遗产要素（典型性遗产要素）制定高标准同方式的管控要求，其余等级遗产要素（非典型性遗产要素）制定条框式标准化管控要求，管控内容相对模糊，致使非典型遗产要素建设不受约束，建设性破坏增多。而传统村落在相对稳定的生产生活秩序中，某些固定要素会组合形成一个具有特色的空间，且成自成一体的系统[251]，如商业街巷、农业生产、宗族居住、地方信仰等。非典型遗产要素的建设性破坏必然造成传统村落遗产基底的破坏。因此，粗放发展型传统村落应在满足遗产核心价值要素及其关联空间的精准化保护同时，按照遗产+社区与+经济特色发展的空间需求植入社区服务与产业要素，并以减少低效利用的减量为导向，采取以刚性为主的管控模式，将精准要素保护与非农产业转型、生活服务功能提升有机融合，提升遗产资源利用效益。



衰败萎缩型传统村落的遗产要素破坏主要源于“自然行”管控方式造成的自然性破坏。

"自然行"的管控方式特点是，对遗产全要素制定条框式标准化管控要求，管控内容相对模糊，在村落自主实施管控中遗产要素受自然侵蚀破坏增多。因此，衰败萎缩型传统村落应在满足遗产核心要素的精准化保护同时，按照遗产+田园特色发展的空间需求植入创新要素，并以保育为导向，采取刚性与弹性相结合的管控模式，将遗产要素精准保护与生态价值提升、农业发展创新有机融合，储备遗产资源后备力量。

#### 6.3.4.4 制度保障：叠加补充的政策供给与技术支撑

从空间视角看，传统村落保护实则是传统村落的"空间治理"问题，是以空间资源优化配置为核心，对空间要素进行控制引导，采取的资源管理与整治方式及过程[252]，需要以适当公共政策予以引导，以科学的规划技术为保障[253]（图6-11）。

（1）政策引导

传统村落保护公共政策涉及遗产保护、生态保护、村镇建设、财税等多个领域，类型庞大而复杂，但根据政策的作用机制大体可分为激励型、引导型、控制型与惩罚型政策。根据传统村落遗产基底保护的管控导向，僵化保护型应以激励引导为主，粗放发展型应强化控制激励，衰败萎缩型则应以控制引导为主。进一步地，通过政策与刚弹互补的技术叠加补充，提升传统村落空间要素控制引导的有效性。

强化保护型传统村落是彰显地域文化魅力特色、促进生态保护、推动乡村振兴发展的主要空间，相应政策应以激励引导为主，以活化为导向。通过探索产权分置、鼓励社会参与、设立专项资金奖励等，落实遗产资源保护与活化利用的互动，推动传统村落资源向资产的转化。如除保持遗产资源的常态化管制外，从传统村落的文化内涵出发，以产业、用地、权益、财税领域的激励型政策为主导，辅以规划技术的活化利用引导，充分调动村落主体、市场以及社会力量的参与积极性，促进传统村落保护与乡村振兴、城乡一体化建设、地区产业发展的有机融合，实现对系统联动治理的良性促进。

粗放发展型传统村落是兼顾生态保护与魅力发展，培育新经济、新业态的重点空间，相

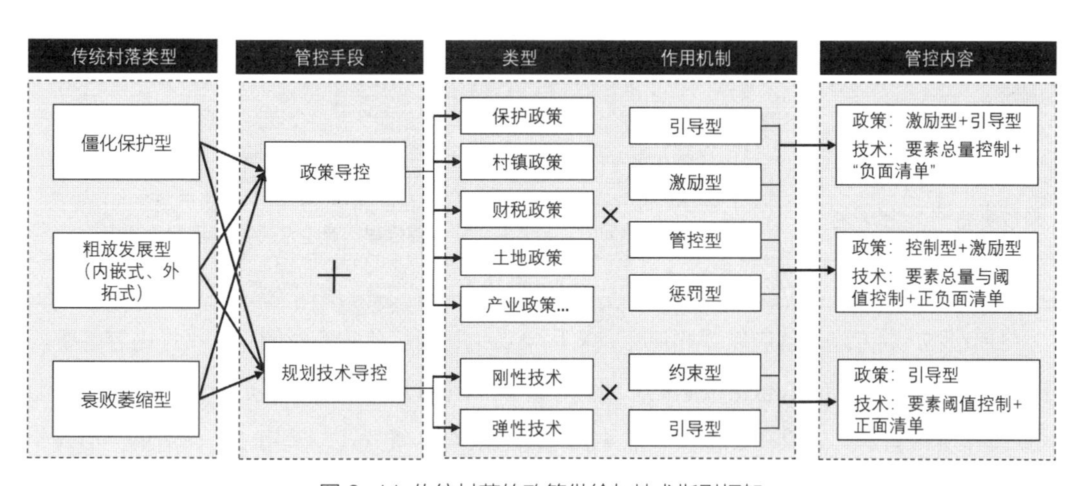


图6-11 传统村落的政策供给与技术指引框架

应政策应兼顾控制与激励，以减少低效利用的减量为导向，通过聚焦规范建设问题，利用刚性规划技术和严格政策的组合管控，辅以补偿制度、参与奖励、社会治理方式创新、产业结构调整等激励、引导型政策，保证控制型政策实施的有效性。此外，政府应有意识引导市场和社会力量有序参与到传统村落保护与发展中，达成多方主体合作发展共识，逐渐形成通过规划技术与政策矩阵的互动自洽，转变粗放发展模式，激发传统村落形成新经济空间，促动系统联动治理。

衰败萎缩型传统村落是缩小城乡差距，实施乡村振兴、丰富资源藏库的重点空间，相应政策应以引导为主，以保育为导向，改变资源向城镇集中的城镇化发展思维。通过增加规划管控弹性、完善配套政策保障，有意识地加强资金投放、技术支持、用地供给等政策倾斜，为传统村落系统内生培育提供有力保障。其中，政府部门应充分发挥主导作用，市场和村落主体可作为“被治理”对象，以相对弱势参与其中，循序渐进地推进系统联动治理。

（2）技术导控

刚弹互补的导控技术是提升与落实政策管控的有效手段，也是在保护遗产底线基础上，提高传统村落多元发展潜能的重要技术支撑。其中，刚性是规划技术中的权威性规定，多以指标和条目形式出现。刚性指标主要回答“必须保护什么”“不能突破的底线是什么”的问题，如传统建筑规模、传统街巷高宽比、开发强度、水面率、植被覆盖率等量化指标；刚性条目主要是回答“不能做什么”的问题，如禁止大拆大建、核心保护范围内禁止非必要的新建建筑建设等。弹性则是规划技术中为适应发展变化的灵活性规定，多以奖励机制以及建议形式出现，主要回答“适宜做什么”“怎么做”等问题，如容积率奖励、建筑功能兼容性、产业发展推荐等，在传统村落遗产价值保护、特色价值塑造、环境品质提升、产业发展等方面给予正向指导。不同类型传统村落的弹互补形式与内容应有所差异（表6-7）。

不同类型传统村落管控技术对比　　表6-7

| 类型 | 互补形式 | 刚性技术控制 | 弹性技术指引 |
|---|---|---|---|
| 僵化保护 | 以弹性为主 | 遗产要素总量控制为主，为利用留有余地 | 以“负面清单”形式，为地域景观价值塑造、环境品质提升、产业转型提供创意空间 |
| 粗放发展 | 以刚性为主 | 遗产要素总量控制与遗产要素阈值控制并举，实现严控 | 以“正面”和“负面”两种清单，指引遗产资源保护、人居环境改善、产业转型 |
| 衰败萎缩 | 刚弹结合 | 以遗产要素总量控制为主，实现保育 | 以“正面清单”形式，对遗产资源保育、风貌修复、产业选择给予正向建设指引 |

僵化保护型传统村落应以营建地标式文化景观为目标活化遗产资源。在管控内容与手段上，应侧重于对遗产核心价值要素的总量控制，从文化景观精品化发展的空间需求出发，通过统筹单元区资源，识别可建范围；倡导在地化建设与更新方式，采用“负面清单”形式，管控不可建设行为、不可建设范围、不可建设规模、不适宜的产业类型，不兼容的建筑功

能，为地域景观价值塑造、环境品质提升、产业转型留下充足空间。

粗放发展型传统村落应以提升人居环境与产业转型升级为目标减少遗产资源的低效利用。在管控内容与手段上，除严格控制遗产要素总量非减少外，应对遗产要素的阈值进行评估，以阈值设定管控不同类型遗产要素；列出负面清单，通过单元区内用地置换或逐步迁出为路径，保护历史文化景观的整体和谐；列出正面清单，为置换、改造、拆减用地提供参考，指引遗产资源保护、人居环境改善、产业转型。

衰败萎缩型传统村落应以恢复地区健康、活力为目标进行遗产资源保育。在管控内容与手段上，改变用地向城镇集中的城镇化思维，从生态学“生境”内涵出发，缔造乡村与生态的有机融合、和谐共生图景。一是从遗产+田园特色发展的空间需求出发，在控制遗产核心价值要素的总量非减化基础上，统筹安排保护、新建、改造、拆减用地，并着重对地区公共服务配置进行协调与优化；列出正面清单，对遗产资源保育、风貌修复、产业选择给予正向建设指引；地区内的还建用地指标灵活操作，适度向遗产要素保护倾斜，或通过指标自留为后续发展留有余地。

## 6.4 要素层面：推进多元要素的协调与管治

珠江三角洲具有同文共地的文化与地理特征。同文主要是指珠江三角洲地域文化虽呈现一元为主，多元共存的文化格局，但同属岭南文化，文化性格相似。共地主要是指因无高山阻隔，水陆沟通方便，珠江三角洲在地理上成为一体，同属一个地理单元[254]。同文共地的文化与地理特征深刻影响着珠江三角洲社会经济发展的各个层面，为多元要素的协同优化奠定了环境基础。本节将通过基层规划师叠加地方特色智库的柔性管理制度建设、基本管理单元的刚性管控技术建议以及多元主体的跨界整合倡议三个方面提出多元要素的协调与管治策略，以此为形成区域系统共生发展格局、提升传统村落内生发展能力提供条件保障。

### 6.4.1“基层规划师+智库”的柔性管理制度

随着我国进入高质量发展阶段，以人民为中心的发展理念日益得到强化，推动着我们不断对社会治理体系和治理能力现代化进行思考。从发达国家的经验来看，治理现代化首先要规范政府行为，建立起符合现代化需求的制度体系，这被认为是推进治理现代化的一般性规律[255]。国土空间规划正是在法律约束下，依靠理性的制度设计和政策安排实现程序化管理的手段之一。然而，以人民为中心的发展理念决定了除常规性手段外，还需要正视管理的有效性，需要通过获得社会公众认同，充分调动社会资源，形成治理合力。此时，增加管理制度的柔性成为最常见的路径选择。

#### 6.4.1.1 再造精英决策与村民自治的互动关系

随着城乡规划逐渐从传统的技术工作转变为广泛的治理行为，基层规划师作为基层治理体系的“新力量”备受关注。基层规划师制度建设在各地相继展开，北京、上海、成都、重庆等地先后的基层规划师制度建设进行了尝试。以北京市为例，北京市规划和自然委员会总结责任规划师（各地基层规划师称谓各有不同，北京称为责任规划师，上海、成都、武汉等地称为社区规划师）的作用和身份包括：宣传、咨询和纽带作用，以及作为规划宣传者、规划实施督促者、公众意愿倾听者、社会问题发现者、多方诉求沟通者和公众参与组织者[256]。2019年通过《北京市责任规划师制度实施办法（试行）》对责任规划师的人员选聘、权利、义务和工作内容、系统保障予以明确。《北京市责任规划师制度实施办法（试行）》的出台促进了北京市基层规划师工作的全面推进，截至2020年11月底，全市已有15个城区和经济技术开发区发布了基层规划师工作方案并完成聘任工作，签约了301个基层规划师团队，覆盖全市318个街镇和片区，基层规划师覆盖率达95%以上。基层规划师团队围绕各自的责任片区开展了丰富多样的实践工作，形成了百家争鸣的特色局面[257]。从北京基层规划师制度实践结果来看，该制度有助于搭建跨域沟通平台；有利于引入专业力量下基层，保证服务的连续性和持续性；有利于促进公民意识和社会共识；有利于提升社区社会资本和空间价值[258]。

珠江三角洲在基层规划师下沉基层方面也做出了多次实践，如广州市的社区设计师探索、“三师下乡”行动的推进、“大师小筑”活动的衍生等。但总体来看，珠江三角洲基层规划师下沉基层多以活动或项目介入方式为主，缺少实践向制度化的推进，由此也导致了工作开展的推进地区不均衡、持续保障性差、权责模糊等问题。此外，还存在着大城市—小城市—乡村地区的基层规划师数量与质量的递减。

传统村落保护是一个长期的、动态的过程。从保护的规划编制，到规划实施的开展，再到实施后的管理和运营，是一个不断变化的过程。在这个过程中需要多主体、多专业、多技术的沟通与配合。加之，传统村落浓厚的宗亲文化使村民自治的态度更加鲜明。建立基层规划师制度对于精英决策与村民自治的关系再造具有不可忽视的作用。结合珠江三角洲基层规划师制度现存问题，传统村落基层规划师制度建设可从以下几方面着手：①加强基础性政策保障。在相关政策文件中突出基层规划师制度的作用。如在传统村落保护规划相关条例、工作意见、管理办法等文件中明确基层规划师制度的重要性、推行基层规划师制度、推进基层专业和支援服务队伍建设等。②完善具体实施性政策。明确基层规划师制度内容，包括队伍构成人员要求、主要权责、工作方式等。③落实保障性政策。明确基层规划师工作的薪酬、培养、监督，如基层规划师工作的补助资金来源、工作成绩考核、继续教育保障等。

#### 6.4.1.2 补充传统村落保护与发展的特殊需求

党的十八大以来，党和国家高度重视智库建设，2015年出台的《关于加强中国特色新型智库建设的意见》中，明确提出了“要健全中国特色决策支撑体系，大力加强智库建设”。智库作为“思想库”“脑库”或“智囊团”成为公共政策研究、制定提供咨询服务的重要机构。从珠江三角洲智库建设实际来看，存在着地方智库总体发展实力不强、建设水平不均衡、专有特色资源过少、信息资源共建共享不足等问题[259, 260]。

珠江三角洲传统村落保留着丰富多彩的文化遗产，是承载和体现珠江三角洲传统文明的重要载体，蕴含着丰富生产、生活、生态智慧，是珠江三角洲地域文化特色的资源藏库。传统村落的保护需要建基于对地域文化的深入挖掘与科学诠释，对特殊技术与技艺的运用。单纯依靠基层规划师很难满足传统村落保护的特殊需求，智库建设应是有益补充。广东省东莞市茶山镇为科学保护与发展南社村，创建了中国古村落保护与发展专业委员会（东莞）创研基地（后简称“古村创研基地”），也就是南社智囊团。该智囊团通过与高校智库合作，聘请刘炳元、汤国华等文物专家担任顾问，围绕南社历史文化展开深入研究，并借力民间保护和活化组织，吸收一线设计师、乡村建筑工匠等，为南社村保护与发展的良性互动提供了重要指引。

总体来看，智库在珠江三角洲传统村落保护与发展中的作用发挥尚属少数，结合珠江三角洲智库问题，对传统村落智库建设可从以下几方面着手：①加强珠江三角洲特色型智库建设。围绕珠江三角洲地域文化特色建设新型智库，对江三角洲传统建筑文化、地方民俗、宗教文化等展开系统性研究，并培养一批具有文化与专业素养的高层次人才。②完善智库建设政策制度。通过制度建设实现智库建设内容、信息沟通、咨询渠道的常态化发展，加强智库有序建设与作用发挥同时，避免重复性研究带来的资源浪费。③加强智库联盟。通过珠江三角洲地方智库之间以及跨域智库间的联盟，提升珠江三角洲传统村落智库整体水平。

### 6.4.2 “基本管理单元”的技术规范统筹

根据前文提出的，将传统村落发展成为带动乡村地区发展，促进城乡融合发展的“桥梁”思路。研究倡议传统村落规划技术管控可借鉴上海“郊野单元规划”的经验做法[261]，以乡镇为统筹治理单元，通过将传统村落与周边乡村进行资源整合，根据实际情况，形成适宜的“基本管理单元”，通过以基本管理单元为单位的图则管控，引导传统村落资源要素的全域统筹安排和综合调控。此种做法也符合国土空间规划背景下村庄规划“多规合一”、全域规划设计与土地整治而为一的趋势，有利于在规划实施过程中协调自上而下和自下而上的空间诉求，促进保护与发展的平衡。

基本管理单元是对管理途径的创新，在现存的镇与村（居）的行政层级之间设立一个新的非行政层级单位。通过“3+3+2+X”的基本服务配置，配备社区事务、社区卫生、社区文化服务设施，便于执法管理的实施[262]。借鉴“郊野单元规划”经验，传统村落基本管理单元规划的图则管控需要把握以下几方面要点：①坚持生态和遗产优先。如考虑生态空间联动性和完整性，对单元内建设用地减量指标优先向生态用地输送。②根据单元产业功能导向对土地类型进行细化，如结合单元地块未来的休闲旅游产业发展，可适当增加乡村体验或休闲农旅功能的用地类型，并在单元内统筹安排用地规模与范围，以图则形式予以明确。③根据相关保护条例，在图则中明确保护对象，并针对风貌特征提出单元内非保护类建筑建设、改造的风貌引导细则（图6-12）。④根据传统村落类形制定差异化管控要求。如以过度保护型传统村落为主的管理单元，应侧重于对遗产核心价值要素的总量控制，从文化景观精品化发展的空间需求出发，通过统筹单元区资源，识别可建范围；倡导在地化建设与更新方式，采

三间两廊修缮指引

- **重点部位**

本部分针对文物建筑和历史建筑线索等保护类建筑之外的建筑单体的具体修缮部位和措施，将碉楼各部位的保护和修缮强度分为两大类：

- **一类部位，包括：**

1.屋顶样式

2.外墙饰面

3.空间形式

4.结构构造

- **二类部位，包括：**

1.细部装饰

2.民俗元素

3. 局部构造

4.地板、内墙、楼梯

## ◻三间两廊式民居修缮指引

### ◻屋面

- 屋顶一般为硬山式。屋面推荐用裹灰绿筒瓦，檐口用青砖叠涩作浅出檐。
- 禁止使用亮色、反光金属瓦屋面。

### ◻地面

- 推荐采用大阶砖、花岗岩。大阶砖吸湿性好，较易崩坏；花岗岩防水性好，且坚固耐磨；大阶砖常用于室内，麻石多用于室外和半室外；大阶砖常用360mmx360mm、370mmx370 mm、460mmx460mm，厚度在30~50mm；室内空间一般以45°斜铺为主。
- 禁止使用瓷砖地面、饰面木地板。

### ◻墙体

- 推荐采用青砖和石材，石材以花岗岩为主，少见红砂岩。花岗岩坚硬密实，很难风化；红砂岩容易风化崩解，但具有良好防潮吸噪能力。青砖和裹灰绿筒瓦奠定灰沉阴暗的基调，在接近人视线高度处使用明亮鲜艳的麻石或红砂岩，活泼建筑氛围。外墙一般为空斗墙，常用“五顺一丁”“七顺一丁”“九顺一丁”。
- 禁止使用马赛克贴面、青砖贴面。

## ◻推荐

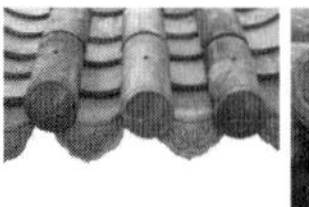

裹灰绿筒瓦　瓦当和滴水

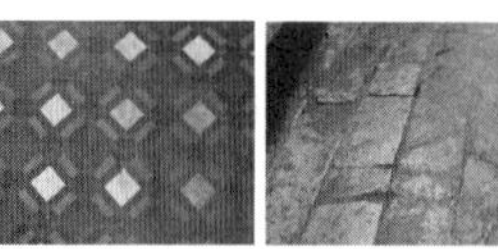
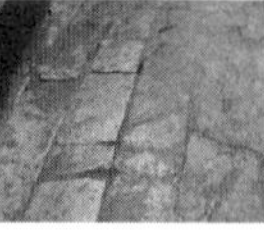

大阶砖　麻石铺地

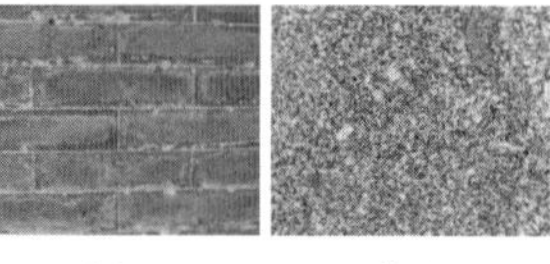

青砖　花岗岩

## ◻禁止

琉璃瓦　反光、亮色金属瓦

瓷砖地面　饰面木地板

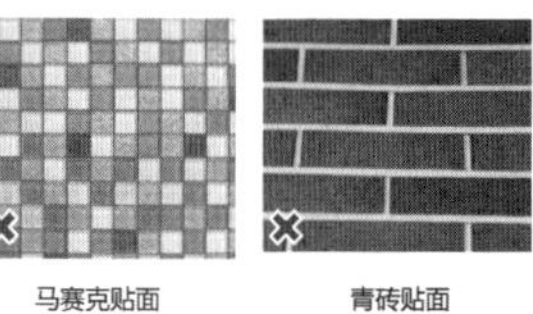

马赛克贴面　青砖贴面

图6-12 传统建筑风貌引导细则示例

（来源：研究课题组提供）

用“负面清单”形式，管控不可建设行为、不可建设范围、不可建设规模、不适宜的产业类型、不兼容的建筑功能，为地域景观价值塑造、环境品质提升、产业转型留下充足空间。

以粗放发展型传统村落为主的管理单元，除严格控制遗产要素总量非减少外，还应对遗产要素的阈值进行评估，以阈值设定管控不同类型遗产要素；列出负面清单，通过单元区内用地置换或逐步迁出为路径，保护历史文化景观的整体和谐；列出正面清单，为置换、改造、拆减用地提供参考，指引遗产资源保护、人居环境改善、产业转型。

以衰败萎缩型传统村落为主的管理单元，则应改变用地向城镇集中的城镇化思维，从生态学“生境”内涵出发，缔造乡村与生态的有机融合、和谐共生图景。从遗产+田园特色发展的空间需求出发，在控制遗产核心价值要素的总量非减化基础上，统筹安排保护、新建、改造、拆减用地，并着重对地区公共服务配置进行协调与优化；列出正面清单，对遗产资源保育、风貌修复、产业选择给予正向建设指引；地区内的还建用地指标灵活操作，适度向遗产要素保护倾斜，或通过指标自留为后续发展留有余地。

### 6.4.3“跨界整合”的合作互动

“跨界整合”源于公共治理的整合治理概念[263]，其目的是在承认市场机制和社会组织存在的前提下，政府占据主导地位，并通过政策手段和工具对私人部门进行跨界整合，调动多方资源，实现不同主体、不同运作机制的优势互补，更好地实现社会共享、共建、共创[264]。借鉴公共治理的整合治理概念，本书倡议传统村落系统要素的协调应是在多方主体在“跨界整合”合作与互动中实现系统的“跨界整合”。

珠江三角洲的同文共地环境为多元主体和资源的跨界整合提供了优良的实现条件。早在1985年国家提出“小三角”以来（行政边界虽稍有变化，但基本核心范围变化不大），珠江三角洲都是以一个行政管理单元统筹发展，为实现各地政府、社会和市场等主体提供了整合环境。与此同时，以广府文化为主的地域文化，以及与其他文化的交融，使其资源在文化因素的作用下更易整合。

因此，珠江三角洲传统村落多元主体的跨界整合既包括政府内部跨层级、跨职能、跨部门的整合，也包括对村落主体、社会和市场主体的整合，如设置省级传统村落保护工作组，从省域层面统筹协调总体工作；各市设置传统村落保护工作班，指导各区基层规划师制度推进，各区相关部门具体协助基层规划师团队与基层行政部门、村落之间的对接。资源要素的跨界整合需要通过多元主体的跨界整合。本书所指的资源要素跨界整合，既包括传统村落系统要素内部整合，也包括区域系统要素的整合；既包括传统村落的遗产资源，也包括区域的公共资源与设施资源。如对传统村落宗祠文化的保护，既要对村内宗祠建筑进行跨等级、跨功能、跨类型的整合，还应将村落宗祠文化纳入区域文化大环境中考量，整合形成宗祠文化圈，为传统村落特色基本管理单元的发展提供参考。

为实现多元主体和资源在“跨界整合”中的合作互动，本书建议：要推进政府向社会赋权，让社会具备自治条件与能力；建立多层次的协商机制，让多方主体在相互协商中达成共识，实现共赢，如建立听证会，开展座谈会、讨论会，成立理事会等；合理利用政府行政手段，建立多方主体协商的互惠规则；建立监督与惩罚机制，促进良好协商秩序的形成。

# 本章小结

本章针对珠江三角洲传统村落现存问题，立足珠江三角洲广府文化根基以及区域一体化优势，建立以“村落系统内生动能”驱动为核心、以“区域系统协同共生”与“多元要素整合优化”为支撑的“系统联动治理”模式，并从“动力优化—区域统筹—要素协调”角度提出具体优化策略。力图通过推进保护与社会经济发展的相互作用，在促进传统村落遗产＋特色产业发展中提高村落“人—村—产”系统联动，并以此为支点，建立传统村落保护与城乡融合发展的互动关系，进而形成传统村落可持续发展的长效机制。

（1）从区域统筹角度提出传统村落共生发展策略，通过“村落—区域”发展协同平台建设与“村—村”网络组织体系培育，建立区域系统共生发展格局

基于珠江三角洲城乡发展模式剖析，研究提出传统村落的资源禀赋优势，使其更易成为城乡产业交叉和要素禀赋组合的“枢纽”。通过将传统村落作为承接城市高端资源要素注入的载体，融合传统村落自身独特的特色要素禀赋，更易于实现特定空间内各类要素的重新组合和高效利用，从而保障传统村落内生发展的能力培育，推动城市与乡村的融合发展。基于以上认知，为形成以传统村落为交叉点的城乡融合互动，研究从“村落—区域”与“村落—村落”纵横双向提出传统村落实施策略。

在“村落—区域”方面，通过改革政策制度、形成城乡等值发展观、疏通城乡通道等流通设施与环境建设，保障全域要素自由流动；建立传统村落与企业、高校、科研等创新主体的双向协作，实现资源要素提质增效；完善城乡土地市场一体化、城乡金融市场统一化、城乡住房市场适度接轨等城乡市场一体化建设，降低交易成本，促进要素互惠流动；推行城市治理体系向乡村地区延伸，培育城乡协同治理体系，建设“村落—区域”发展协同平台。在“村落—村落”方面，通过建立村落间生态、文化、空间等资源互补共享机制，扩大传统村落主体规模；倡导乡村服务按需定制，提高设施能级与运营可持续；建立“大同小异”的产业协同发展体系，提升特色产业集群竞争力；以跨村宗亲网络连接、特色文化品牌创建、专项项目合作等形式，强化跨村组织整合，保障传统村落生活圈、生产圈的良性运转，建立区域系统共生发展格局，使传统村落在共生中获得内生发展能力提升的保障。

（2）从动力优化角度提出传统村落内生培育策略，通过遗产价值保护与特色价值培育、村民自治能力提升、城乡产业分工体系重构，形成传统村落的内生发展能力

在遗产价值保护与特色价值培育方面，通过“目标—实施—管理”三位一体的底线保护，运用“遗产特色+现代特色”的价值叠加融合，落实基底保护—特色培育的资源保育优化；在村民自治能力提升方面，提出借助丰富互补的学习与奖励手段，结合基于法治的多元组织建设与横向协作，形成意识—行为双驱的村民自治能力提升；在城乡产业分工体系重构方面，提出通过建立政府引领、产业主导的传统村落特色产业高质量发展机制，推行全域联动、多元协同的设施与环境建设机制，围绕遗产＋特色主题，实施融合发展、创新为基的传统村落发展路径，建设特色节点—网络互动的产业分工体系，使传统村落逐渐形成不依赖外部帮扶的内生发展能力，为实现传统村落特色、稳定、可持续发展奠定基础。

（3）从要素协调角度提出多元要素协同优化策略，通过柔性制度建设、刚性技术统筹与要素整合治理，营建多元要素的协同优化环境

柔性制度建设方面，通过“基层规划师制度”与“智库”的叠加补充，增加管理制度的柔性，提升管治的有效性。在刚性技术统筹方面，结合“村落—村落”协同发展，以及传统村落连片保护利用的发展趋势，提出借鉴上海“郊野单元规划”的经验做法，以“基本管理单元”为单位制定图则进行管控，并提出图则管控应坚持生态和遗产优先；根据单元产业功能导向对土地类型进行细化；根据相关保护条例，在图则中明确保护对象，并针对风貌特征提出风貌引导细则；根据传统村落类型制定差异化管控要求等建议。在要素整合治理方面，倡议采取“跨界整合”的合作互动模式。通过推进政府向社会赋权；建立听证会，开展座谈会、讨论会，成立理事会等多层次的协商机制；建立多方主体协商的互惠规则；建立监督与惩罚机制等措施，实现政府跨层级、跨职能、跨部门的整合，以及对村落主体、社会和市场主体的整合，进而推动多元要素整合。

（4）针对传统村落困境构成特征，形成以遗产＋特色为导向的差异化实施策略

针对僵化保护型、粗放发展型、衰败萎缩型传统村落风险构成特征，形成以“遗产+特色”为导向的差异化实施策略，通过围绕发展定位、功能重塑、底线管控、制度保障制定分类实施策略，精准对标不同类型村落的现存问题，提升策略适用性与有效性。如粗放发展型传统村落是兼顾生态保护与魅力发展，培育新经济、新业态的重点空间。相应政策应兼顾控制与激励，以减少低效利用的减量为导向，通过聚焦规范建设问题，利用刚性规划技术和严格政策的组合管控，辅以补偿制度、参与奖励、社会治理方式创新、产业结构调整等激励、引导型政策，保证控制型政策实施的有效性。

# 附 录

## 附录 1 珠江三角洲传统村落保护发展信息数据库（节选）

| 序号 | 所在地 | 名称 | 批次 | m-n | 村域面积（$hm^2$） | 与中心城市距离（km） | 文化特征 | 区域城镇化（%）m | 区域人均GDP（元）m | 集体收入（万元）n | 集体收入（万元）m | 村民收入（万元）n | 村民收入（万元）m | 户籍人口（人）n | 户籍人口（人）m | 常住人口（人）n | 常住人口（人）m | 特色产业（个）n | 特色产业（个）m | …… |
|---|---|---|---|---|---|---|---|---|---|---|---|---|---|---|---|---|---|---|---|---|
| 1 | 肇庆市 | 白石村 | 1 | 6 | 1.2 | 7 | 广府 | 99.95 | 40762.9 | 200 | 230 | 1.3452 | 1.852 | 1100 | 1246 | 2500 | 2630 | 2 | 2 | |
| 2 | 佛山市 | 碧江村 | 1 | 6 | 8.9 | 22 | 广府 | 98.58 | 116979 | 5215 | 6871 | 2.811 | 3.277 | 14599 | 15575 | 31829 | 33350 | 1 | 2 | |
| 3 | 佛山市 | 茶基村 | 2 | 5 | 0.1 | 5 | 广府 | 100.00 | 96698.4 | 793 | 1000 | 1.023 | 2.3892 | 1124 | 1200 | 1671 | 1747 | 0 | 0 | |
| 4 | 惠州市 | 茶园村 | 2 | 5 | 6.8 | 42 | 广客 | 75.80 | 89232.5 | 49 | 52 | 0.8 | 1.13 | 2776 | 3306 | 8500 | 8809 | 0 | 0 | |
| 5 | 东莞市 | 超朗村 | 2 | 5 | 3 | 26 | 广客 | 91.02 | 84887.1 | 1900 | 2228 | 3 | 3.8 | 2941 | 3018 | 2941 | 2939 | 0 | 0 | |
| 6 | 中山市 | 翠亨村 | 1 | 6 | 0.3187 | 26 | 广府 | 88.35 | 116808 | 65 | 160 | 1.538 | 2 | 243 | 260 | 630 | 710 | 1 | 1 | |
| 7 | 广州市 | 大岭村 | 1 | 6 | 3.74 | 43 | 广府 | 89.13 | 116995 | 280 | 469 | 0.93 | 2.3954 | 2432 | 1130 | 5092 | 2650 | 1 | 2 | |
| 8 | 佛山市 | 大旗头村 | 1 | 6 | 1.27 | 41 | 广府 | 72.63 | 183524 | 160 | 230 | 1.4 | 2 | 1690 | 1690 | 1690 | 1690 | 2 | 2 | |
| 9 | 佛山市 | 逢简村 | 4 | 2 | 5.26 | 40 | 广府 | 98.58 | 116979 | 300 | 1935 | 0.2 | 2 | 6218 | 6450 | 9418 | 9750 | 2 | 4 | |
| 10 | 肇庆市 | 扶溪村 | 2 | 5 | 8.67 | 175 | 广府 | 27.31 | 28672.4 | 5 | 5 | 0.6995 | 1.12 | 1452 | 1590 | 1226 | 1255 | 1 | 1 | |
| 11 | 江门市 | 浮石村 | 3 | 4 | 18 | 85 | 广府 | 47.43 | 45373 | 2857 | 2860 | 0.45 | 1 | 6349 | 6300 | 6349 | 6300 | 1 | 1 | |
| 12 | 佛山市 | 岗头村 | 4 | 2 | 5 | 33 | 广府 | 72.63 | 183524 | 13.5 | 50 | 0.43 | 2.5 | 1600 | 2700 | 1800 | 3000 | 0 | 0 | |
| 13 | 广州市 | 港头村 | 3 | 4 | 2.83 | 54 | 广府 | 68.80 | 124327 | 12 | 10 | 1.0372 | 2.3 | 1912 | 2100 | 1860 | 1600 | 0 | 0 | |
| 14 | 中山市 | 古鹤村 | 3 | 4 | 5.91 | 40 | 广府 | 88.35 | 87738.8 | 2191 | 2500 | 2.5 | 2.754 | 1205 | 1275 | 6000 | 7000 | 1 | 1 | |
| 15 | 广州市 | 瓜岭村 | 3 | 4 | 0.62 | 49 | 广府 | 73.10 | 92252.8 | 26 | 80 | 0.6 | 1.1 | 700 | 730 | 720 | 730 | 1 | 1 | |
| 16 | 佛山市 | 马东村 | 4 | 2 | 3.23 | 44 | 广府 | 98.58 | 116979 | 600 | 603.5 | 0.885 | 5 | 3445 | 3687 | 4100 | 2800 | 1 | 1 | |
| 17 | 东莞市 | 江边村 | 1 | 6 | 4.1 | 35 | 广客 | 91.02 | 67978 | 310 | 360 | 2.168 | 3.2277 | 2979 | 3368 | 1500 | 1744 | 2 | 2 | |
| 18 | 广州市 | 聚龙村 | 2 | 5 | 0.13 | 12 | 广府 | 100.00 | 126113 | 5.5 | 3.2 | 5.5 | 3.2 | 234 | 234 | 210 | 210 | 0 | 1 | |
| 19 | 佛山市 | 孔家村 | 4 | 2 | 0.743 | 13 | 广府 | 94.98 | 156677 | 588 | 594 | 1.682 | 2.54 | 1120 | 1100 | 1280 | 1500 | 1 | 1 | |
| 20 | 广州市 | 塱头村 | 2 | 5 | 6.25 | 45 | 广府 | 68.80 | 124327 | 300 | 350 | 1.0856 | 2 | 2400 | 2800 | 2425 | 2500 | 2 | 3 | |
| 21 | 广州市 | 钱岗村 | 3 | 4 | 387.8 | 60 | 广府 | 45.08 | 64395 | 10 | 1 | 0.75 | 0.7 | 2177 | 2450 | 2197 | 1633 | 1 | 1 | |
| …… | | | | | | | | | | | | | | | | | | | | |

续表

| 序号 | 所在地 | 名称 | …… | 社会活动参与度（%）n | 社会活动参与度（%）m | 民间组织活力度（%）n | 民间组织活力度（%）m | 原住民常住率（%）n | 原住民常住率（%）m | 居于传统建筑人数n | 居于传统建筑人数m | 传统建筑总量（座）n | 传统建筑总量（座）m | 破坏数（座）n | 破坏数（座）m | 使用数（座）n | 使用数（座）m | 植被覆盖率（%）n | 植被覆盖率（%）m | 水面率（%）n | 水面率（%）m |
|---|---|---|---|---|---|---|---|---|---|---|---|---|---|---|---|---|---|---|---|---|---|
| 1 | 肇庆市 | 白石村 | | 64 | 64 | 64 | 67 | 44.00 | 47.38 | 1100 | 1160 | 194 | 186 | 22 | 28 | 194 | 186 | 23.65 | 23.65 | 2.00 | 2.00 |
| 2 | 佛山市 | 碧江村 | | 76 | 100 | 80 | 96 | 45.87 | 46.70 | 141 | 255 | 142 | 142 | 11 | 4 | 71 | 99 | 13.96 | 13.96 | 1.00 | 1.00 |
| 3 | 佛山市 | 茶基村 | | 80 | 88 | 84 | 96 | 67.27 | 68.69 | 159 | 138 | 71 | 69 | 9 | 7 | 50 | 55 | 25.24 | 25.24 | 1.00 | 1.00 |
| 4 | 惠州市 | 茶园村 | | 72 | 72 | 72 | 70 | 32.66 | 37.53 | 4 | 4 | 58 | 54 | 21 | 23 | 10 | 10 | 61.45 | 61.28 | 8.45 | 1.19 |
| 5 | 东莞市 | 超朗村 | | 48 | 48 | 60 | 76 | 100.00 | 102.69 | 132 | 6 | 83 | 76 | 32 | 59 | 51 | 4 | 53.13 | 59.50 | 37.57 | 31.70 |
| 6 | 中山市 | 翠亨村 | | 68 | 60 | 68 | 60 | 38.57 | 36.62 | 5 | 3 | 92 | 92 | 26 | 32 | 8 | 8 | 46.71 | 46.71 | 4.20 | 4.20 |
| 7 | 广州市 | 大岭村 | | 60 | 72 | 60 | 76 | 47.76 | 42.64 | 53 | 42 | 32 | 32 | 7 | 3 | 16 | 22 | 36.74 | 35.70 | 37.90 | 36.59 |
| 8 | 佛山市 | 大旗头村 | | 60 | 56 | 56 | 56 | 100.00 | 100.00 | 72 | 1 | 159 | 159 | 26 | 29 | 32 | 9 | 45.32 | 47.77 | 26.44 | 22.19 |
| 9 | 佛山市 | 逢简村 | | 68 | 92 | 76 | 92 | 66.02 | 66.15 | 69 | 198 | 110 | 110 | 16 | 13 | 45 | 88 | 0.30 | 0.30 | 64.45 | 64.45 |
| 10 | 肇庆市 | 扶溪村 | | 68 | 64 | 66 | 64 | 118.43 | 126.69 | 1226 | 1100 | 318 | 291 | 60 | 59 | 223 | 196 | 84.93 | 84.75 | 1.78 | 1.78 |
| 11 | 江门市 | 浮石村 | | 66 | 64 | 68 | 64 | 100.00 | 100.00 | 3800 | 3700 | 524 | 511 | 62 | 128 | 209 | 200 | 68.82 | 66.63 | 6.75 | 6.75 |
| 12 | 佛山市 | 岗头村 | | 64 | 60 | 64 | 60 | 88.89 | 90.00 | 228 | 132 | 148 | 126 | 63 | 58 | 76 | 54 | 54.14 | 54.14 | 10.83 | 10.83 |
| 13 | 广州市 | 港头村 | | 64 | 60 | 64 | 60 | 102.80 | 131.25 | 10 | 0.1 | 68 | 47 | 5 | 10 | 1 | 1 | 56.87 | 56.87 | 11.00 | 11.00 |
| 14 | 中山市 | 古鹤村 | | 72 | 64 | 72 | 72 | 20.08 | 18.21 | 350 | 355 | 135 | 135 | 26 | 28 | 25 | 29 | 47.55 | 47.55 | 0.10 | 0.10 |
| 15 | 广州市 | 瓜岭村 | | 68 | 64 | 64 | 60 | 97.22 | 100.00 | 150 | 57 | 119 | 95 | 36 | 23 | 33 | 32 | 46.85 | 46.85 | 9.82 | 9.82 |
| 16 | 佛山市 | 马东村 | | 64 | 64 | 64 | 64 | 84.02 | 131.68 | 110 | 40 | 62 | 62 | 3 | 5 | 41 | 20 | 21.39 | 20.92 | 49.81 | 49.74 |
| 17 | 东莞市 | 江边村 | | 76 | 82 | 64 | 68 | 198.60 | 193.12 | 56 | 33 | 113 | 111 | 26 | 31 | 60 | 32 | 47.63 | 46.80 | 7.11 | 7.11 |
| 18 | 广州市 | 聚龙村 | | 20 | 20 | 20 | 20 | 111.43 | 111.43 | 10 | 10 | 19 | 19 | 0.1 | 0.1 | 19 | 19 | 28.38 | 28.38 | 1.00 | 1.00 |
| 19 | 佛山市 | 孔家村 | | 64 | 64 | 64 | 64 | 87.50 | 73.33 | 66 | 26 | 59 | 51 | 16 | 22 | 31 | 20 | 39.68 | 39.68 | 25.22 | 25.22 |
| 20 | 广州市 | 塱头村 | | 64 | 72 | 68 | 84 | 98.97 | 112.00 | 50 | 90 | 263 | 254 | 49 | 56 | 30 | 33 | 43.74 | 43.78 | 26.89 | 23.97 |
| 21 | 广州市 | 钱岗村 | | 60 | 56 | 72 | 64 | 99.09 | 150.03 | 0.1 | 0.1 | 166 | 163 | 83 | 138 | 5 | 1 | 41.53 | 41.27 | 0.10 | 0.10 |
| …… | | | | | | | | | | | | | | | | | | | | | |

注：m为传统村落现时信息数据，n为传统村落历史信息数据

## 附录 2 珠江三角洲传统村落发展类型的主要影响因素数据列表（标准化处理）

| 序号 | 村落名称 | 保护发展效果 | 地区城镇化率（%） | 地区二三产值占比 | 地区旅游收入 | 村落区位条件 | 村落人口密度 | 村落经济发展 |
|---|---|---|---|---|---|---|---|---|
| 1 | 白石村 | 融合保育 | 1.1279 | 0.7723 | 0.1088 | 1.2364 | 0.032 | 0.3982 |
| 2 | 碧江村 | 融合保育 | 1.0721 | 0.6221 | 0.9021 | 0.8768 | 0.3959 | 4.0181 |
| 3 | 茶基村 | 融合保育 | 1.1299 | 0.6025 | 0.6527 | 1.2844 | 3.6063 | 0.1138 |
| 4 | 茶园村 | 倒退萎缩 | 0.145 | 0.4447 | −0.6124 | 0.3972 | −0.1776 | −0.5166 |
| 5 | 超朗村 | 粗放发展 | 0.7644 | 0.7407 | 0.0356 | 0.7809 | −0.2515 | 0.9305 |
| 6 | 翠亨村 | 粗放发展 | 0.6558 | 0.5165 | −0.8297 | 0.7809 | 0.0405 | −0.498 |
| 7 | 大岭村 | 融合保育 | 0.6875 | 0.646 | 4.5371 | 0.3732 | −0.3149 | 0.2393 |
| 8 | 大旗头村 | 粗放发展 | 0.016 | 0.5078 | −0.647 | 0.4212 | −0.1694 | −0.3982 |
| 9 | 大屋村 | 倒退萎缩 | −1.3083 | −2.0964 | −0.8278 | −2.0726 | −0.4764 | −0.5499 |
| 10 | 邓屋村 | 倒退萎缩 | −1.8284 | −2.7896 | −0.7829 | −2.9118 | −0.2174 | −0.5505 |
| 11 | 范和村 | 倒退萎缩 | −0.5078 | −0.0341 | −0.184 | −0.2742 | −0.3027 | −0.4588 |
| 12 | 逢简村 | 融合保育 | 1.0721 | 0.6221 | 0.9021 | 0.4452 | −0.0471 | 0.7356 |
| 13 | 扶溪村 | 倒退萎缩 | −1.8284 | −2.7896 | −0.7829 | −2.7919 | −0.4468 | −0.5479 |
| 14 | 浮石村 | 倒退萎缩 | −1.0096 | −0.883 | 0.2031 | −0.6339 | −0.3988 | 1.3507 |
| 15 | 浮月村 | 倒退萎缩 | −1.0096 | −0.883 | 0.2031 | −0.7538 | −0.4632 | −0.5366 |
| 16 | 岗头村 | 粗放发展 | 0.016 | 0.5078 | −0.647 | 0.613 | −0.3403 | −0.5179 |
| 17 | 港头村 | 粗放发展 | −0.1399 | 0.4872 | −0.1758 | 0.1095 | −0.3484 | −0.5445 |
| 18 | 功武村 | 粗放发展 | −1.0784 | −0.9156 | −0.071 | −1.1135 | −0.4462 | −0.5489 |
| 19 | 古鹤村 | 粗放发展 | 0.6558 | 0.707 | −0.8297 | 0.4452 | −0.2036 | 1.1113 |
| 20 | 古蓬村 | 粗放发展 | −1.7926 | −1.4619 | −0.3289 | −0.2742 | −0.3608 | −0.5406 |
| 21 | 瓜岭村 | 粗放发展 | 0.0351 | 0.3326 | 0.431 | 0.2293 | −0.2052 | −0.498 |
| 22 | 鹤湖围村 | 粗放发展 | −1.0784 | −0.9156 | −0.071 | −1.2333 | −0.4747 | −0.5504 |
| 23 | 皇思扬村 | 粗放发展 | −0.5078 | −0.0341 | −0.184 | −0.1543 | −0.3766 | −0.5485 |
| 24 | 黄埔村 | 粗放发展 | 1.1299 | 0.7734 | −0.3722 | 0.9247 | 1.5468 | 0.5793 |
| 25 | 江边村 | 粗放发展 | 0.7644 | 0.7309 | 0.0356 | 0.565 | −0.3812 | −0.3118 |
| 26 | 金林村 | 倒退萎缩 | −1.7926 | −1.4619 | −0.3289 | −1.1135 | −0.4718 | −0.5299 |
| 27 | 聚龙村 | 过度保护 | 1.1299 | 0.7407 | −0.4041 | 1.1165 | −0.1028 | −0.0349 |
| 28 | 孔洞村 | 倒退萎缩 | −1.8284 | −2.7896 | −0.7829 | −3.3914 | −0.4642 | −0.5502 |
| 29 | 孔家村 | 倒退萎缩 | 0.9256 | 0.781 | 1.9188 | 1.0926 | −0.0084 | −0.1562 |
| 30 | 塱头村 | 粗放发展 | 0.014 | 0.4872 | −0.1758 | 0.3253 | −0.3871 | −0.3184 |
| 31 | 黎槎村 | 融合保育 | −1.4158 | −1.2464 | 0.1784 | 0.7809 | 0.5387 | −0.5093 |
| 32 | 莲塘村 | 过度保护 | 0.7901 | 0.7647 | −0.4983 | 0.2533 | −0.3799 | −0.1359 |
| 33 | 良溪村 | 倒退萎缩 | 1.1128 | 0.7048 | −0.5836 | 0.9247 | −0.4255 | −0.4016 |
| 34 | 龙背岭村 | 倒退萎缩 | 0.7644 | 0.7353 | −0.0081 | 0.3253 | 0.1328 | 0.1138 |

续表

| 序号 | 村落名称 | 保护发展效果 | 地区城镇化率（%） | 地区二三产值占比 | 地区旅游收入 | 村落区位条件 | 村落人口密度 | 村落经济发展 |
|---|---|---|---|---|---|---|---|---|
| 35 | 罗洪村 | 倒退萎缩 | -1.7926 | -1.4619 | -0.3289 | -0.0824 | -0.4674 | -0.5299 |
| 36 | 马东村 | 倒退萎缩 | 1.0721 | 0.6221 | 0.9021 | 0.3492 | -0.2779 | -0.1499 |
| 37 | 马降龙村 | 粗放发展 | -0.2294 | -0.2006 | 0.056 | -0.2742 | -0.2145 | -0.5445 |
| 38 | 墨园村 | 粗放发展 | 0.4633 | 0.4774 | -0.5804 | 0.613 | -0.3656 | -0.5496 |
| 39 | 南门村 | 粗放发展 | 0.7262 | 0.6754 | -0.7743 | 0.2533 | -0.2975 | -0.1987 |
| 40 | 南社村 | 融合保育 | 0.7644 | 0.7407 | 0.0356 | 0.7809 | 5.1785 | 1.5769 |
| 41 | 排山村 | 倒退萎缩 | 0.7262 | 0.6754 | -0.7743 | 0.3253 | -0.0421 | -0.5233 |
| 42 | 鹏城村 | 粗放发展 | 1.1299 | 0.781 | -0.0947 | -0.0344 | -0.3095 | 1.1113 |
| 43 | 钱岗村 | 倒退萎缩 | -1.1052 | 0.2303 | 0.0675 | -0.0344 | -0.4797 | -0.5505 |
| 44 | 沙滘村 | 粗放发展 | 1.0721 | 0.6221 | 0.9021 | 0.565 | 0.8865 | 1.4439 |
| 45 | 沙湾北村 | 融合保育 | 0.6875 | 0.646 | 4.5371 | 0.4452 | 0.0118 | 0.7788 |
| 46 | 深水村 | 倒退萎缩 | 0.9256 | 0.5329 | -0.5242 | -0.0344 | -0.4682 | -0.5279 |
| 47 | 绳武围村 | 粗放发展 | -1.0784 | -0.9156 | -0.071 | -0.9936 | -0.3948 | -0.5472 |
| 48 | 松塘村 | 融合保育 | 1.1299 | 0.6025 | 0.6527 | 0.7569 | 3.3475 | 0.2867 |
| 49 | 塘尾村 | 融合保育 | 0.7644 | 0.7015 | 0.0356 | 0.7809 | 0.0444 | 0.1238 |
| 50 | 田心村 | 粗放发展 | -0.3771 | -0.2267 | -0.4511 | 0.4452 | -0.4647 | -0.5445 |
| 51 | 西溪村 | 融合保育 | 0.7644 | 0.7462 | 0.0356 | 0.9247 | 0.2211 | 0.1138 |
| 52 | 溪美村 | 粗放发展 | -0.5078 | -0.0341 | -0.184 | -0.7538 | -0.2747 | -0.5497 |
| 53 | 小洲村 | 粗放发展 | 1.1299 | 0.7734 | -0.3722 | 0.9247 | 0.611 | 1.2696 |
| 54 | 歇马村 | 粗放发展 | -0.824 | -0.3443 | -0.4267 | -0.9936 | -0.1391 | -0.5479 |
| 55 | 新围村 | 粗放发展 | 0.0351 | 0.3326 | 0.431 | -0.7538 | -0.4271 | -0.5425 |
| 56 | 旭日村 | 倒退萎缩 | -0.5517 | -0.1538 | -0.2085 | 0.4452 | -0.2886 | -0.5462 |
| 57 | 烟桥村 | 融合保育 | 1.1299 | 0.6025 | 0.6527 | 0.6849 | 0.3871 | 0.1123 |
| 58 | 杨池村 | 粗放发展 | -1.6099 | -2.3336 | -0.7882 | -1.665 | -0.4659 | -0.5492 |
| 59 | 长岐村 | 粗放发展 | 0.016 | 0.5078 | -0.647 | -0.0344 | -0.4391 | -0.1921 |
| 60 | 钟楼村 | 倒退萎缩 | -1.1052 | 0.2303 | 0.0675 | -0.2742 | -0.4552 | -0.5479 |
| 61 | 周田村 | 过度保护 | 0.145 | 0.4447 | -0.6124 | 0.4452 | -0.4415 | -0.2468 |
| 62 | 自力村 | 融合保育 | -0.2294 | -0.2006 | 0.5602 | -0.3941 | -0.3664 | 0.5179 |

# 参考文献


[1] 福建省住房和城乡建设厅. 转发《住房城乡建设部文化部 国家文物局 财政部关于开展传统村落调查的通知》[EB/OL]. (2012-05-18)[2023-10-20]. https://zjt.fujian.gov.cn/xxgk/zfxxgkzl/xxgkml/dfxfgzfgzhgfxwj/czjs_3793/201205/t20120518_2860077.htm.

[2] 黄家平. 历史文化村镇保护规划技术研究[D]. 广州：华南理工大学，2014.

[3] 张杰，等. 传统村镇保护发展规划控制技术指南与保护利用技术手册[M]. 北京：中国建筑工业出版社，2012.

[4] 全国人民代表大会常务委员会. 中华人民共和国文物保护法[EB/OL]. (2017-11-04)[2023-10-20]. https://flk.npc.gov.cn/detail2.html.

[5] 金其铭. 中国农村聚落地理[M]. 南京：江苏科学技术出版社，1989.

[6] 彭一刚. 传统村镇聚落景观分析[M]. 北京：中国建筑工业出版社，1992.

[7] 李秋香. 中国村居[M]. 天津：百花文艺出版社，2002.

[8] 石楠. 上海郊区特色风貌三题[J]. 上海城市规划，2006(3)：1-2.

[9] 杨贵庆，王祯. 传统村落风貌特征的物质要素及构成方式解析——以浙江省黄岩区屿头乡沙滩村为例[J]. 城乡规划，2018(1)：24-32.

[10] LARKHAM P. The place of urban conservation in the UK reconstruction plans of 1942-1952[J]. Planning Perspectives，2003(18)：109-118.

[11] MUSTAFA D. Ecomuseum，community museology，local distinctiveness，Hüsamettindere village，Bogatepe village，Turkey[J]. Journal of Cultural Heritage Management and Sustainable Development 2015(5)：43-60.

[12] HARRISOND，COCOA. Conservation and tourism: Grande Riviere Trinidad[J]. Annals of Tourism Research，2007，34(4)：919-942.

[13] SESOTYANINGTYASA M，MANAFB A. Analysis of Sustainable Tourism Village Development at Kutoharjo Village，Kendal Regency of Central Java[J]. Procedia-Social and Behavioral Sciences，2015，184(5)：273-280.

[14] SLUMAN B. Tourism，Recreation and Conservation[J]. Environmentalist，1985，5(4)：306.

[15] GRUNEWALD R. Tourism and cultural revival[J]. Annals of Tourism Research，2002，29(4)：1004-1021.

[16] Paul F. Wilkinson P，Pratiwi W. Gender and tourism in an Indonesian village. Gender and tourism Research[J]. 1995，22(2)：283-299.

[17] LEE S. Urban conservation Policy and the Preservation of Historical and Cultural Heritage: The Case of Singapore[J]. Cities，1996，13(6)：399-409.

[18] 穆尔塔夫. 时光永驻：美国遗产保护的历史和原理[M]. 谢靖，译. 北京：电子工业出版社，2012.

[19] 戴伦·J. 蒂莫西，斯蒂芬·W. 博伊德. 遗产旅游[M]. 程尽能，译. 北京：旅游教育出版社，2007.

[20] MUKAI K，FUJIKURA R. One village one product: evaluations and lessons learnt from OVOP aid projects[J]. Development in Practice，2015，25(3)：389-400.

[21] SACKLEY N. The village as Cold War site: experts，development and the history of rural reconstruction[J]. Journal of Global History，2011，6(3)：481-504.

[22] MURRAY P J. The Council For the Preservation of Rural England，Suburbia and The Politics of Preservation[J]. Prose Studies，32:1，25-37，2010.

[23] BURCHARD J. Agricultural History，Rural History or Countryside History?[J]. The Historical Journal，50(2)：465-481，2007.

[24] 李建军. 英国传统村落保护的核心理念及其实现机制[J]. 中国农史，2017，36(03)：115-124.

[25] CHINA DAILY. What they say[N]. 2016-10-19[2023-10-15]. http://www.chinadaily.com.cn/m/guizhou/2016-10/19/content_ 27106252.htm.

[26] 剑涛. 欧洲国家与中国的历史环境保护制度的比较研究[D]. 上海：同济大学，2005.

[27] BESER H. Darferneuerung Ergenzingen[M]. Aachen，Shaker Verlag，2003.

[28] 常江，等. 德国村庄更新及其对我国新农村建设的借鉴意义[J]. 建筑学报，2006(11)：71-73.

[29] 苑文华. 韩国新村运动对我国乡村振兴的启示[J]. 中国市场，2018(28)：32+45.

[30] 李梦雪. "后传统村落时代"的乡村保护机制与发展策略研究[D]. 济南：山东建筑大学，2019.

[31] 张豫东. 传统村落保护与更新[D]. 西安：西安建筑科技大学，2018.

[32] 李耕玄，等. 日本“一村一品”的启示及经验借鉴 [J]. 农村经济与科技，2016，27（11）：172-174.
[33] 复旦大学国土与文化资源研究中心，刘邵远. 海峡两岸传统村落保护利用的实践与探索 [N]. 中国文物报，2018-12-15.
[34] 冯骥才. 传统村落的困境与出路——兼谈传统村落是另一类文化遗产 [J]. 民间文化论坛，2013（1）：7-12.
[35] 胡燕，陈晟，曹玮，等. 传统村落的概念和文化内涵 [J]. 城市发展研究，2014，21（1）：10-13.
[36] 马航. 中国传统村落的延续与演变——传统聚落规划的再思考 [J]. 城市规划学刊，2006（1）：102-107.
[37] 鲁可荣，胡凤娇. 传统村落的综合多元性价值解析及其活态传承 [J]. 福建论坛（人文社会科学版），2016（12）：115-122.
[38] 张松. 作为人居形式的传统村落及其整体性保护 [J]. 城市规划学刊，2017（02）：44-49.
[39] 黄锐，文军. 从传统村落到新型都市共同体：转型社区的形成及其基本特质 [J]. 学习与实践，2012（4）.
[40] 陈喆，姬煜，周涵滔，等. 基于复杂适应系统理论（CAS）的中国传统村落演化适应发展策略研究 [J]. 建筑学报，2014（S1）：57-63.
[41] 麻国庆. 民族村寨的保护与活化 [J]. 旅游学刊，2017，32（2）：5-7.
[42] 张丽，王福刚，吉燕宁. 新型城镇化建设进程中传统村落的保护与活化探究 [J]. 沈阳建筑大学学报（社会科学版），2016，18（3）：244-250.
[43] 陈喆，周涵滔. 基于自组织理论的传统村落更新与新民居建设研究 [J]. 建筑学报，2012（4）：109-114.
[44] 陈振华，闫琳. 台湾村落社区的营造与永续发展及其启示 [J]. 小城镇建设，2014（9）：86-91.
[45] 陈清鋆，余压芳. 传统小村落的大保护观——以贵州为例 [J]. 现代城市研究，2016（11）：98-102.
[46] 严澍. 文化保护传承视角下的羌族地区乡村旅游发展模式研究 [J]. 天府新论，2012（4）：123-127.
[47] 陈兴贵，王美. 反思与展望：中国传统村落保护利用研究30年 [J]. 湖北民族大学学报（哲学社会科学版），2020，38（2）：114-125.
[48] 刘小蓓，等. 制度增权：广东开平碉楼传统村落文化景观保护的社区参与思考 [J]. 中国园林，2016，32（1）：121-124.
[49] 孙琳，邓爱民，张洪昌. 民族传统村落旅游活化的困境与纾解——以黔东南州雷山县为例 [J]. 贵州民族研究，2019，40（6）：53-58.
[50] 黄滢，张青萍. 多元主体保护模式下民族传统村落的保护 [J]. 贵州民族研究，2017，38（10）：107-110.
[51] 叶建平，等. 传统村落微更新与社区复兴：粤北石塘的乡村振兴实践 [J]. 城市发展研究，2018，25（7）：41-45.
[52] 李耕.“老房子”改造中的价值认知与观念碰撞 [J]. 文化纵横，2018（2）：134-141.
[53] 许少辉，刘小欢，董丽萍. 全域旅游中传统村落保护和发展的陆巷样本 [J]. 中国人口·资源与环境，2018，28（S1）：214-216.
[54] 董天倩，吴羽. 村落文化保护传承中民间力量与政府角色分析——以安顺吉昌村“抬汪公”活动为例 [J]. 贵州民族研究，2016，37（9）：68-72.
[55] 叶茂盛，李早. 基于聚类分析的传统村落空间平面形态类型研究 [J]. 工业建筑，2018，48（11）：50-55.
[56] 周铁军，黄一滔，王雪松. 西南地区历史文化村镇保护评价体系研究 [J]. 城市规划学刊，2011（6）：109-116.
[57] 唐常春，吕昀. 基于历史文化谱系的传统村镇风貌保护研究 [J]. 现代城市研究，2008（9）：35-41.
[58] 李清泉，王小德，张小谷，等. 基于指数标度AHP-模糊综合评价法的传统村落资源价值研究 [J]. 山东林业科技，2017（2）：8-15.
[59] 马聪，陈莺. 基于VRML的村落空间特征体验测评——以德宏州芒东村为例 [J]. 西安建筑科技大学学报（自然科学版），2017（2）：247-251.
[60] 郑晓华. 基于GIS平台的历史建筑价值综合评价体系的构建与应用 [J]. 现代城市研究，2011（4）：19-23.
[61] 聂湘玉，等. 传统村落类型与价值认定——以河北石家庄市域传统村落为例 [J]. 规划师，2015（S2）：198-202.
[62] 魏成，成昱晓，钟卓乾，等. 传统村落保护利用实施与管理评估体系研究——以岭南水乡中国传统村落为例 [J]. 南方建筑，2022（4）：46-53.
[63] 乔迅翔. 乡土建筑文化价值的探索——以深圳大鹏半岛传统村落为例 [J]. 建筑学报，2011（4）：16-18.
[64] 杨立国. 传统村落文化传承度评价体系及实证研究——以湖南省首批中国传统村落为例 [J]. 经济地理，2017，37（12）：203-210.
[65] 张卫国，等. 就地城镇化下村落复兴评价指标体系设计研究 [J]. 西南大学学报（社会科学版），2016（4）：57-65.

[66] 闵忠荣，洪亮. 民宿开发：婺源县西冲传统村落的保护发展规划策略［J］. 规划师，2017（4）：82-88.
[67] 方磊，王文明，唐青桃. 古村落旅游开发潜力评价及实证研究［J］. 重庆第二师范学院学报，2013（6）：39-42.
[68] 杨丽婷，曾祯. 古村落保护与开发综合价值评价研究——以浙江省磐安县为例［J］. 地域研究与开发，2013（4）：112-116.
[69] 屠李，张超荣. 传统村落遗产价值评价的理论框架构建［A］. 中国城市规划学会，杭州市人民政府. 共享与品质——2018中国城市规划年会论文集（09城市文化遗产保护）.
[70] 刘夏蓓. 传统社会结构与文化景观保护——三十年来我国古村落保护反思［J］. 西北师范大学学报（社会科学版），2009，46（2）：118-122.
[71] 徐春成，万志琴. 传统村落保护基本思路论辩［J］. 华中农业大学学报（社会科学版），2015（6）：58-64.
[72] 徐新林. “慢城”视域下的我国传统村落保护问题述论［J］. 理论导刊，2015（9）：109-112.
[73] 常青. 存旧续新：以创意助推历史环境复兴——海口南洋风骑楼老街区整饬与再生设计思考［J］. 建筑遗产，2018（1）：1-12.
[74] 陈碧妹. 乡愁视角下贵州美丽屯堡村寨建设的实践探索［J］. 贵州民族研究，2017，38（9）：63-66.
[75] 全峰梅，王绍森. 转型·矛盾·思考——谈我国城乡文化遗产保护观念的变迁［J］. 规划师，2019，35（4）：89-93.
[76] 单德启. 欠发达地区传统民居集落改造的求索——广西融水苗寨木楼改建的实践和理论探讨［J］. 建筑学报，1993（4）：15-19.
[77] 常青. 我国城乡改造中历史空间存续与再生设计研究纲要［J］. 建筑设计管理，2013，30（1）：47-49.
[78] 杨贵庆，戴庭曦，王祯，等. 社会变迁视角下历史文化村落再生的若干思考［J］. 城市规划学刊，2016（3）：45-54.
[79] 王云才，杨丽，郭焕成. 北京西部山区传统村落保护与旅游开发利用——以门头沟区为例［J］. 山地学报，2006（4）：466-472.
[80] 钱利等. 生态安全导向下青海小流域与传统村落整体保护策略探析［J］. 中国园林，2018，34（5）：23-27.
[81] 许广通，等. 发生学视角下运河古村的空间解析及保护策略——以浙东运河段半浦古村为例［J］. 现代城市研究，2018（7）：77-85.
[82] 陈栋，阎欣，丁成呈. 淮盐文化传统村落保护与可持续发展的地域化路径——以江苏盐城市草堰村为例［J］. 规划师，2017，33（4）：89-94.
[83] 李菁，叶云，翁雯霞. 美丽乡村建设背景下传统村落资源开发与保护研究［J］. 农业经济，2018（1）：53-55.
[84] 孙斐等. 苏南水乡村镇传统建筑景观的保护与创新［J］. 人文地理，2002（1）：93-96.
[85] 崔曙平，等. 江南文化何所寄——江南的历史流变与苏南乡村空间特色保护的现实路径［J］. 城市发展研究，2016，23（11）：60-66.
[86] 张斌. 少数民族村落可持续发展的空间策略反思［J］. 中国园林，2010，26（12）：33-35.
[87] 黄嘉颖，郭李思璇. 山水之间：清涧古城历史人居环境营建经验探究［J］. 古建园林技术，2020（3）：76-81.
[88] 时少华，梁佳蕊. 传统村落与旅游：乡愁挽留与活化利用［J］. 长白学刊，2018（4）：142-149.
[89] 陈晓华，鲍香玉. 旅游开发对徽州传统村落保护发展影响研究［J］. 原生态民族文化学刊，2018，10（2）：100-107.
[90] 孙九霞. 传统村落：理论内涵与发展路径［J］. 旅游学刊，2017，32（1）：1-3.
[91] 邵秀英，冯卫红. 基于产业发展的古村落保护与减贫协调发展模式研究——以山西省为例［J］. 经济研究参考. 2015（52）：35-40.
[92] 程娟，陶金，景涛，等. 传统村落评价述评及其未来研究建议［J］. 小城镇建设，2018，36（12）：53-58.
[93] 丛大川，李逢生. 树立可持续发展的价值观念［J］. 青海社会科学，1997（6）：58-61.
[94] 冯华. 怎样实现可持续发展——中国可持续发展思想和实现机制研究［D］. 上海：复旦大学，2004.
[95] 诸大建. 从“里约+20”看绿色经济新理念和新趋势［J］. 人口中国·资源与环境，2012，22（9）：1-7.
[96] 诸大建. 可持续性科学：基于对象——过程——主体的分析模型［J］. 中国人口·资源与环境，2016，26（7）：1-9.
[97] 朱洪革；蒋敏元. 绿色核算：从弱可持续性到强可持续性［J］. 生态经济，2006，（3）：48-50.
[98] 诸大建. 可持续发展［M］. 上海：同济大学出版，2013.

[99] 王新军．李堂军，等．复杂大系统评价理论与技术 [M]．济南：山东大学出版社，2010.
[100] 颜苗苗，梅青，王明康．复杂适应系统理论视角下的乡村旅游系统发展研究——以山东省淄博市中郝峪村为例 [J]．地域研究与开发，2021，40（5）：125-130.
[101] SUN Z，ZACHARIAS J. Transport equity as relative accessibilityin a megacity: Beijing [J]．Transport Policy，2020，92: 8-19.
[102] 唐子来，等．轨道交通网络的社会公平绩效评价：以上海市中心城区为例 [J]．城市交通，2016，14（2）：75-82.
[103] 李博闻，等．基于空间公平理论的公共交通服务评价 [J]．地理科学进展，2021，40（6）：958-966.
[104] 许学强．珠江三角洲研究：城市・区域・发展 [M]．北京：科学出版社，2013.
[105] 赵焕庭．珠江三角洲的形成和发展 [J]．海洋学报（中文版），1982（5）：595-607.
[106] 陈建华．珠江三角洲城市群年鉴 [M]．广州：广东人民出版社，2010.
[107] 赵焕庭．珠江三角洲的形成和发展 [J]．海洋学报（中文版），1982（5）：595-607.
[108] 朱光文．珠江三角洲北缘地区乡域社会的形成——花都朗头古村考察 [J]．岭南文史，2003（1）：22-27.
[109] 谭棣华．清代珠江三角洲的沙田 [M]．广州：广东人民出版社，1993：2.
[110] 赵焕庭．珠江三角洲的水文特征 [J]．热带海洋，1983（2）：108-117.
[111] 陈代光．论历史时期岭南地区交通发展的特征 [J]．中国历史地理论丛，1991，(3)：75-95.
[112] 朱光文．明清广府古村落文化景观初探 [J]．岭南文史，2001（3）：15-19.
[113] 翁齐浩．珠江三角洲全新世环境变化与文化起源及传播的关系 [J]．地理科学，1994（1）：1-8+99.
[114] 吴建新．明清珠江三角洲城镇的水环境 [J]．华南农业大学学报（社会科学版），2006（2）：133-141.
[115] 曾昭璇．广州历史地理 [M]．广州：广东人民出版社，1991.
[116] 丁传标，肖大威．基于文化地理学的少数民族传统村落及民居研究 [J]．南方建筑，2022（2）：72-76.
[117] 张莎玮．广府地区传统村落空间模式研究 [D]．广州：华南理工大学，2018.
[118] 刘付强，郑莉茵，黄家平．珠三角围田区传统聚落景观的生态智慧分析 [J]．南方建筑，2021（3）：137-143.
[119] 陈亚利．珠江三角洲传统水乡聚落景观特征研究 [D]．广州：华南理工大学，2018.
[120] 曾艳．广东传统聚落及其民居类型文化地理研究 [D]．广州：华南理工大学，2016.
[121] 王东．明清广州府传统村落审美文化研究 [D]．广州：华南理工大学，2017.
[122] 袁少雄，等．广东传统村落空间分布格局及其民系特征 [J]．热带地理，2017，37（3）：318-327.
[123] 张以红．潭江流域城乡聚落发展及其形态研究 [D]．广州：华南理工大学，2011.
[124] 李海波．广府地区民居三间两廊形制研究 [D]．广州：华南理工大学，2013.
[125] 霍湛滔．广府祠堂在传统社区空间中的组织作用及其现代启示 [D]．广州：广州大学，2013.
[126] 潘莹，卓晓岚．广府传统聚落与潮汕传统聚落形态比较研究 [J]．南方建筑，2014（3）：79-85.
[127] 文一峰，吴庆洲．祭祀及宗教文化与建筑艺术 [J]．建筑师，2006（4）：70-74.
[128] 冯江．明清广州府的开垦、聚族而居与宗族祠堂的衍变研究 [D]．广州：华南理工大学，2010.
[129] 周大鸣，陈世明．从乡村到城市：文化转型的视角——以广东东莞虎门为例 [J]．社会发展研究，2016，3（2）：1-16+242.
[130] 杨忍，陆进锋，李薇．珠三角都市边缘区典型传统村落多维空间演变过程及其影响机理 [J]．经济地理，2022，42（3）：190-199.
[131] 陈吟，肖玉浍，曾艾琳，等．大都市边缘区传统村落社会资本考察——以广州黄埔古村为例 [J]．城市发展研究，2019，26（4）：6-11.
[132] 郭谦，黄凯，孙琦．传统建筑文化的当代继承——粤剧艺术博物馆的创作思考 [J]．南方建筑，2020（6）：62-68.
[133] 胡泽浩，方小山．基于LCA的珠三角乡村景观保护与发展研究 [J]．南方建筑，2021（4）：82-89.
[134] 隋启明．广府历史文化村落典型建筑保护方法研究 [D]．广州：华南理工大学，2011.
[135] 张哲．基于要素控制与引导的珠江三角洲历史文化名村保护策略研究 [D]．广州：华南理工大学，2011.
[136] 张世君．整体性保护视角下珠江三角洲传统村落“去生态化”问题研究 [D]．广州：华南理工大学，2018.
[137] 韦松林．珠江三角洲传统村落形态可控性研究 [D]．广州：华南理工大学，2014.
[138] 周良友．肇庆市槎塘村传统村落形态与保护发展研究 [D]．广州：华南理工大学，2019.
[139] 区文谦．沙湾古镇保护更新实践及若干问题研究 [D]．广州：华南理工大学，2018.
[140] 张启铭．珠江三角洲城镇化下的博罗旭日古村居住环境提升研究 [D]．广州：华南理工大学，2015.

[141] 魏成，等. 传统村落基础设施综合评价体系研究 [J]. 城市与区域规划研究，2017，9（4）：112-126.
[142] 李戈. 东莞市传统村落保护与发展研究 [D]. 深圳：深圳大学，2017.
[143] 詹飞翔. 新城建设影响下的传统村落变迁及改造模式研究 [D]. 广州：华南理工大学，2016.
[144] 林铭祥. 珠江三角洲城市建成区传统村落微更新研究 [D]. 广州：华南理工大学，2017.
[145] 赵伟奇，等. 基于发展潜力评价的传统村落活化利用模式探索 [J]. 南方建筑，2020（03）：57-63.
[146] 李婉玲. 政府主导下的乡村集群化旅游发展模式研究 [J]. 农业经济，2015（7）：80-82.
[147] 肖佑兴. 广州市古村落旅游发展方略 [J]. 城市问题，2010（12）：62-66.
[148] 梁林. 基于可持续发展观的雷州半岛乡村传统聚落人居环境研究 [D]. 广州：华南理工大学，2015.
[149] 曾令泰. 广州从化传统村落保护与发展中政府职能研究 [D]. 广州：华南理工大学，2018.
[150] 屈大均. 广东新语 [M]. 北京：中华书局，1985：587-590.
[151] 郭盛晖，司徒尚纪. 农业文化遗产视角下珠江三角洲桑基鱼塘的价值及保护利用 [J]. 热带地理，2010，30（4）：452-458.
[152] 吴兴勇. 为中华民族源流史研究笔耕不辍——访历史地理学专家何光岳 [J]. 学术月刊，1996（2）：88-92.
[153] 李菁，等. 广东海南古建筑地图 [M]. 北京：清华大学出版社，2015：7-9.
[154] 杨喆. 文化传播视野下广东文化的传承与嬗变研究 [D]. 武汉：武汉大学，2014.
[155] 蔡凌. 建筑—村落—建筑文化区——中国传统民居研究的层次与架构探讨 [J]. 新建筑，2005（4）：6-8.
[156] 贺雪峰. 浙江农村与珠江三角洲农村的比较——以浙江宁海与广东东莞作为对象 [J]. 云南大学学报（社会科学版），2017，16（6）：91-99.
[157] 王沪宁. 当代中国村落家族文化——对中国社会现代化的一项探索 [M]. 上海：上海人民出版社，1999：234.
[158] 王春生. 区域政治视角下的乡村治理——珠江三角洲农村村治变迁及基层民主政治建设研究 [D]. 武汉：华中师范大学，2001.
[159] 王雅林. 建构生活美——中外城市生活方式比较 [M]. 南京：东南大学出版社，2003：69.
[160] 贺雪峰，郭俊霞. 试论农村代际关系的四个维度 [J]. 社会科学，2012（7）：69-78.
[161] 吴祖泉. 解析第三方在城市规划公众参与的作用——以广州市恩宁路事件为例 [J]. 城市规划，2014（2）：62-68，75.
[162] 邓正恒. 民间组织保育非物质文化遗产的实践——以广东开平市仓东教育基地及香港长春社文化古迹资源中心为例 [J]. 文化遗产，2015（6）：24-32.
[163] 冯江，汪田. 两起公共事件的平行观察——北京梁林故居与广州金陵台民国建筑被拆始末 [J]. 新建筑，2014（3）：4-7.
[164] 张星等. 城边型历史文化名村保护与发展的多模式研究——以宁波市镇海区憩桥村为例 [J]. 城市规划，2020，44（4）：97-105.
[165] 张鹤严. 开平古村落保护的控制与引导方法研究 [D]. 哈尔滨：哈尔滨工业大学，2013.
[166] 关宝华. 绚丽夺目的世界文化遗产——开平碉楼与村落 [J]. 城乡建设，2007（7）：81.
[167] 高翠翠，刘改芳. 影响古村落“煤转旅”公共治理有效性的因素分析：基于皇城村和郭峪村的比较研究 [J]. 旅游论坛，2016，9（1）：41-49.
[168] 陈家刚. 基层治理：转型发展的逻辑与路径 [J]. 学习与探索，2015（2）：47-55.
[169] 朱璇. 新乡村经济精英在乡村旅游中的形成和作用机制研究——以虎跳峡徒步路线为例 [J]. 旅游学刊，2012，27（6）：73-78.
[170] 黄远水，赵黎明. 风景名胜区旅游竞争力的构成和来源 [J]. 旅游学刊，2005，20（5）：62-66.
[171] 谢雯. 佛山松塘历史文化名村保护规划实施中公众参与评价研究 [D]. 广州：华南理工大学，2017.
[172] 苏禹. 顺德文丛（二）：历史文化名村碧江 [M]. 北京：人民出版社，2004：10-15.
[173] 冯萍. 佛山市顺德区碧江村：保护历史文化名村 延续水乡传统风貌 [J]. 城乡建设，2008（7）：39-40+4.
[174] 丛桂芹. 价值构建与阐释 [D]. 北京：清华大学，2006.
[175] Viollet-le-DuC E.E. Defining the Nature of Restoration [A] // in M. F. Hearn. The Architectural Theory of Viollet-le-DuC: Reading and Commentary [C]. Massachusetts: MIT Press，1990:269.
[176] Viollet-le-DuC E.E. Dictionnaire raisonne de I'm architecture francaise du XIe au XVIe siecle [Z]. VIII. Paris: B. Bance，1854:31.
[177] 约翰·罗斯金. 建筑的七盏明灯 [M]. 张璘，译. 济南：山东画报出版社，2006：173.
[178] 尤嘎·尤基莱托. 建筑保护史 [M]. 郭旃，译. 北京：中华书局，2011：195-206.
[179] 陈曦. 建筑遗产保护思想演变 [M]. 上海：同济大学出版社，2016：39-43.

[180] 晁舸．文化遗产普遍价值思想历程研究［D］．西安：西北大学，2015.
[181] 国际古迹遗址理事会国际保护中心．国际文化遗产保护文件选编［M］．北京：文物出版社，2007：52-53.
[182] 王先明．20世纪之中国乡村（1901-1949）［M］．北京：社会科学文献出版社，2017：664-675.
[183] 中国国际贸易促进委员会．三年来新中国经济的成就［M］．北京：人民出版社，1952：116.
[184] 中共中央文献研究室．关于建国以来党的若干历史问题的决议（注释本）［M］．北京：人民出版社，1883：10.
[185] 李玉恒，等．世界乡村转型历程与可持续发展展望［J］．地球科学进展，2018，37（5）：627-635.
[186] 陈迎．可持续发展：中国改革开放40年的历程与启示［J］．人民论坛·学术前沿，2018，（10）：58-64.
[187] 吴必虎，王梦婷．遗产活化、原址价值与呈现方式［J］．旅游学刊，2018，33（9）：3-5.
[188] 喻学才．遗产活化论［J］．旅游学刊，2010，25（4）：6-7.
[189] 傅才武，陈庚．当代中国文化遗产的保护与开发模式［J］．湖北大学学报（哲学社会科学版），2010，37（4）：93-98.
[190] 加快公共文化服务体系建设研究课题组．城镇化进程中传统村落的保护与发展研究——基于中西部五省的实证调查［J］．社会主义研究，2013（4）：116-123.
[191] 沈宗灵．现代西方法理学［M］．北京：北京大学出版社，1992：437.
[192] 沈仲衡．价值衡量法律思维方法论［D］．长春：吉林大学，2005.
[193] 张文显．法哲学范畴研究（修订版）［M］．北京：中国政法大学出版社，2001：220.
[194] 钟茂初．可持续发展思想的理论阐释与实证分析［D］．天津：南开大学，2004.
[195] 广东年鉴编纂委员会．广东年鉴2008［M］．广东年鉴社，2009：117.
[196] 陈劭锋，牛文元，杨多贵．可持续发展的多维临界［J］．中国人口·资源与环境，2001（1）：26-30.
[197] 吴必虎，徐小波．传统村落与旅游活化：学理与法理分析［J］．扬州大学学报（人文社会科学版），2017，21（1）：5-21.
[198] 常青．瞻前顾后 与古为新 同济建筑与城市遗产保护学科领域述略［J］．时代建筑，2012（3）：42-47.
[199] 林淞．植入，融合与统一：文化遗产活化中的价值选择［J］．华中科技大学学报：社会科学版，2017，31（2）：135-140.
[200] 吴必虎．基于乡村旅游的传统村落保护与活化［J］．社会科学家，2016（2）：7-9.
[201] The UN［OL］．［2023-10-15］．http://www.un.org/zh/ga/documents/gares.shtml.
[202] 杭州宣言［R］．澎湃，2018.
[203] 孔祥智，卢洋啸．建设生态宜居美丽乡村的五大模式及对策建议［J］．经济纵横，2019（1）：19-28.
[204] 吴良镛．人居环境科学导论［M］．北京：中国建筑工业出版社，2016：40-47.
[205] 吴良镛．人居环境科学导论［M］．北京：中国建筑工业出版社，2016：20-28.
[206] 范国蓉．传统民居的现状和保护对策探讨［J］．四川文物．2015（2）：87-90.
[207] 周国华，等．湖南乡村生活质量的空间格局及其影响因素［J］．地理研究，2018，37（12）：2475-2489.
[208] 埃里克·诺伊迈耶．强与弱——两种对立的可持续性范式［M］．王寅通，译．上海：上海译文出版社，2012：4-104.
[209] 董锁成，等．中国环境库兹涅茨曲线与环境一经济空间格局——基于全国省级面板数据的协整分析（英文）［J］．Journal of Resources and Ecology，2010，1（2）：169-176.
[210] 王陆军，等．基于环境库兹涅茨模型分析［J］．干旱区地理，2015，38（5）：1031-1039.
[211] 李连璞．遗产型社区属性剥离与整合模式研究［D］．西安：西北大学，2008.
[212] 熊婉婷，常殊昱，肖立晟．IMF债务可持续性框架：内容、问题及启示［J］．国际经济评论，2019（4）：44-62+5.
[213] 黄铎，等．珠江三角洲传统村落生态侵蚀时空演变特征［J］．地球信息科学学报，2018，20（3）：340-350.
[214] 杨忍，等．基于行动者网络理论的逢简村传统村落空间转型机制解析［J］．地理科学，2018，38（11）：1817-1827.
[215] 程乾，郭静静．基于类型的古村落旅游竞争力分析［J］．经济地理，2011，31（7）：1226-1232.
[216] 卢松，张小军．徽州传统村落旅游开发的时空演化及其影响因素［J］．经济地理，2019，39（12）：204-211.
[217] 范霄鹏，闫璟．自然生态与民居生态——浙江省芹川古村落调查［J］．南方建筑，2010（3）：75-78.
[218] Wilson A G. A statistical theory of spatial distribution models［J］．Transportation Research，1967，1（3）：253-269.

[219] 曹迎春，张玉坤．“中国传统村落”评选及分布探析［J］．建筑学报，2013（12）：44-49.
[220] 杨忍，张菁，陈燕纯．基于功能视角的广州都市边缘区乡村发展类型分化及其动力机制［J］．地理科学，2021，41（2）：232-242.
[221] 徐维祥，李露，周建平，等．乡村振兴与新型城镇化耦合协调的动态演进及其驱动机制［J］．自然资源学报，2020，35（9）：2044-2062.
[222] 杨美霞．乡村旅游发展驱动力研究——以全域旅游为视角［J］．社会科学家，2018（5）：93-97.
[223] 许学强，李郇．改革开放30年珠江三角洲城镇化的回顾与展望［J］．经济地理，2009，29（1）：13-18.
[224] 边晓红，等．“文化扶贫”与农村居民文化“自组织”能力建设［J］．图书馆论坛，2016，36（2）：1-6.
[225] 段进，等．“在地性”保护：特色村镇保护与改造的认知转向、实施路径和制度建议［J］．城市规划学刊，2021（2）：25-32.
[226] 颜苗苗，梅青，王明康．复杂适应系统理论视角下的乡村旅游系统发展研究——以山东省淄博市中郝峪村为例［J］．地域研究与开发，2021，40（5）：125-130.
[227] 王国强，刘松茯．存量时代城市建筑遗产的复杂适应性研究——以哈尔滨市为例［J］．现代城市研究，2020（8）：108-114.
[228] 埃里克·诺伊迈耶．强与弱——两种对立的可持续性范式［M］．王寅通，译．上海：上海译文出版社，2012：4-104.
[229] 诸大建．可持续性科学：基于对象—过程—主体的分析模型［J］．中国人口·资源与环境，2016，26（7）：1-9.
[230] 蒋萍，刘渊．可持续范式与可持续发展测度［J］．江西财经大学学报，2012（1）：11-17.
[231] 诸大建．从“里约+ 20”看绿色经济新理念和新趋势［J］．人口中国·资源与环境，2012，22（9）：1-7.
[232] 李泉．城乡协调发展：一个多维互动过程［J］．新疆社会科学，2006（6）：19-23.
[233] 欧阳敏，周维崧．我国城乡统筹发展模式比较及其启示［J］．商业时代，2011（3）：13-14.
[234] 周德，等．城乡融合评价研究综述：内涵辨识、理论认知与体系重构［J］．自然资源学报，2021，36（10）：2634-2651.
[235] 周佳宁，等．等值化理念下中国城乡融合多维审视及影响因素［J］．地理研究，2020，39（8）：1836-1851.
[236] 周小亮．高质量发展新旧动能转换机制与路径：学术梳理的视角［J］．东南学术，2020（4）：157-168+248.
[237] 程响，何继新．城乡融合发展与特色小镇建设的良性互动——基于城乡区域要素流动理论视角［J］．广西社会科学，2018（10）：89-93.
[238] 黄明华，等．“生活圈”之辩——基于“以人为本”理念的生活圈设施配置探讨［J］．规划师，2020，36（22）：79-85.
[239] 何频．论地域文化与区域特色经济［J］．生产力研究，2006（4）：143-144+179.
[240] 许桂灵，司徒尚纪．粤港澳区域文化综合体形成刍议［J］．地理研究，2006（3）：495-506.
[241] 李燕，司徒尚纪．港澳文化在珠江三角洲的传播及其影响分析［J］．热带地理，2001（1）：27-31.
[242] 李燕，司徒尚纪．港澳与珠江三角洲文化特色及其关系比较［J］．人文地理，2001（1）：75-78.
[243] 徐李全．地域文化与区域经济发展［J］．江西财经大学学报，2005（2）：5-10.
[244] 任映红．乡村振兴战略中传统村落文化活化发展的几点思考［J］．毛泽东邓小平理论研究，2019（3）：34-39+108.
[245] 张陈一轩，任宗哲．精英回乡、体系重构与乡村振兴［J］．人文杂志，2021（7）：113-121.
[246] 单霁翔．“活态遗产”:大运河保护创新论［J］．中国名城，2008（2）：4-6.
[247] 赵勇．中国历史文化名镇名村保护理论与方法．北京：中国建筑工业出版社，2008：22-30.
[248] 叶红，等．城乡等值：新时代背景下的乡村发展新路径［J］．城市规划学刊，2021（3）：44-49.
[249] 段进，殷铭，陶岸君，等．“在地性”保护：特色村镇保护与改造的认知转向、实施路径和制度建议［J］．城市规划学刊，2021（2）：25-32.
[250] 孙娟，林辰辉，陈阳，等．长三角生态型发展区空间治理研究［J］．城市规划学刊，2020（3）：96-102.
[251] 何依，程晓梅．宁波地区传统市镇空间的双重性及保护研究——以东钱湖韩岭村为例［J］．城市规划，2018，42（7）：93-101.
[252] 刘卫东．经济地理学与空间治理［J］．地理学报，2014，69（8）：1109-1116.
[253] 李建华，袁超．论城市空间正义［J］．中州学刊，2014（1）：108-113.
[254] 许桂灵，司徒尚纪．粤港澳区域文化综合体形成刍议［J］．地理研究，2006（3）：495-506.
[255] 郭道久，吴涵博．弹性化治理：以有效性为导向的国家治理路径［J］．南开学报（哲学社会科学版），2021

（3）：78–86.

［256］北京市规划和自然资源委员会. 北京市规划和自然资源委员会关于发布《北京市责任规划师制度实施办法（试行）》的通知［EB/OL］. 2019–05–10［2023–10–15］. http://www.beijing.gov.cn/zhengce/gfxwj/201905/t20190522_62041.htm.

［257］唐燕. 北京责任规划师制度：基层规划治理变革中的权力重构［J］. 规划师，2021，37（6）：38–44.

［258］刘佳燕，邓翔宇. 北京基层空间治理的创新实践——责任规划师制度与社区规划行动策略［J］. 国际城市规划，2021，36（6）：40–47.DOI:10.19830/j.upi.2021.514.

［259］张晋鹤，林婷. 粤港澳大湾区背景下地方智库的发展研究——基于珠海市智库建设的调查分析［J］. 智库理论与实践，2022，7（1）：98–104.

［260］黄晓斌，吴高. 我国地方智库信息资源建设现状、问题与策略分析：以广东地方特色新型智库为例［J］. 图书馆，2020，4（12）：27–33.

［261］徐文烨. 基本管理单元在上海郊野单元村庄规划中的应用与探索——以浦东新区川沙新镇为例［J］. 上海城市规划，2021（6）：51–55.

［262］上海市民政局，等. 关于印发《关于推进做实基本管理单元的实施意见》的通知［R］. 2018.

［263］康晓光，徐文文. 权威式整合——以杭州市政府公共管理创新实践为例［J］. 中国人民大学学报，2014，28（3）：90–97.

［264］杨宏山. 整合治理：中国地方治理的一种理论模型［J］. 新视野，2015（3）：28–35.